適用 MySQL 8.x 與 MariaDB 10.x

MySQL

新手入門超級手冊 第三版

前言

三國演義

　　三國演義是一部在華人世界非常普及的歷史小說，由羅貫中根據元朝的三國志平話改編，他以東漢末年魏、蜀、吳三國鬥爭為主題，收集歷史資料和說書人的故事，成為這一部大家都非常熟悉的故事。或許我們現在覺得這些歷史已經跟我們沒什麼關係了，不過大家都知道關公過五關斬六將、劉備三顧茅廬、諸葛孔明的空城記。這些老掉牙的故事，總是不斷的出現在電影、電視劇和各種平台的遊戲，一代又一代的傳承下去。這應該是因為三國演義的確是一個好故事，很多很精采的好故事，就像美國暢銷作家史帝芬金所說的，一個好故事是不會寂寞的。

　　三國演義的普及，讓大家以為裡面講的故事其實就是真的歷史。羅貫中在編這本書的時候，大概是為了讓它可以比較戲劇化一些，採用了很多當時說書人的內容，這些內容是在民間流傳或由說書人編造的，跟歷史並不一樣。例如大家熟悉的關公斬華雄，在三國演義中是一段非常精采的故事，作者使用很短的內容讓關雲長的豪勇，簡單、清楚而且非常震憾的呈現給讀者。不過根據史料的考證，其實華雄的頭是被孫堅砍掉的。這也是為什麼清朝的時候，就有人評論三國演義是「七實三虛，惑亂觀者」。

　　提倡白話文的胡適，對三國演義的批評更是激烈，他認為三國演義把諸葛亮的足智多謀寫成一個呼風喚雨的妖道。張飛在歷史上其實是一個很有君子風度的武將，可是卻被寫成粗魯的莽夫。[1] 雖然有很多精采的故事，可是沒有經過更好的整理，所以三國演義在華人古典文學上的地位，一直不如紅樓夢，甚至連水滸傳都比不上。[2]

---

[1]　比胡適更早的有魯迅在「中國小說史略」說三國演義是「顯劉備的長厚而似偽，狀諸葛之多智而近妖」。

[2]　紅樓夢在文學上的重視讓它演變成一門「紅學」，可是紅樓夢的故事與人物對一般人來說，卻不如三國演義來得熟悉。

MySQL 與 SQL

MySQL 在資訊應用的角色，好像跟三國演義這本著作有點類似。MySQL 是目前最普及的資料庫伺服器，可是大家也最不在意它，可能因為它是一套免費的軟體，如果不要對它太過份，它會默默的在電腦中為你服務，在一般情況下都不太會出問題。MySQL 跟其它一般的資料庫管理系統一樣，同樣支援 ANSI SQL92，也加入少許 MySQL 自己特別的指令。不論是網頁或應用程式的開發人員，當你第一次接觸資料庫管理系統，學習 SQL 這種古老的指令，應該不會覺得太難。如果你正要進入開發應用程式的領域，在學習的路上，會分配給 SQL 的時間應該也不會太多，因為它跟程式語言比較起來是比較單純一些的。

因為 MySQL 和 SQL 幾乎是最常見的應用，而且大家也覺得它們是簡單的，當然就不會在它們身上花太多時間。所以慢慢的我們會發現一些情況，有一些應用程式發生的問題，其實是來自 MySQL 資料庫伺服器和應用程式中的 SQL 敘述，這些問題相對是比較單純的，只是大家忽略了。

例如 MySQL 提供方便好用的「LIMIT」子句，在應用程式中讓開發人員可以很容易完成一些特定的功能，例如網頁應用程式中的分頁查詢。不過 LIMIT 子句是 MySQL 才有的，如果應用程式更換資料庫伺服器，例如 Oracle，應用程式就會產生一堆錯誤了。還有資料庫的交易（transaction）管理，MySQL 提供的 MYISAM 儲存引擎並沒有支援交易管理，因為比較簡單一些，所以運作的效率也會比較好。如果應用程式需要執行交易管理，就要在建立資料庫的時候指定儲存引擎為 InnoDB。

各種關於 MySQL 資料庫管理和 SQL 的問題，開發人員通常在遇到錯誤的時候，才會開始尋求解決問題的方法。這似乎也是 MySQL 的宿命，因為我們雖然一直在使用它，可是卻不太重視它，也認為這本來就是合理的，開發人員不應該分配太多時間給它。有一個很明顯的情況，在逛書局的時候，你應該已經看不到只有討論關於 MySQL 和 SQL 的書籍了。

OCP MySQL Developer

跟開發人員相關的認證考試，這應該算是最冷門的 OCP 認證科目之一。這個認證考試的主要內容是 MySQL 的 SQL，通過這個考試的人，表示它具備在應用程式中使用 SQL 的技能。你應該會覺的這是一個有點詭異的認證考試，它

好像沒有存在的必要。對一個有經驗的開發人員來說,使用 SQL 的技能就像是本來就應該存在的,你甚至已經忘記當初是怎麼學會 SQL。對一個新手來說,不會有人建議你去買一本關於 SQL 的書籍來學習這方面的技能,因為可能也買不到了,不過有各種網站提供 SQL 的學習,認識一些基礎的敘述後,遇到問題再說吧!

SQL 在目前的環境下,越來越不受到開發人員的關愛,尤其是現在各種關於資料庫應用的框架,例如 Hibernate 和 MyBatis,它們的任務就是要殺死 SQL 這隻遠古巨獸,讓開發人員不用受到 SQL 的煎熬。我也認為開發應用程式一直是一件很困難的事情,各種越來越進步的科技讓生活更方便,可是應用程式開發技術卻越來越複雜,開發人員必須具備的技能也更多,如果真的能有一種技術可以完全消滅 SQL,那絕對是一件非常美好的事情。不過目前的情況應該還是有很多困難,就以大約十年前開發的應用程式來說,SQL 還是一個必要的成員,除非放棄原來已經運作正常的程式,否則你還是要面對這些冗長的 SQL 敘述。

MySQL 新手入門超級手冊

這就是《MySQL 新手入門超級手冊》這本書的目的,內容的範圍涵蓋 OCP MySQL 5 Developer 認證考試,它的範圍也是一個開發人員必須具備的 SQL 技能。從安裝 MySQL 資料庫與相關的工具程式開始,到學習所有 MySQL 提供的 SQL,雖然是針對 MySQL 資料庫撰寫的,不過絕大部份都符合 ANSI SQL92 的標準,也就是在其它資料庫產品也可以正確的運作。

MySQL 新手入門超級手冊總共有二十二章與一個附錄:

- 第一章說明資料庫概念與安裝需要的應用程式。
- 第二章到第五章說明基本的新增、修改、刪除與查詢。
- 第六章到第九章說明資料庫、儲存引擎、表格與索引,這個部份的內容會有比較多 MySQL 獨有的特色。
- 第十章是子查詢,熟悉子查詢的應用,可以完成很多複雜的工作。
- 第十一章是 Views 元件,它可以把經常執行的工作保存起來並重複使用。

- 第十二章到第十六章是 MySQL 資料庫進階應用，其它資料庫產品也有類似的技術，例如 Oracle 的 PL/SQL。

- 第十七章到第二十章討論的內容，比較偏向於資料庫管理和效率的進階應用，這些也是一個開發人員需要瞭解的。

- 第二十一章與二十二章分別說明如何使用 Python 與 Java 程式設計語言，連線到資料庫與執行資料的新增、修改、刪除與查詢。

- MariaDB 是 MySQL 的分支，雖然目前 MySQL 仍然是最多人使用的資料庫管理系統，不過有越來越多人使用 MariaDB 取代 MySQL，所以附錄 A 說明在 Windows 作業系統安裝與設定 MariaDB 的作法，這本書說明的內容也可以在 MariaDB 正確的運作。

為方便教學，本書另提供教學投影片與各章課後習題，採用本書授課教師可向碁峰業務索取。

目錄

1 資料庫概論與 MySQL

2 基礎查詢

3 運算式與函式

4 結合與合併查詢

5 資料維護

6 字元集與資料庫

7 儲存引擎與資料型態

10 子查詢

11 Views

12 Prepared Statements

13 Stored Routines 入門

14 Stored Routines 的變數與流程

15 Stored Routines 進階

16 Triggers

17 資料庫資訊

18 錯誤處理與查詢

19 匯入與匯出資料

20 效率

21 Python 與 MySQL

22 Java 與 MySQL

A MariaDB

線 上 下 載

本書範例請至 http://books.gotop.com.tw/download/AED004300 下載，
檔案為 ZIP 格式，請讀者自行解壓縮即可。其內容僅供合法持有本書的讀者使
用，未經授權不得抄襲、轉載或任意散佈。

Chapter 1

資料庫概論與 MySQL

1.1　儲存與管理資料

儲存與管理資料一直是資訊應用上最基本、也最常見的技術。在還沒有使用電腦管理資料的時候，你可能會使用這樣的方式來保存世界上所有的國家資料：

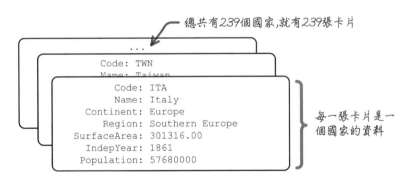

總共有239個國家,就有239張卡片

```
        Code: TWN
        Name: Taiwan
        Code: ITA
        Name: Italy
   Continent: Europe
      Region: Southern Europe
 SurfaceArea: 301316.00
    IndepYear: 1861
  Population: 57680000
```

每一張卡片是一個國家的資料

這樣的作法在生活中是很常見的，例如親友的通訊錄，你可能也會使用一張卡片來記錄一個親友的通訊資料，上面有名字、電話、住址，與所有你想要保存的資料。這種保存資料的方式很直接，也很省錢。不過你應該會遇到這樣的問題：

```
        Code: AFG
        Name: Afghanistan
   Continent: Asia
      Region: Southern and Central Asia
 SurfaceArea: 652090.00
    IndepYear: 1919
   Population: 22720000
LifeExpectancy: 45.9
         GNP: 5976.00
      GNPOld: NULL
   LocalName: Afganistan/Afqanestan
GovernmentForm: Islamic Emirate
 HeadOfState: Mohammad Omar
     Capital: 1
       Code2: AF
```

就算你依照字母的順序
把它們排好,想要在這一
疊找到某一個國家的資
料,應該是很困難的

如果你買了一台個人電腦,電腦中也安裝了工作表的應用程式,像這類國家或是親友通訊錄的資料,可能就會用這樣的方式把它們儲存在電腦裡面:

使用類似Excel的應用程式
來儲存所有國家的資料...

	A	B	C	D	E	F	G
1	Code	Name	Continent	Region	SurfaceArea	IndepYear	Population
2	AFG	Afghanistan	Asia	Southern and Central Asia	652090	1919	22720000
3	NLD	Netherlands	Europe	Western Europe	41526	1581	15864000
4	ANT	Netherlands Antilles	North America	Caribbean	800		217000
5	ALB	Albania	Europe	Southern Europe	28748	1912	3401200
6	DZA	Algeria	Africa	Northern Africa	2381741	1962	31471000
7	ASM	American Samoa	Oceania	Polynesia	199		68000
8	AND	Andorra	Europe	Southern Europe	468	1278	78000
9	AGO	Angola	Africa	Central Africa	1246700	1975	12878000
10	AIA	Anguilla	North America	Caribbean	96		8000
11	ATG	Antigua and Barbuda	North America	Caribbean	442	1981	68000
12	ARE	United Arab Emirates	Asia	Middle East	83600	1971	2441000
13	ARG	Argentina	South America	South America	2780400	1816	37032000
14	ARM	Armenia	Asia	Middle East	29800	1991	3520000
15	ABW	Aruba	North America	Caribbean	193		103000

Table1

每一列都是一個國家的
資料,這樣應該好多了

使用這種工作表來儲存國家資料,當然比用卡片好多了,尤其是想要尋找某個國家的資料,然後修改它的人口數量。雖然方便多了,不過在你查詢國家資料時,可能會有這樣的問題:

非洲國家

Code	Name	Continent	Region	SurfaceArea	IndepYear	Population	Life
DZA	Algeria	Africa	Northern Africa	2381741	1962	31471000	
AGO	Angola	Africa	Central Africa	1246700	1975	12878000	

亞洲國家

Code	Name	Continent	Region	SurfaceArea	IndepYear	Population	LifeExp
AFG	Afghanistan	Asia	Southern and Central Asia	652090	1919	22720000	
ARE	United Arab Emirates	Asia	Middle East	83600	1971	2441000	
ARM	Armenia						
AZE	Azerbaij						
BHR	Bahrain						
BGD	Banglad						
BTN	Bhutan						
BRN	Brunei						
PHL	Philippin						
GEO	Georgia						
HKG	Hong Ko						
IDN	Indonesi						
IND	India						
IRQ	Iraq						

歐洲國家

Code	Name	Continent	Region	SurfaceArea	IndepYear	Population	LifeExpecta
NLD	Netherlands	Europe	Western Europe	41526	1581	15864000	
ALB	Albania	Europe	Southern Europe	28748	1912	3401200	
AND	Andorra	Europe	Southern Europe	468	1278	78000	
BEL	Belgium	Europe	Western Europe	30518	1830	10239000	
BIH	Bosnia and Herzegovina	Europe	Southern Europe	51197	1992	3972000	
GBR	United Kingdom	Europe	British Islands	242900	1066	59623400	
BGR	Bulgaria	Europe	Eastern Europe	110994	1908	8190900	
ESP	Spain	Europe	Southern Europe	505992	1492	39441700	
FRO	Faroe Islands	Europe	Nordic Countries	1399		43000	
GIB	Gibraltar	Europe	Southern Europe	6		25000	
SJM	Svalbard and Jan Mayen	Europe	Nordic Countries	62422		3200	
IRL	Ireland	Europe	British Islands	70273	1921	3775100	
ISL	Iceland	Europe	Nordic Countries	103000	1944	279000	
ITA	Italy	Europe	Southern Europe	301316	1861	57680000	

　　你不太可能把一個洲的國家資料，儲存為一個工作表檔案。就算你這麼作了，如果你想要查詢人口數小於十萬的國家，你也會發現這是一件很困難的工作。

　　在資訊的管理與應用，「資料庫管理系統」是一種用來儲存與管理資料的應用程式，它使用安全、穩定與有效率的方式把資料儲存起來，也可以方便與快速的維護資料。尤其是資料的數量很龐大的時候，使用資料庫管理系統儲存與管理資料，會是一種令人安心而且比較有效率的方式。資料庫管理系統是一種應用程式，它主要的工作就是儲存與管理資料，如果你把這個應用程式安裝在一台電腦中，這台電腦就會稱為「資料庫伺服器」：

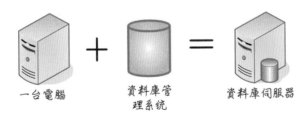

一台電腦　　＋　　資料庫管理系統　　＝　　資料庫伺服器

　　在你有了一台資料庫伺服器以後，就可以依照自己的需求，使用資料庫管理系統建立一些資料庫：

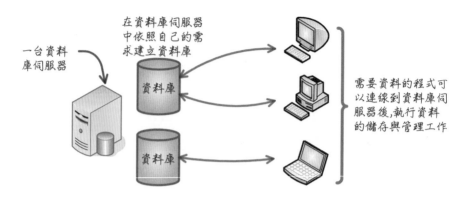

在使用資料庫之前，要先在資料庫伺服器中建立需要的「資料庫、database」。你會依照自己的需求，建立一個或多個資料庫：

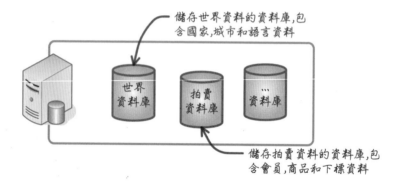

以儲存世界國家資料的資料庫來說，你想要把世界上所有的國家、城市和語言資料，都放在這個資料庫中儲存與管理。所以你會針對國家資料的部份，在世界資料庫中建立一個儲存國家資料的「表格、table」：

為國家資料建立一個表格,使用表格來儲存與管理所有國家的資訊

	A	B	C	D	E	F	G
1	Code	Name	Continent	Region	SurfaceArea	IndepYear	Population
2	AFG	Afghanistan	Asia	Southern and Central Asia	652090	1919	22720000
3	NLD	Netherlands	Europe	Western Europe	41526	1581	15864000
4	ANT	Netherlands Antilles	North America	Caribbean	800		217000
5	ALB	Albania	Europe	Southern Europe	28748	1912	3401200
6	DZA	Algeria	Africa	Northern Africa	2381741	1962	31471000
7	ASM	American Samoa	Oceania	Polynesia	199		68000
8	AND	Andorra	Europe	Southern Europe	468	1278	78000
9	AGO	Angola	Africa	Central Africa	1246700	1975	12878000
10	AIA	Anguilla	North America	Caribbean	96		8000
11	ATG	Antigua and Barbuda	North America	Caribbean	442	1981	68000
12	ARE	United Arab Emirates	Asia	Middle East	83600	1971	2441000
13	ARG	Argentina	South America	South America	2780400	1816	37032000
14	ARM	Armenia	Asia	Middle East	29800	1991	3520000
15	ABW	Aruba	North America	Caribbean	193		103000

Table1

　　儲存在世界資料庫中的國家資料，隨時可以依照不同的需求，查詢需要的
國家資料：

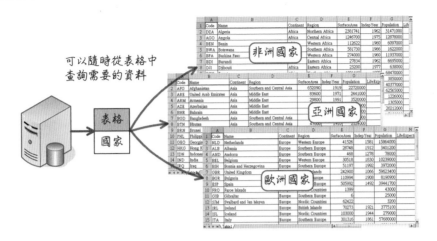

　　除了國家表格外，你還會在世界資料庫中建立儲存城市和語言資料的表格：

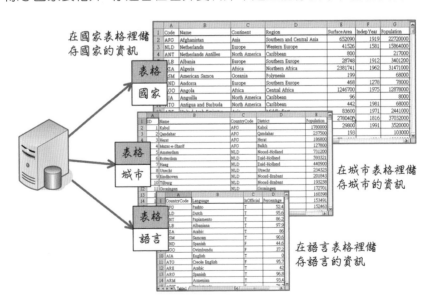

1.2 認識 Structured Query Language

有許多廠商開發各種不同的資料庫管理系統產品,它們都可以執行儲存與管理資料的工作,而且使用的方式都是差不多的。執行資料儲存與管理的工作,主要有建立資料庫與表格,還有執行資料的新增、修改、刪除與查詢。想要請資料庫管理系統執行這些工作,你會使用一種叫作「Structured Query Language、SQL」的敘述,一般會把「SQL」唸為「sequel」。

SQL 在很久以前就已經是一種標準的技術,不同的資料庫管理系統產品,在執行資料庫的工作時,使用的 SQL 敘述幾乎是一樣的:

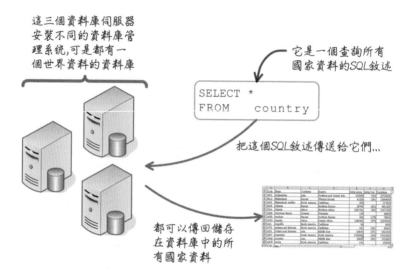

SQL 有一套國際通用的標準,裡面規定所有執行資料庫工作的 SQL 敘述要怎麼寫,不同的資料庫管理系統產品都會以這套標準為基礎。不過不同的產品通常會增加或修改一些 SQL 敘述,其它的資料庫管理系統就不認識這些 SQL 敘述了。

與資料庫伺服器相對的是「用戶端、client」：

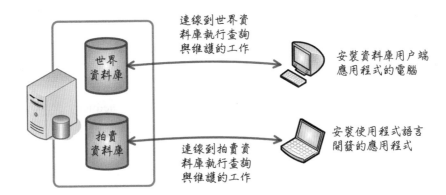

資料庫伺服器通常會提供一些用戶端應用程式，讓使用者可以輸入與執行 SQL 敘述，或是執行管理與設定資料庫伺服器的工作：

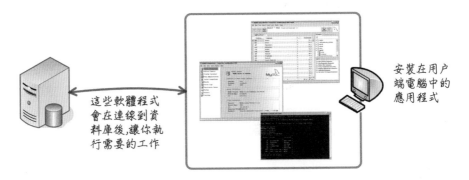

使用像是 Java 程式設計技術開發的各種應用程式，例如進銷存系統或會計系統，對資料庫伺服器來說，也算是一種用戶端軟體：

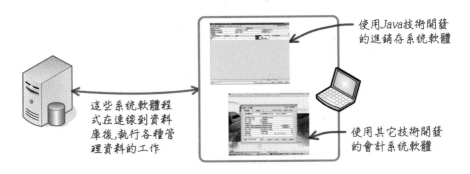

不論是哪一種用戶端應用程式,它們都是使用 SQL 敘述跟資料庫溝通:

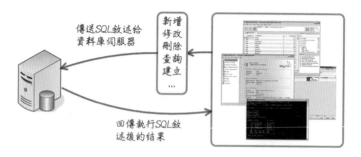

1.3 MySQL 用戶端應用程式

「MySQL Workbench」是一個視窗介面的應用程式,由 MySQL 設計與提供的資料庫工具程式,MySQL 把一些常用的應用程式整合在 MySQL Workbench,包含:

- SQL Development:SQL 開發工具,讓使用者輸入並執行 SQL 敘述。
- Database Design Modeling:資料庫設計與模型工具。
- Database Administration:資料庫管理工具。
- Database Migration:資料庫轉換工具。

SQL Development 是學習 SQL 主要的工具程式,使用這個內建的工具,可以很方便輸入需要執行的 SQL 敘述,並檢視執行後的結果:

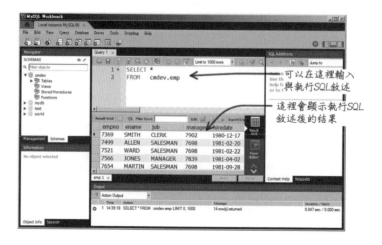

　　Database Design Modeling 是一個圖形化的資料庫設計工具，可以幫助開發人員設計需要的資料庫，還有產生資料庫模型的文件：

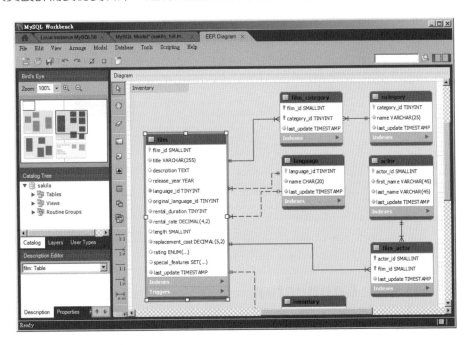

　　Database Administration 提供開發人員執行管理 MySQL 資料庫的基本功能，也可以監控資料庫作的狀態：

　　「mysql」是一個文字介面的 MySQL 用戶端應用程式，它可以在命令提示字元的環境中執行。你可以使用它連線到資料庫後，執行 SQL 敘述和其它指令：

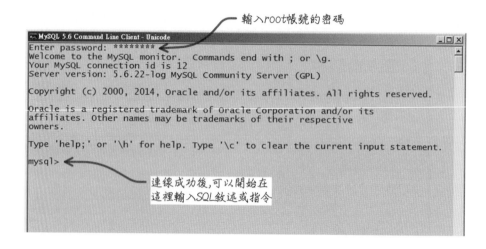

1.4　MySQL Connector

　　使用各種程式設計技術開發的應用程式，需要連線到 MySQL 資料庫伺服器，執行各種資料庫查詢與異動的工作。MySQL 為主要的程式設計技術，提供資料庫與應用程式之間溝通的「軟體介面」，MySQL 把它稱為「MySQL Connector」。

　　以使用 Java 程式設計技術開發的應用程式來說，你必須在執行應用程式的電腦安裝 Java 技術使用的「MySQL connector」，應用程式才可以正確的連線到 MySQL 資料庫伺服器：

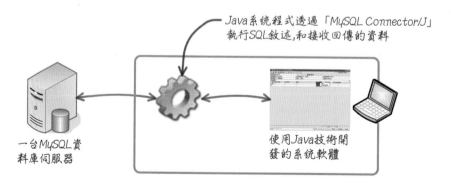

MySQL 提供下列幾種 Connector：

- Connector/ODBC：使用「ODBC」技術連線到 MySQL 資料庫伺服器的應用程式。

- Connector/Net：使用「ADO.NET」技術連線到 MySQL 資料庫伺服器的「.NET」應用程式。

- Connector/J：使用 Java 技術開發的應用程式。

- Connector/Python：使用 Python 技術開發的應用程式。

- Connector/C++：使用 C++技術開發的應用程式。

- Connector/C：使用 C 技術開發的應用程式。

1.5　安裝與設定 MySQL 資料庫伺服器

在瞭解資料庫管理系統、SQL 與 MySQL 資料庫伺服器的基本概念以後，接下來準備在電腦中安裝與設定 MySQL 資料庫伺服器，還有學習 SQL 的 MySQL Workbench 工具程式。最後也會安裝兩個範例資料庫，裡面包含許多馬上可以使用的資料，後續的內容會使用它們來學習各種 SQL 的語法。

1.5.1　下載 MySQL 資料庫伺服器軟體

依照下列的步驟，在 MySQL 官方網站下載 MySQL 資料庫伺服器軟體：

1. 開啟瀏覽器，在網址列輸入「http://dev.mysql.com/downloads/mysql/」。

2. MySQL 把資料庫和所有工具程式，全部整合在一個安裝程式，稱為「MySQL Installer」。選擇「Download」準備下載 MySQL Installer 安裝程式：

選擇「Go to Download page >」

3. 點選完整安裝程式的「Download」下載圖示：

選擇「Download」

4. 跳過登入與註冊，選擇「No thanks, just start my download.」，儲存下載的檔案：

選擇「No thanks, just start my download.」

1.5.2　安裝 MySQL 資料庫伺服器軟體

依照下列的步驟，安裝 MySQL 資料庫伺服器與相關的軟體：

1. 執行下載的 MySQL Installer 安裝程式，在版權同意畫面選擇「Next」：

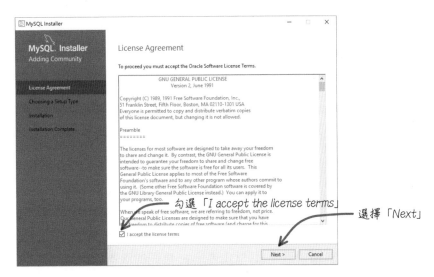

2. 安裝類型選擇「Custom」以後選擇「Next」：

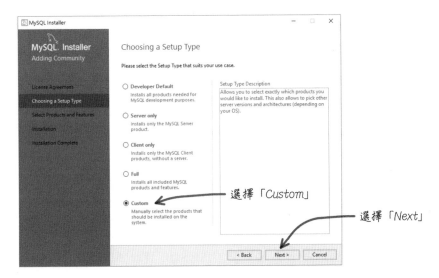

3. 選擇「MySQL Servers」前面的「+」展開 MySQL Servers 的選項：

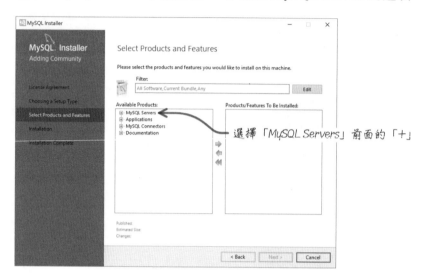

4. 選擇「MySQL Seerver ...」後選擇向右的箭頭，加入要安裝的 MySQL 資料庫項目（MySQL Server 後面的版本編號可能會不一樣）：

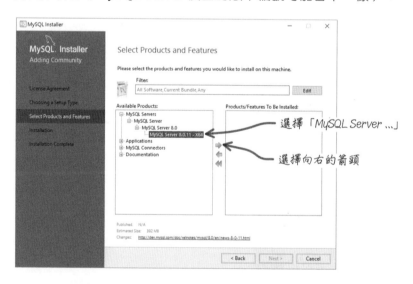

5. 確認已經加入要安裝的 MySQL 資料庫項目（MySQL Server 後面的版本編號可能會不一樣）：

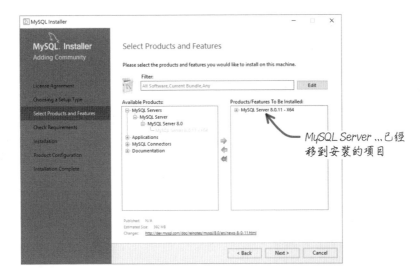

MySQL Server ... 已經
移到安裝的項目

6. 展開「Applications」與「MySQL Workbench」項目，選擇「MySQL Workbench ...」後選擇向右的箭頭，加入要安裝的 MySQL Workbench 項目（MySQL Workbench 後面的版本編號可能會不一樣）：

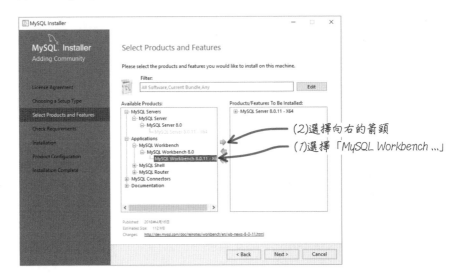

(2)選擇向右的箭頭
(1)選擇「MySQL Workbench ...」

7. 確認已經加入要安裝的 MySQL Workbench 項目後選擇「Next」（MySQL Workbench 後面的版本編號可能會不一樣）：

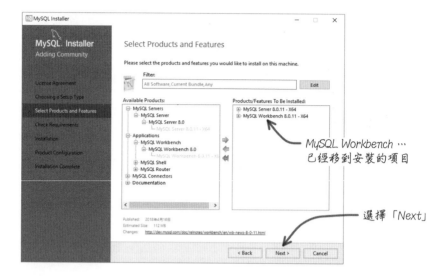

選擇「Next」

MySQL Workbench … 已經移到安裝的項目

8. 選擇「Execute」準備安裝 MySQL Workbench 需要的額外套件:

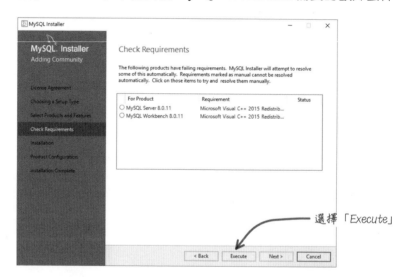

選擇「Execute」

9. 選擇「Install」開始安裝額外的套件:

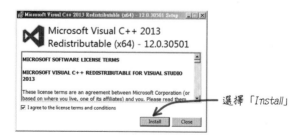

選擇「Install」

10. 安裝完成後選擇「Close」：

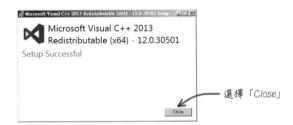

　選擇「Close」

11. 選擇「Next」繼續安裝的步驟：

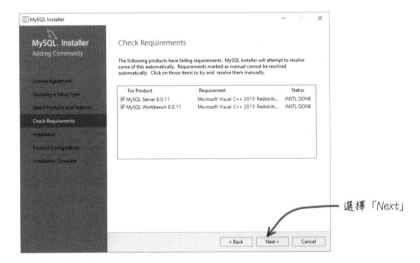

　選擇「Next」

12. 選擇「Execute」開始安裝 MySQL 資料庫伺服器與 MySQL Workbench：

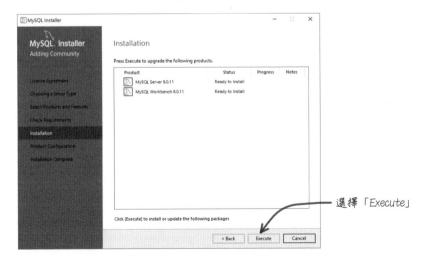

　選擇「Execute」

13. 安裝程式開始安裝 MySQL 資料庫伺服器與 MySQL Workbench：

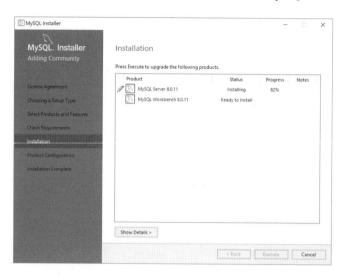

14. 完成安裝後選擇「Next」：

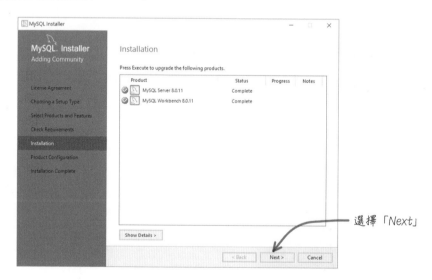

選擇「Next」

15. 選擇「Next」準備設定 MySQL 資料庫伺服器：

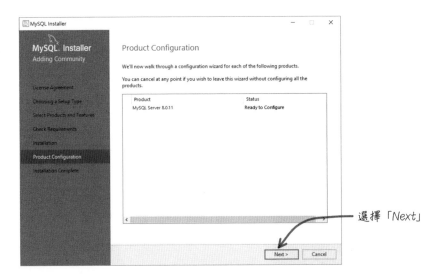

選擇「Next」

16. 選擇「Standalone MySQL Server/Classic MySQL Replication」後選擇
「Next」：

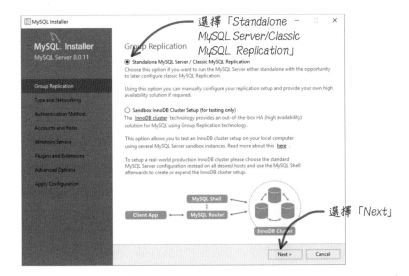

選擇「Standalone –
MySQL Server/Classic
MySQL Replication」

選擇「Next」

17. 在「Config Type」選擇「Development Machine」後選擇「Next」：

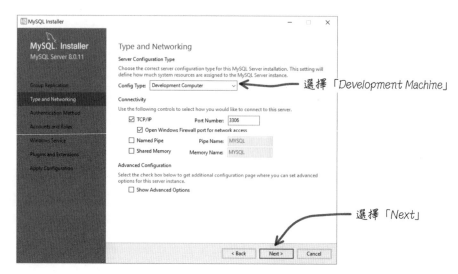

18. 選擇「Use Legacy Authentication Method(Retain MySQL 5.x Compatibility」後選擇「Next」：

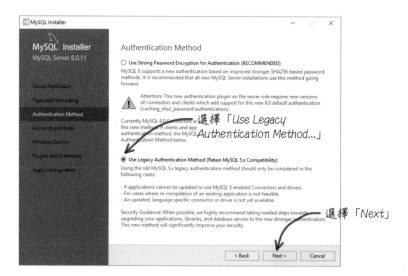

19. 輸入資料庫伺服器管理帳號「root」的密碼，選擇「Next」：

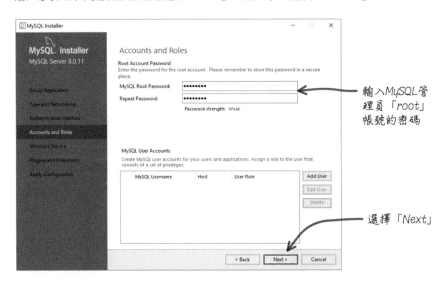

20. 勾選「Configure MySQL Server s a Windows Service」，選擇「Next」：

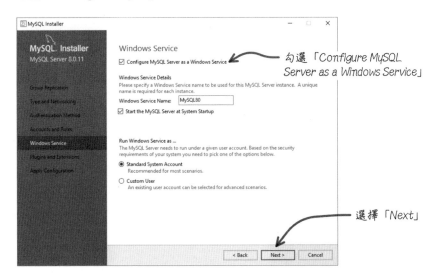

21. 選擇「Next」：

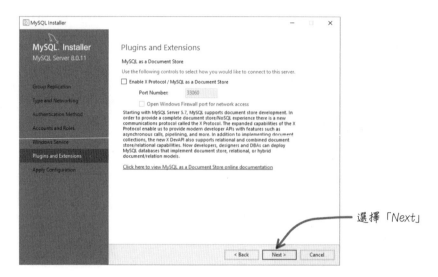

選擇「Next」

22. 選擇「Execute」開始執行資料庫伺服器的設定工作：

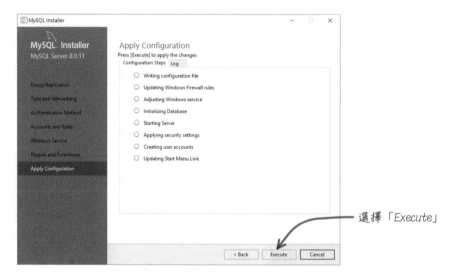

選擇「Execute」

23. 選擇「Finish」完成資料庫伺服器的設定工作：

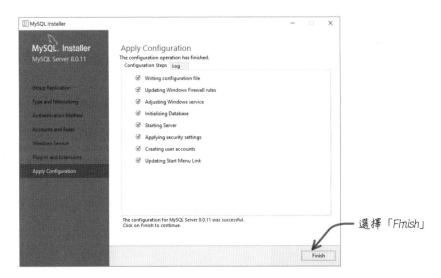

選擇「Finish」

24. 選擇「Next」：

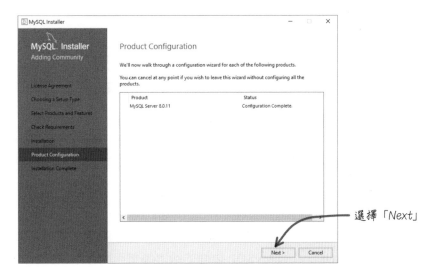

選擇「Next」

25. 勾選「Start MySQL Workbench after Setup」，選擇「Finish」完成 MySQL 資料庫的安裝與設定。安裝程式會啟動 MySQL Workbench，後面的內容會繼續說明它的使用方式，還有使用它建立需要的範例資料庫：

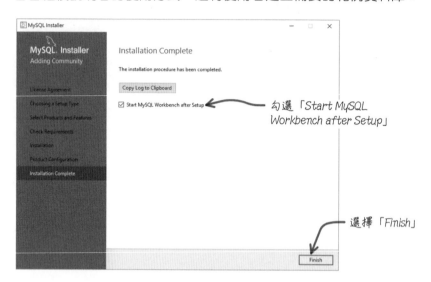

1.5.3 使用 MySQL Workbench 安裝範例資料庫

依照下列的步驟，在安裝好的 MySQL 資料庫伺服器，建立需要的範例資料庫：

1. 完成 MySQL 資料庫的安裝與設定以後，安裝程式會啟動 MySQL Workbench。你也可以選擇「開始 -> 所有程式 -> MySQL -> MySQL Workbench 6.3 CE」啟動這個應用程式（MySQL Workbench 後面的版本編號可能會不一樣）。

2. 在 MySQL Workbench 應用程式的主畫面，選擇「Local instance MySQL ...」（MySQL 後面的版本編號可能會不一樣）：

選擇「Local instance MySQL...」

3. 在連線到伺服器的對話框，輸入 MySQL 管理員「root」帳號的密碼。勾選「Save password vault」的話，下次連線就不用再輸入密碼。最後選擇「OK」：

輸入MySQL管理員「root」帳號的密碼

勾選「Save password in vault」

選擇「OK」

4. 成功連線到 MySQL 資料庫伺服器的畫面：

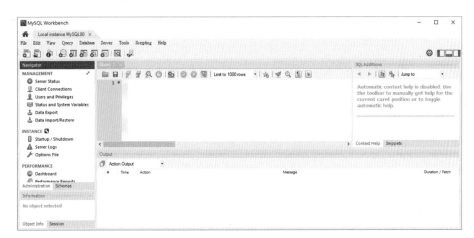

5. 選擇 MySQL Workbench 功能表「File -> Open SQL Script...」，選擇「解壓縮資料夾\Masoloa\resources\cmdev.sql」後選擇「開啟舊檔」：

6. MySQL Workbench 畫面會顯示 cmdev.sql 的檔案內容：

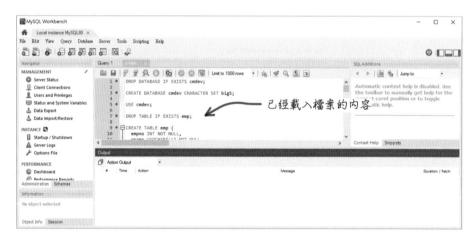

7. 選擇 MySQL Workbench 功能表「Query -> Execute(All or Selection)」
執行這個檔案中的 SQL 敘述，執行的過程會在畫面下方顯示一些訊息：

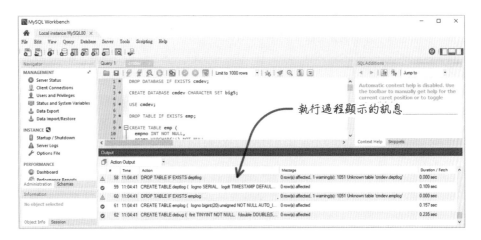

8. MySQL Workbench 應用程式視窗左側的 Navigator，提供伺服器與資料
庫的管理功能，目前不會使用伺服器的管理功能，你可以選擇
「MANAGEMENT」的隱藏圖示，提供比較大的空間給資料庫目錄
使用：

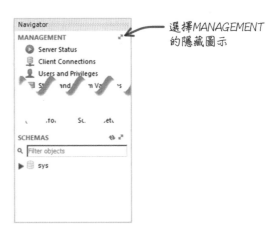

9. 檔案執行完成以後，已經在 MySQL 資料庫伺服器建立一個名稱為
「cmdev」的資料庫，在「Navigator/SCHEMAS」空白的地方按滑鼠右
鍵，選擇「Refresh All」：

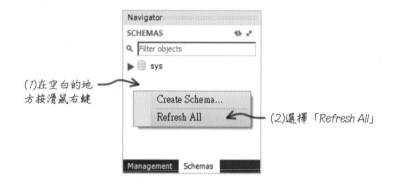

10. 「Navigator/SCHEMAS」就會顯示剛才建立好的「cmdev」資料庫：

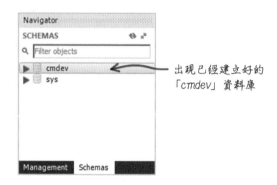

11. 在資料庫名稱「cmdev」上雙擊滑鼠左鍵，資料庫名稱會變成粗體字，
    表示目前 MySQL Workbench 使用中的資料庫為「cmdev」：

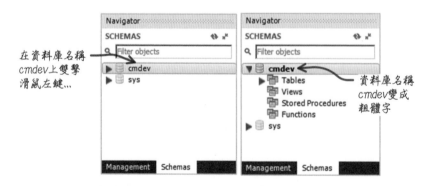

12. 選擇啟動程式以後開啟的「Query 1」標籤，或是選擇功能表「File -> New
    Query Tab」新增一個標籤，輸入「SELECT * FROM emp」後，選擇
    功能表「Query -> Execute(All or Selection)」，執行這個查詢所有員工
    資料的敘述，畫面下方會顯示查詢後的結果：

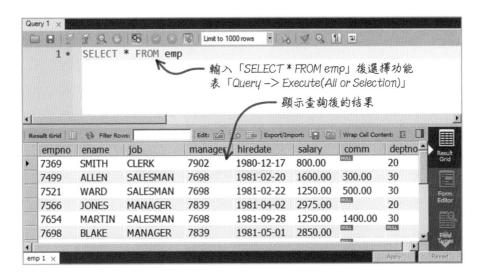

13. 重複上列第五到第七說明的步驟,開啟與執行「解壓縮資料夾 \Masoloa\resources\world.sql」,建立另外一個國家範例資料庫。

14. 重複上列第九到第十一說明的步驟,確認是否已經建立「world」資料 庫,並且切換 world 為目前使用中的資料庫。

15. 輸入「SELECT * FROM country」後,選擇功能表「Query -> Execute(All or Selection)」,執行這個查詢所有國家資料的敘述,畫面下方會顯示 查詢後的結果:

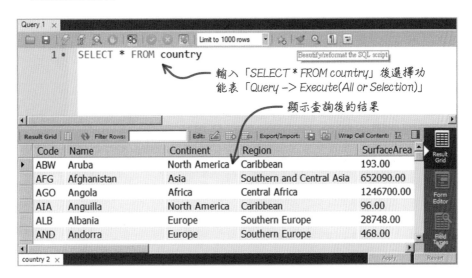

Chapter 2

基礎查詢

查詢幾乎是資料庫管理系統最常執行的工作，執行查詢工作的「SELECT」，也是所有 SQL 裡面最複雜的敘述。這一章使用已經建立好的範例資料庫，學習基礎的概念與查詢敘述，包含表格、紀錄與欄位的說明，使用 SELECT 敘述執行查詢資料庫的工作，設定查詢條件的 WHERE 子句，還有設定查詢結果的資料排序方式。

2.1 認識資料庫結構的基本概念

在開始使用「SELECT」敘述查詢資料之前，需要先認識資料庫表格的基本架構與名詞，還有數值、字串和日期這三種基本的資料型態。

2.1.1 表格、紀錄與欄位

表格是資料庫儲存資料的基本元件，它是由一些欄位組合而成的，儲存在表格中的每一筆紀錄都擁有這些欄位的資料。以儲存城市資料的表格「city」來說，設計這個表格的人希望每一個城市資料，需要包含編號、名稱、國家代碼、區域和人口數量，所以他為 city 表格設計了這些「欄位、column」：

這些稱為欄位,表示表格中
每一筆紀錄擁有的資料

ID	Name	CountryCode	District	Population
3263	Taipei	TWN	Taipei	2641312
3264	Kaohsiung	TWN	Kaohsiung	1475505
3265	Taichung	TWN	Taichung	940589
3266	Tainan	TWN	Tainan	728060
3267	Panchiao	TWN	Taipei	523850
3268	Chungho	TWN	Taipei	392176

儲存在表格中的每一筆資料稱為「列、row」或「紀錄、record」:

ID	Name	CountryCode	District	Population
3263	Taipei	TWN	Taipei	2641312
3264	Kaohsiung	TWN	Kaohsiung	1475505
3265	Taichung	TWN	Taichung	940589
3266	Tainan	TWN	Tainan	728060
3267	Panchiao	TWN	Taipei	523850
3268	Chungho	TWN	Taipei	392176

表格中儲存
的每一筆資
料稱為紀錄

在設計表格的時候,通常會指定一個欄位為「主索引鍵(primary key)」:

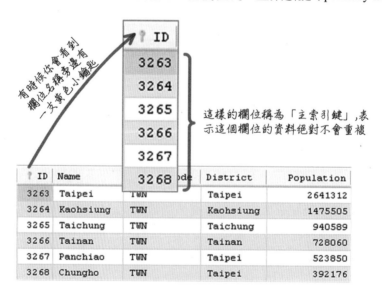

有時候你會看到
欄位名稱旁邊有
一支黃色小鑰匙

這樣的欄位稱為「主索引鍵」,表
示這個欄位的資料絕對不會重複

ID	Name	ode	District	Population
3263	Taipei	TWN	Taipei	2641312
3264	Kaohsiung	TWN	Kaohsiung	1475505
3265	Taichung	TWN	Taichung	940589
3266	Tainan	TWN	Tainan	728060
3267	Panchiao	TWN	Taipei	523850
3268	Chungho	TWN	Taipei	392176

2.1.2　認識資料型態

　　資料庫中可以儲存各種不同類型的資料，MySQL 提供許多不同的「資料型態」讓你應付這些不同的需求。在開始查詢資料之前，你要先認識幾種最常見、也是最基本的資料型態。第一種是數值，為了更精準的保存數值資料，SQL 提供整數與小數兩種數值資料型態：

你可以依照自己的需求，使用儲存的數值資料執行數學運算：

ename	salary	salary * 12
SMITH	800.00	9600.00
ALLEN	1600.00	19200.00
WARD	1250.00	15000.00
JONES	2975.00	35700.00
MARTIN	1250.00	15000.00
BLAKE	2850.00	34200.00
CLARK	2450.00	29400.00
SCOTT	3000.00	36000.00

使用月薪欄
位乘以12算
出來的年薪

其它常用的資料型態還有「字串」與「日期」：

員工名稱,職務是字串型態　　　員工雇用日是日期型態

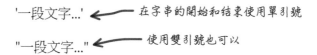

empno	ename	job	manager	hiredate	salary	comm	deptno
7369	SMITH	CLERK	7902	1980-12-17	800.00	NULL	20
7499	ALLEN	SALESMAN	7698	1981-02-20	1600.00	300.00	30
7521	WARD	SALESMAN	7698	1981-02-22	1250.00	500.00	30
7566	JONES	MANAGER	7839	1981-04-02	2975.00	NULL	20
7654	MARTIN	SALESMAN	7698	1981-09-28	1250.00	1400.00	30
7698	BLAKE	MANAGER	7839	1981-05-01	2850.00	NULL	NULL
7782	CLARK	MANAGER	7839	1981-06-09	2450.00	NULL	10
7788	SCOTT	ANALYST	7566	1987-04-19	3000.00	NULL	20

在 SQL 敘述中使用字串資料的時候，字串資料的前、後要使用單引號或雙引號：

'一段文字...'　←── 在字串的開始和結束使用單引號

"一段文字..."　←── 使用雙引號也可以

使用日期資料的時候，MySQL 資料庫預設的日期格式是「年-月-日」。與字串資料一樣，前後也要使用單引號或雙引號：

'2007-08-13'　←── 在日期的開始和結束使用單引號

"2007-08-13"　←── 使用雙引號也可以

另一種在資料庫中比較特殊的資料是「NULL」。它不像數值、字串或日期資料型態是一個明確的資料，「NULL」通常用來表示「不確定」、「未知」或「沒有」的資料：

empno	ename	job	hiredate	deptno
7369	SMITH	CLERK	1980-12-17	20
7499	ALLEN	SALESMAN	1981-02-20	30
7521	WARD	SALESMAN	1981-02-22	30
7566	JONES	MANAGER	1981-04-02	20
7654	MARTIN	SALESMAN	1981-09-28	30
7698	BLAKE	MANAGER	1981-05-01	NULL
7782	CLARK	MANAGER	1981-06-09	10
7788	SCOTT	ANALYST	1987-04-19	20

大家都有部門編號,只有 BLAKE沒有,在資料庫中可以使用NULL表示他還沒有分派部門

2.2　查詢敘述

　　在執行資料庫的操作中，查詢幾乎是最常見、也是最複雜的工作。所以一個查詢敘述可以使用的子句也最多，語法也最複雜。下面是查詢敘述的基本語法：

以「*SELECT*」子句開始

SELECT	想要查詢的欄位
FROM	想要查詢的表格
WHERE	查詢條件
GROUP BY	分組設定
HAVING	分組條件
ORDER BY	排序設定
LIMIT	限制設定

搭配其它子句完成你需要的查詢工作

　　這一章會說明「SELECT」、「FROM」、「WHERE」、「ORDER BY」和「LIMIT」五個子句組合起來的查詢敘述。其它子句會在後續的內容說明。在使用「SELECT」搭配各種子句查詢資料的時候，要特別注意子句的順序：

使用子句要依照這個順序

SELECT	想要查詢的欄位
FROM	想要查詢的表格
WEHRE	查詢條件
GROUP BY	分組設定
HAVING	分組條件
ORDER BY	排序設定
LIMIT	限制設定

　　就算你每一個子句的語法都沒有出錯，如果順序不對了，還是會發生錯誤：

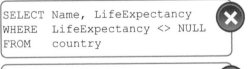

```
SELECT  Name, LifeExpectancy
WHERE   LifeExpectancy <> NULL
FROM    country
```
❌

```
SELECT  Name, LifeExpectancy
FROM    country
LIMIT   10
WHERE   LifeExpectancy <> NULL
```
❌

使用子句順序不對的話，都會發生錯誤

2.2.1 指定使用中的資料庫

一個資料庫伺服器可以建立許多需要的資料庫,所以在你執行任何資料庫的操作前,通常要先指定使用的資料庫。下面是指定資料庫的指令:

如果你使用「MySQL Workbench」這類的工具軟體,執行「USE world」敘述以後,world 資料庫名稱會變成粗體字,表示目前使用中的資料庫為 world:

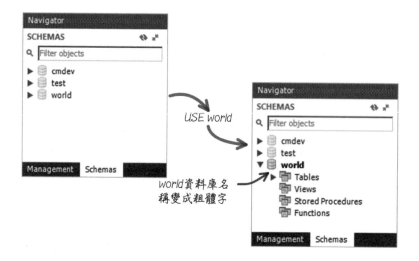

2.2.2 只有 SELECT

一個 SQL 查詢敘述一定要以「SELECT」子句開始,再搭配其它的子句執行查詢資料的工作。你可以單獨使用「SELECT」子句,只不過這樣的用法跟資料庫一點關係都沒有,它只是把你指定的內容顯示出來而已:

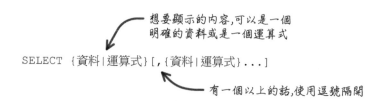

例如下列的查詢敘述，只是簡單的顯示字串和計算結果，並不會查詢資料庫中儲存的資料：

```
SELECT 'My name is Simon Johnson', 35 * 12
```

2.2.3 指定欄位與表格

一般的查詢敘述通常是查詢資料庫中儲存的資料，所以「SELECT」子句通常會搭配「FROM」子句來使用，在「SELECT」後面指定「*」的時候，表示要查詢指定表格的所有欄位：

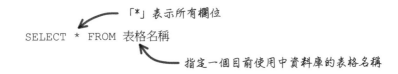

如果目前使用中的資料庫為「world」，下列的敘述可以查詢「world」資料庫中「city」表格的所有資料：

```
SELECT * FROM city
```

一個資料庫伺服器可以建立許多需要的資料庫，所以在你執行任何資料庫的操作前，都要使用「USE」敘述指定一個使用中的資料庫。不過你也可以在 SQL 敘述中使用下列的語法來指定資料庫：

如果目前使用中的資料庫是「world」，你不用先執行「USE cmdev」敘述切換使用中的資料庫為 cmdev，可以直接使用下列的語法查詢「cmdev」資料庫中的「emp」表格：

```
SELECT * FROM cmdev.emp
```

2.2.4 指定需要的欄位

有時候不需要查詢一個表格中的所有欄位資料，可以在「SELECT」子句後面自己指定需要查詢的欄位：

想要查詢的欄位 ────┐   ┌──── 有一個以上的話,使用逗號隔開

```
SELECT  欄位名稱[,欄位名稱...]
FROM    表格名稱
```

如果你在「SELECT」後面使用「*」的話：

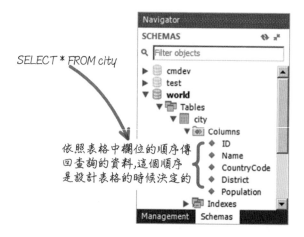

*SELECT * FROM city*

依照表格中欄位的順序傳回查詢的資料,這個順序是設計表格的時候決定的

你可以依照自己的需要，決定要查詢哪些欄位和它們的順序：

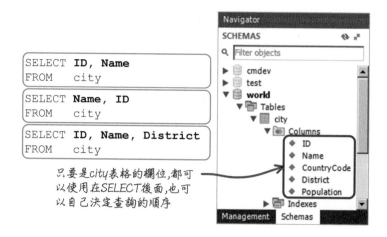

```
SELECT  ID, Name
FROM    city
```

```
SELECT  Name, ID
FROM    city
```

```
SELECT  ID, Name, District
FROM    city
```

只要是city表格的欄位,都可以使用在SELECT後面,也可以自己決定查詢的順序

2.2.5　數學運算

　　除了查詢表格中的欄位，你還可以加入任何需要的運算，這裡先說明一般常見的數學運算。下列是用來執行數學運算的運算子：

優先順序	運算子	說明	範例	運算結果
1	%	餘數	7 % 3	1
	MOD		7 MOD 3	1
	*	乘	7 * 3	21
	/	除	7 / 3	2.333
	DIV	除（整數）	7 DIV 3	2
2	+	加	7 + 3	10
	-	減	7 - 3	4

　　優先順序的數字從 1 開始，1 表示優先權比較高，2 比較低，以此類推。就跟一般數學運算的先乘除後加減一樣，在一個運算式中，優先權高的先算完，再換低優先權繼續計算，同樣優先權的就由左到右計算。你也可以在運算式中使用左右括號，括號中的運算會先執行。

　　以「cmdev」資料庫中的員工表格（emp）來說，想要計算每一個員工的年薪，就可以使用這些運算子來完成你的查詢工作：

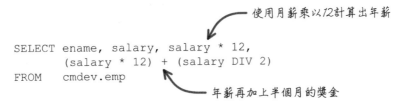

使用月薪乘以12計算出年薪

```
SELECT ename, salary, salary * 12,
       (salary * 12) + (salary DIV 2)
FROM   cmdev.emp
```

年薪再加上半個月的獎金

2.2.6　別名

　　你可以為「SELECT」後面查詢的資料，另外取一個自己想要的名字，這個名字稱為「別名（alias name）」：

「AS」可加可不加 ⟶

⟵ 幫欄位、資料或運算式另外取一個名字

```
SELECT {欄位|資料|運算式} [AS] [別名][,...]
FROM    表格名稱
```

　　為查詢的欄位取別名以後，會讓執行查詢後的結果，使用你自己取的別名為欄位名稱：

在「AS」後面另外取個名字 ⟶

```
SELECT ename, salary AS MonthSalary,
       salary * 12 AS AnnualSalary,
       (salary * 12) + (salary DIV 2) AnnualFullSalary
FROM   cmdev.emp
```

不使用「AS」的話，先空一格，再把名字填在後面也可以 ⟶

　　幫一般欄位取一個欄位別名是比較沒有必要的，不過如果是運算式的話，通常就要幫它取一個欄位別名取代原來一大串的運算式。在取欄位別名的時候要特別注意下列的狀況：

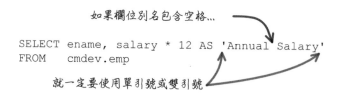

如果欄位別名包含空格...

```
SELECT ename, salary * 12 AS 'Annual Salary'
FROM   cmdev.emp
```

就一定要使用單引號或雙引號

　　另外如果你「堅持」要使用 SQL 語法中的保留字來當作欄位別名的話：

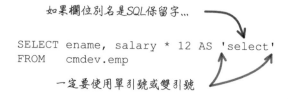

如果欄位別名是SQL保留字...

```
SELECT ename, salary * 12 AS 'select'
FROM   cmdev.emp
```

一定要使用單引號或雙引號

　　如果違反上列兩個規定，執行敘述以後都會發生錯誤。

2.3　條件查詢

使用「SELECT」和「FROM」執行的查詢敘述，是把你在「FROM」子句指定表格儲存的所有紀錄傳回來。使用資料庫管理系統儲存資料最大的好處，就是可以隨時依照需要查詢部份的紀錄資料。你可以搭配「WHERE」子句執行查詢條件的設定：

```
SELECT  ...
FROM    ...
WEHRE   查詢條件  ←──── 符合「查詢條件」設
                        定的資料才會出現
```

2.3.1　比較運算子

要使用「WHERE」執行查詢條件的設定，可以使用下列這幾個基礎的比較運算子：

優先順序	運算子	說明
1	=	等於
	<=>	等於
	!=	不等於
	<	小於
	<=	小於等於
	>	大於
	>=	大於等於

使用這些基礎的比較運算子就可以完成一些基本的條件設定：

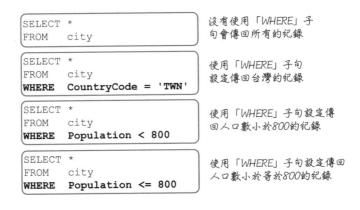

```
SELECT  *
FROM    city
```
沒有使用「WHERE」子句會傳回所有的紀錄

```
SELECT  *
FROM    city
WHERE   CountryCode = 'TWN'
```
使用「WHERE」子句設定傳回台灣的紀錄

```
SELECT  *
FROM    city
WHERE   Population < 800
```
使用「WHERE」子句設定傳回人口數小於800的紀錄

```
SELECT  *
FROM    city
WHERE   Population <= 800
```
使用「WHERE」子句設定傳回人口數小於等於800的紀錄

日期資料型態的條件設定，也可以使用這些基本的比較運算子：

```
SELECT  *
FROM    cmdev.emp
WHERE   hiredate = '1981-09-08'
```
使用「＝」表示指定條件為某一天

```
SELECT  *
FROM    cmdev.emp
WHERE   hiredate > '1981-09-08'
```
使用「＞」表示指定條件為某一天以後

```
SELECT  *
FROM    cmdev.emp
WHERE   hiredate < '1981-09-08'
```
使用「＜」表示指定條件為某一天以前

2.3.2 邏輯運算子

查詢條件的設定，有時候會像前面說明的單一條件一樣，並不會太複雜。不過如果在一個查詢的需求裡面，需要設定一個以上的條件，那就會使用到下列的邏輯運算子：

優先順序	運算子	說明
1	NOT	非
2	&&	且
	AND	
3	||	或
	OR	
	XOR	互斥

「NOT」運算子比較特殊一些，在一般的需求中，比較不會用到它。以下列的需求來說：

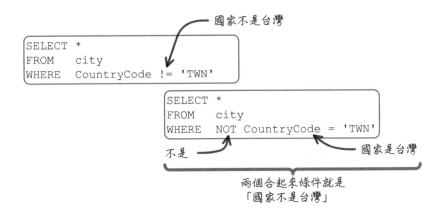

如果想要查詢國家代碼是「TWN」，而且人口數量小於十萬的城市，就必須設定兩個條件，在兩個條件之間依照「而且」的需求，使用「AND」結合這兩個條件設定：

```
SELECT  *
FROM    city
WHERE   CountryCode = 'TWN' AND Population < 100000
```

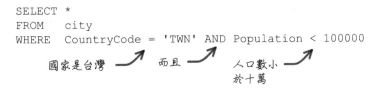

如果想要查詢國家代碼是「TWN」或是「USA」的城市，在兩個條件之間依照「或」的需求，使用「OR」結合兩個條件設定：

```
SELECT  *
FROM    city
WHERE   CountryCode = 'TWN' OR CountryCode='USA'
```

在邏輯運算子的說明中，它們也同樣有「優先順序」的特性。如果你想要查詢在歐洲（Europe）或非洲（Aftica）國家，而且人口數要小於一萬。使用下列的查詢條件所得到的資料，會跟實際的需要不一樣：

```
SELECT Name, Continent, Population
FROM    country
WHERE   Continent='Europe' OR Continent='Africa' AND Population<10000
```

因為「AND」比「OR」的優先權高，所以這個判斷會先執行

如果有多個查詢條件的設定，全部都是「AND」或全部都是「OR」的話，就沒有這類問題。如果查詢條件中，有「AND」和「OR」同時出現的話，就要依照你的需要，加上左右括號來控制條件的設定：

```
SELECT Name, Continent, Population
FROM   country
WHERE  (Continent='Europe' OR Continent='Africa') AND Population<10000
```

跟數學運算一樣,在左右
括號裡的判斷會先執行

2.3.3 其它條件運算子

一般的條件和邏輯運算子，已經可以應付大部份查詢條件的需求。下列還有一些可以用在特殊用途或是提供替代作法的條件設定運算子：

運算子	說明
BETWEEN ... AND ...	範圍比較
IN (...)	成員比較
IS	是...
IS NOT	不是...
LIKE	像...

「BETWEEN ... AND ...」用來執行一個指定範圍條件的設定：

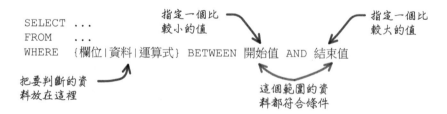

```
SELECT ...
FROM   ...
WHERE  {欄位|資料|運算式} BETWEEN 開始值 AND 結束值
```

指定一個比
較小的值

指定一個比
較大的值

把要判斷的資
料放在這裡

這個範圍的資
料都符合條件

如果要查詢人口數量在八萬到九萬之間的城市資料，使用下列兩種條件的設定，它們執行以後的結果是完全一樣的：

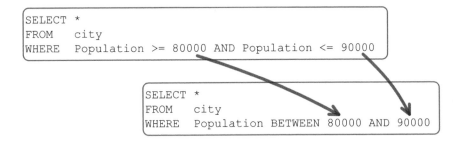

使用「BETWEEN ... AND ...」的條件設定，會包含指定的開始值和結束值
資料，所以下列兩個查詢條件所得到的結果就不一樣了：

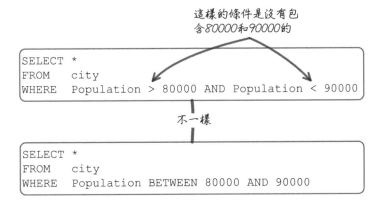

「BETWEEN ... AND ...」使用在日期資料的時候，也可以完成某一個日期
範圍的判斷：

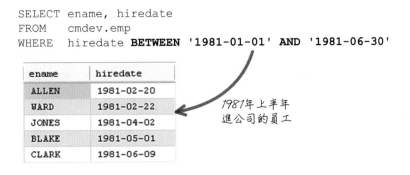

「IN (...)」使用在一組成員資料的比對條件設定：

```
SELECT ...
FROM    ...
WHERE   {欄位│資料│運算式} IN ( 資料[,資料...] )
```

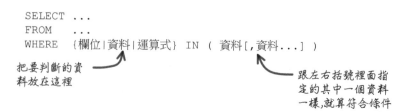

把要判斷的資料放在這裡

跟左右括號裡面指定的其中一個資料一樣,就算符合條件

　　下列兩個查詢敘述，都可以得到國家代碼是「TWN、USA、JPN、ITA 和 KOR」的城市資料。不過使用「IN (...)」設定條件的話，看起來會簡潔很多：

```
SELECT  *
FROM    city
WHERE   CountryCode = 'TWN' OR
        CountryCode = 'USA' OR
        CountryCode = 'JPN' OR
        CountryCode = 'ITA' OR
        CountryCode = 'KOR'
```

把這些要判斷的資料都填入左右括號裡面

```
SELECT  *
FROM    city
WHERE   CountryCode IN ('TWN','USA','JPN','ITA','KOR')
```

2.3.4　NULL 值的判斷

　　在國家表格（country）裡面有一個儲存平均壽命的欄位，名稱是「LifeExpectancy」，不過資料庫中的資料並沒有很完整，有一些國家沒有平均壽命這個資料，所以使用「NULL」值來表示：

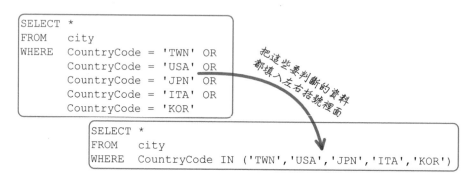

平均壽命欄位

因為有一些國家沒有資料,所以使用 NULL

Name	LifeExpectancy
Nigeria	51.6
Niue	NULL
Norfolk Island	NULL
Norway	78.7
Cte dIvoire	45.2
Oman	71.8
Pakistan	61.1
Palau	68.6
Panama	75.5
Papua New Guinea	63.1
Paraguay	73.7
Peru	70.0
Pitcairn	NULL
Northern Mariana Islands	75.5

　　如果想要查詢沒有平均壽命資料的國家，也就是平均壽命的欄位值為「NULL」，你可能會使用下列的敘述：

```
SELECT Name, LifeExpectancy
FROM    country
WHERE   LifeExpectancy = NULL
```

　　上列的敘述執行以後，並沒有傳回任何紀錄，這表示並沒有資料符合你設定的查詢條件。所以「NULL」值的判斷，不可以使用判斷一般資料的條件設定：

　　「<=>」在判斷一般資料的時候，例如數字與字串，跟「=」的效果完全一樣。不過它用在判斷「NULL」的時候，效果跟「IS」一樣。如果換成要查詢「有」平均壽命資料的國家，也就是平均壽命的欄位值不是「NULL」：

2.3.5　字串樣式

　　在設定字串資料條件判斷的時候，會有一種很常見、也比較特殊的需求，像是「想要查詢名稱以 w 字元開始的城市」，如果你使用下列的查詢敘述：

```
SELECT Name FROM    city WHERE   Name = 'w'
```

這樣的查詢條件,當然不是「名稱以 w 字元開始的城市」,而是名稱只有一個「w」字元的城市。所以這類的查詢就需要使用下列這個特殊的條件設定:

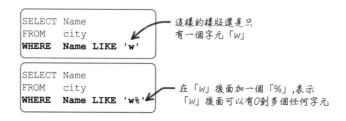

```
SELECT ...
FROM   ...
WHERE  {欄位 | 資料 | 運算式} LIKE '樣版'
```

以欄位或資料比對設定的樣版,看看有沒有符合條件

在上面說明的語法中,「LIKE」後面的「樣版」字串內容,可以使用下列兩種「樣版字元」:

樣版字元	說明
%	0 到多個任何字元
_	一個任何字元

所以要查詢「名稱以 w 字元開始的城市」,可以使用「%」這個樣版字元:

```
SELECT Name
FROM   city
WHERE  Name LIKE 'w'
```

這樣的樣版還是只有一個字元「w」

```
SELECT Name
FROM   city
WHERE  Name LIKE 'w%'
```

在「w」後面加一個「%」,表示「w」後面可以有 0 到多個任何字元

參考上面的作法,就可以延伸出許多其它查詢條件的設定:

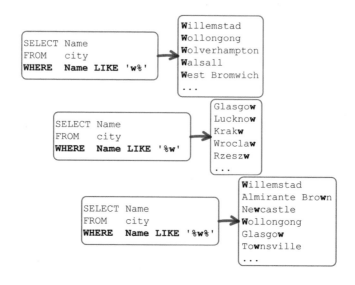

```
SELECT Name
FROM   city
WHERE  Name LIKE 'w%'
```

```
Willemstad
Wollongong
Wolverhampton
Walsall
West Bromwich
...
```

```
SELECT Name
FROM   city
WHERE  Name LIKE '%w'
```

```
Glasgow
Lucknow
Krakw
Wroclaw
Rzeszw
...
```

```
SELECT Name
FROM   city
WHERE  Name LIKE '%w%'
```

```
Willemstad
Almirante Brown
Newcastle
Wollongong
Glasgow
Townsville
...
```

　　上列的查詢條件中，「w%」表示第一個字元是「w」就符合條件。「%w」表示最後一個字元是「w」就符合條件。最後一個「%w%」表示不論在什麼位置有「w」字元，都符合條件。

　　另外一種樣版字元「_」表示一個任何字元，例如下面這個查詢「以 w 字元開始，而且六個字元的城市名稱」條件設定：

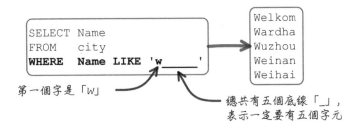

把這些樣版中的底線換到前面的話：

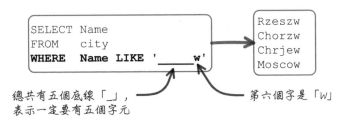

你也可以搭配兩種樣版字元完成條件的設定：

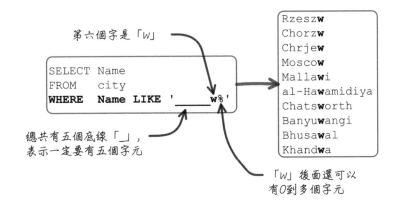

如果需要查詢「名稱是三十（包含）個字元以上的城市」：

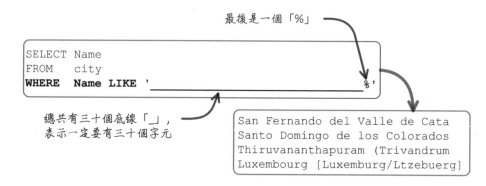

其實要完成上列查詢的需求是不用這麼麻煩的，在後面的內容會說明比較簡單的作法。

2.4 排序

在你執行任何一個查詢以後，MySQL 傳回的資料是依照「自然」的順序排列。自然順序通常是資料新增到表格中的順序，可是在資料庫運作一段時間後，陸續會有各種不同的操作，例如修改與刪除，所以這個自然順序對你來說，通常是沒什麼意義的。

一般的查詢通常會有資料排序上的需求，所以你會使用「ORDER BY」子句指定查詢資料的排列方式：

如果你希望在查詢城市資料的時候，需要依照國家代碼排序的話：

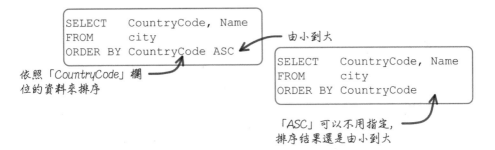

```
SELECT    CountryCode, Name
FROM      city
ORDER BY CountryCode ASC
```

由小到大

依照「CountryCode」欄位的資料來排序

```
SELECT    CountryCode, Name
FROM      city
ORDER BY CountryCode
```

「ASC」可以不用指定，排序結果還是由小到大

你也可以指定資料排列的順序為由大到小：

```
SELECT    CountryCode, Name
FROM      city
ORDER BY CountryCode DESC
```

由大到小

「ORDER BY」子句後面可以依照需求指定多個排序的資料：

只有依照「CountryCode」欄位的資料來排序

```
SELECT    CountryCode, Name
FROM      city
ORDER BY CountryCode
```

CountryCode	Name
ABW	Oranjestad
AFG	Kabul
AFG	Qandahar
AFG	Herat
AFG	Mazar-e-Sharif

先依照「CountryCode」欄位的資料排序；「CountryCode」一樣的話,再依照「Name」欄位的資料排序

```
SELECT    CountryCode, Name
FROM      city
ORDER BY CountryCode, Name
```

CountryCode	Name
ABW	Oranjestad
AFG	Herat
AFG	Kabul
AFG	Mazar-e-Sharif
AFG	Qandahar

「ORDER BY」子句後面指定多個排序資料的時候，都可以依照需求各自指定資料排列的方式：

```
SELECT    CountryCode, Name
FROM      city
ORDER BY CountryCode DESC, Name ASC
```

「CountryCode」的排序指定為大到小

「Name」的排序指定為由小到大

「ORDER BY」子句指定的資料可以是欄位名稱、欄位編號、運算式或欄位別名：

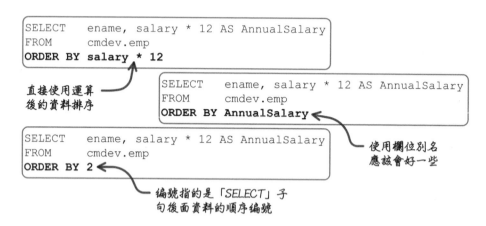

雖然比較不會有下列這樣的需求，不過你還是可以這樣作：

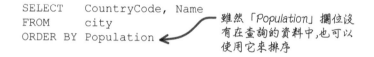

2.5 限制查詢數量與排除重複資料

在執行一個查詢敘述以後，資料庫會將查詢的資料傳回來給你使用。如果使用「WHERE」子句設定查詢條件的話，資料庫就只會傳回符合條件的資料。除了上列的狀況外，你可以額外使用「LIMIT」子句指定回傳紀錄的數量：

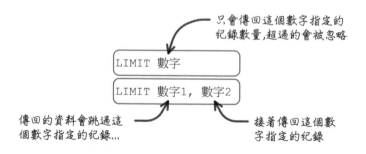

如果在「LIMIT」子句後面指定一個數字：

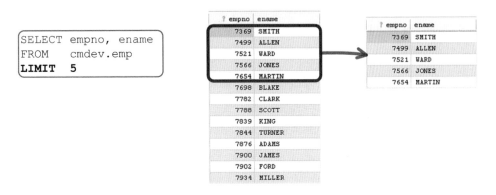

```
SELECT  empno, ename
FROM    cmdev.emp
LIMIT   5
```

如果在「LIMIT」子句後面指定兩個數字：

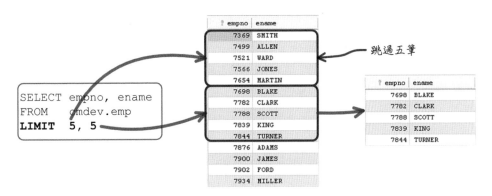

跳過五筆

```
SELECT  empno, ename
FROM    cmdev.emp
LIMIT   5, 5
```

在查詢敘述使用「ORDER BY」搭配「LIMIT」，就可以完成下列查詢「排名」的工作：

月薪前三名

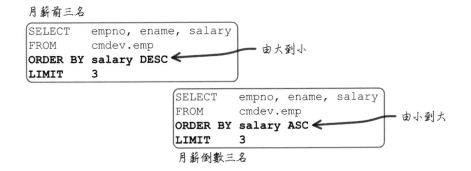

```
SELECT    empno, ename, salary
FROM      cmdev.emp
ORDER BY salary DESC
LIMIT     3
```

由大到小

```
SELECT    empno, ename, salary
FROM      cmdev.emp
ORDER BY salary ASC
LIMIT     3
```

由小到大

月薪倒數三名

如果出現類似「 ... LIMIT 1000000, 10」這樣的查詢敘述,雖然你只會得到十筆資料,資料庫總共會查詢一百萬零一十筆資料,只不過資料庫會幫你跳過前一百萬筆。類似這樣的需求,還是要使用「WHERE」子句挑出想要的資料會比較好一些。

在一個查詢敘述執行以後,資料庫不會幫你檢查回傳的資料是否重複,也就是回傳的兩筆紀錄資料完全一樣。在「SELECT」子句後面可以讓你執行「回傳的資料是否重複」的條件設定:

沒有使用「ALL」或「DISTINCT」的效果,跟你自己加上「ALL」的查詢效果是一樣的,資料庫會依照你的查詢傳回所有的資料:

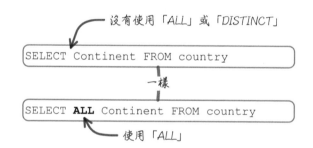

使用「DISTINCT」的話,資料庫會執行回傳紀錄是否重複的檢查:

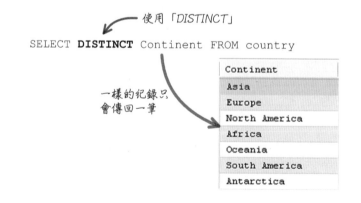

Chapter 3

運算式與函式

基礎的運算式（expressions）已經在查詢敘述中使用過，例如算數運算與「WHERE」子句中的條件判斷。雖然目前只有討論資料查詢的部份，不過你在任何地方都有可能使用運算式來完成需要的工作，例如新增、修改與刪除的敘述。一個運算式中可以包含值（literal values）、運算子和函式，這一章說明它們的細節與應用。

3.1　值與運算式

不論在執行查詢或資料異動的時候，你都可能會使用各種不同種類的值（literal values）來完成你的工作：

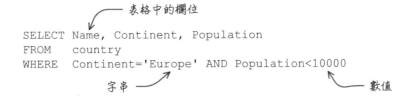

```
          表格中的欄位
SELECT  Name, Continent, Population
FROM    country
WHERE   Continent='Europe' AND Population<10000
          字串                              數值
```

不同種類的值有各自的用法與規定，可以搭配使用的運算子與函式也不一樣。根據資料類型可以分為下列幾種：

- 數值：可以用來執行算數運算的數值，包含整數與小數，分為精確值與近似值兩種。

- 字串：使用單引號或雙引號包圍的文字。

- 日期/時間：使用單引號或雙引號包圍的日期或時間。

- 空值：使用「NULL」表示的值。

- 布林值：「TRUE」或「1」表示「真」，「FALSE」或「0」表示「假」。

3.1.1　數值

數值分為「精確值（exact-value）」與「近似值（approximate-value）」兩種。精確值在使用時不會因為進位而產生差異。使用近似值的時候，可能會因為進位而產生些微的差異。精確值使用一個明確的數字來表示一個整數或小數數值，使用 64 位元的空間儲存資料：

- 整數：沒有小數的數字，範圍從-9223372036854775808 到9223372036854775807。

- 小數：包含小數的數字，整數範圍與上面一樣，小數位數最多可以有30 個。

使用精確值在執行各種算數運算的時候，所得到的結果都不會有誤差的問題，你只要特別注意範圍就可以了。例如下列這個比較奇怪的查詢需求：

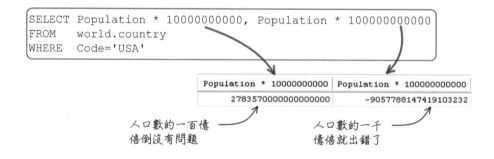

包含小數的數字，在整數部份的限制與整數相同，小數位數會有這樣的
限制：

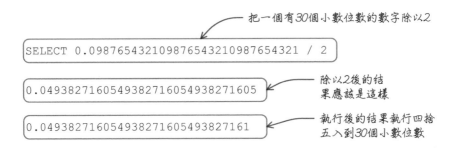

把一個有30個小數位數的數字除以2

```
SELECT 0.098765432109876543210987654321 / 2
```

除以2後的結
果應該是這樣

```
0.049382716054938271605493827160 5
```

執行後的結果執行四捨
五入到30個小數位數

```
0.049382716054938271605493827161
```

近似值的數字通常稱為「科學表示法」，它使用下列的方式表示一個數值：

「X」是一個可以包含
小數的正數或負數 → XEY ← 「Y」是一個不可以包
含小數的正數或負數

大寫或小寫的「E」都可以

這兩種表示方式所代表的數值是這樣計算的：

格式	運算	範例	代表的數值
XE+Y	$X * 10^Y$	5E+3	5000
XE-Y	$X * 10^{-Y}$	5E-3	0.005

上列表格中的說明，「XE+Y」格式中的「+」可以省略，例如「5E+3」與
「5E3」是一樣的。使用近似值表示一個數值的時候，你一定要牢記它是一個
「近似值」，也就是它真正儲存的數值可能不是你所看到的。下列的情況是你
比較容易理解的：

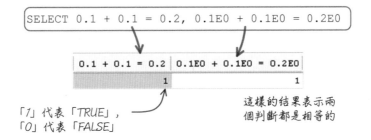

```
SELECT 0.1 + 0.1 = 0.2, 0.1E0 + 0.1E0 = 0.2E0
```

0.1 + 0.1 = 0.2	0.1E0 + 0.1E0 = 0.2E0
1	1

「1」代表「TRUE」，
「0」代表「FALSE」

這樣的結果表示兩
個判斷都是相等的

不過下列的狀況就會有不一樣的結果：

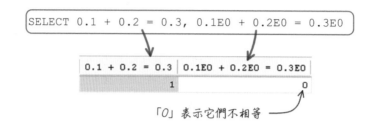

「0」表示它們不相等

　　第一個運算值採用精確值的方式,所以它們一定會相等。第二個運算使用近似值的方式,所以它們不一定相等。

3.1.2　字串值

　　字串值是以單引號或雙引號包圍的文字資料,就文字資料來說,你不會拿文字執行加、減、乘、除這類的算數運算。如果使用字串執行算數運算的話,MySQL 會先把字串中的內容轉換為數字,然後再執行算數運算:

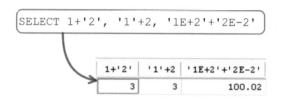

　　如果字串內容包含不是數值的文字,MySQL 在執行轉換的時候會出現警告訊息:

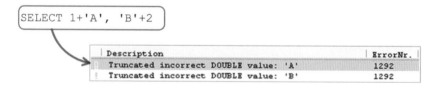

　　字串與字串可以執行連接的運算,就是把一些字串的內容連接起來後,產生一個新的字串。要執行字串連接的工作,可以使用「||」運算子,這個運算子在條件的判斷中是「或」的意思,如果你直接使用「||」運算子連接字串的話:

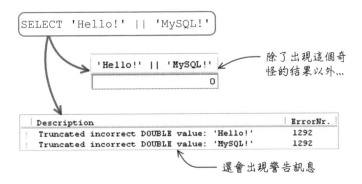

這是因為在 MySQL 預設的設定下，MySQL 把「||」運算子當成數值的「或」運算，所以會出現這樣的情況。你可以透過設定 MySQL 的 SQL 模式，來改變這個預設處理方式：

```
SET sql_mode = 'PIPES_AS_CONCAT'
```

上面的設定會把「||」運算子用在字串值的時候，把它當成「連接」運算子：

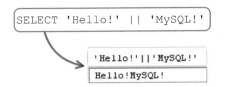

3.1.3 　日期與時間值

日期與時間值（temporal values）有下列幾種：

資料	格式	範例
日期	年年年年-月月-日日	'2007-01-01'
日期時間	年年年年-月月-日日 時時:分分:秒秒	'2007-01-01 12:00:00'
時間	時時:分分:秒秒	'12:00:00'

在日期與時間值的西元年部份，可以使用四個或兩個數字。如果指定的兩個數字是「70」到「99」之間，就代表「1970」到「1999」。如果是「00」到「69」之間，就代表「2000」到「2069」。日期值預設的分隔字元是「-」，你也可以使用「/」，所以「2000-1-1」與「2000/1/1」都是正確的日期值。

日期時間資料可以使用在條件的判斷，也可以用來執行需要的「運算」，不過當然不是數值的算數運算，而是「一個日期的 36 天後是哪一天」這類的需求，而且只能使用「＋」與「－」的運算。它的語法是：

語法中的單位可以使用下列表格中的單位關鍵字：

單位	說明	單位	說明
YEAR	年	HOUR	時
QUARTER	季	MINUTE	分
MONTH	月	SECOND	秒
DAY	日		

上列的表格並沒有列出所有的單位關鍵字，全部的單位關鍵字請參考 MySQL 手冊「12.5. Date and Time Functions」。下列是幾個計算日期時間的範例：

範例	說明	結果
'2007-01-01' + INTERVAL 3 DAY	3 天後的日期	2007-01-04
'2007-01-01' - INTERVAL 3 DAY	3 天前的日期	2006-12-29
'2007-01-01' + INTERVAL 5 hour	5 小時後的日期時間	2007-01-01 05:00:00
'2007-01-01' - INTERVAL 5 hour	5 小時前的日期時間	2006-12-31 19:00:00

3.1.4 NULL 值

「NULL」值的處理比任何其它型態的值都來得特別一些，它也是一個很常見的資料，可以用來表示「未知的資料」。而且它最特別的地方是「NULL 值與其它任何值都不一樣，包含 NULL 自己」。

　　「NULL」是一個 SQL 關鍵字，大小寫都可以。在判斷一個欄位資料是否為「NULL」值的時候，跟判斷其它一般資料是不一樣的。如果算數運算式或比較運算式中有任何「NULL」值的話，結果都會是「NULL」：

```
SELECT NULL = NULL, NULL < NULL, NULL != NULL, NULL + 3
```

　　上列查詢所得到的結果全部都是「NULL」。所以在比較「NULL」值的時候要使用下列的方式：

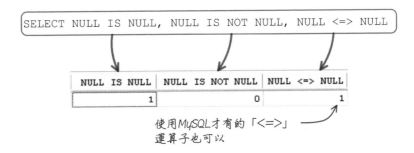

NULL IS NULL	NULL IS NOT NULL	NULL <=> NULL
1	0	1

使用 MySQL 才有的「<=>」運算子也可以

3.2　函式

　　在執行查詢或維護資料的時候，可能會有下列這個比較特殊的需求：

每一個員工進公司的日期，這是表格中的欄位

每一個員工進公司的天數

ename	hiredate	days
SMITH	1980-12-17	9511
ALLEN	1981-02-20	9446
WARD	1981-02-22	9444
JONES	1981-04-02	9405
MARTIN	1981-09-28	9226
BLAKE	1981-05-01	9376
CLARK	1981-06-09	9337

　　以這樣的需求來說，你當然不用自己去計算兩個日期之間的天數，MySQL 提供許多不同的函式（functions），可以完成這類的需求，不論在執行查詢或維護的敘述中，都可以使用這些函式。函式基本的用法會像這樣：

MySQL 規定函式預設的寫法是函式名稱和左括號之間不可以有任何空格，否則會造成錯誤。你可以執行「SET sql_mode='IGNORE_SPACE'」，這個設定讓你在函式名稱和左括號之間加入空格也不會出錯。

以上列「計算兩個日期之間的天數」來說，就會在查詢敘述中使用到這樣的函式：

```
SELECT  ename,hiredate,DATEDIFF('2007-01-01',hiredate) days
FROM    emp
```

MySQL 提供的函式非常多，你不用把每一個函式的名稱和用法都背起來，就算是為了參加認證考試也一樣。這個章節只有介紹部份函式，並不是全部，所以你在瞭解這章討論的函式以後，可以到 MySQL 參考手冊中的「Chapter 12. Functions and Operators」，進一步認識 MySQL 還有提供哪一些函式。

3.2.1　字串函式

字串資料的處理是一種很常見的工作，處理字串的函式也非常多，所以接下來使用分類的方式來介紹。下列是處理字串內容的相關函式：

函式	回傳	說明
LOWER(字串)	字串	將[字串]轉換為小寫
UPPER(字串)	字串	將[字串]轉換為大寫
LPAD(字串 1, 長度, 字串 2)	字串	如果[字串 1]的長度小於指定的[長度]，就在[字串 1]左邊使用[字串 2]補滿
RPAD(字串 1, 長度, 字串 2)	字串	如果[字串 1]的長度小於指定的[長度]，就在[字串 1]右邊使用[字串 2]補滿

函式	回傳	說明
LTRIM(字串)	字串	移除[字串]左邊的空白
RTRIM(字串)	字串	移除[字串]右邊的空白
TRIM(字串)	字串	移除[字串]左、右的空白
REPEAT(字串, 個數)	字串	重複[字串]指定的[個數]
REPLACE(字串 1, 字串 2, 字串 3)	字串	將[字串 1]中的[字串 2]替換為[字串 3]

「LPAD」與「RPAD」在處理報表資料的時候，經常用來控制報表內容的格式。例如下列的需求：

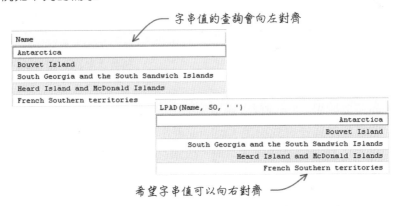

字串值的查詢會向左對齊

希望字串值可以向右對齊

使用「LPAD」函式讓查詢後得到的字串內容向右對齊：

使用「LPAD」函式　　長度為50　　長度不到50的在左邊補空白

```
SELECT  LPAD(Name, 50, ' ')
FROM    country
WHERE   Continent='Antarctica'
```

下列是截取字串內容的函式：

函式	回傳	說明
LEFT(字串, 長度)	字串	傳回[字串]左邊指定[長度]的內容
RIGHT(字串, 長度)	字串	傳回[字串]右邊指定[長度]的內容
SUBSTRING(字串, 位置)	字串	傳回[字串]中從指定的[位置]開始到結尾的內容
SUBSTRING(字串, 位置, 長度)	字串	傳回[字串]中從指定的[位置]開始，到指定[長度]的內容

下列是一個測試這些函式的查詢敘述：

```
SELECT LEFT('ABCDE', 2), RIGHT('ABCDE', 2),
       SUBSTRING('ABCDE', 2), SUBSTRING('ABCDE', 2, 3)
```

LEFT('ABCDE', 2)	RIGHT('ABCDE', 2)	SUBSTRING('ABCDE', 2)	SUBSTRING('ABCDE', 2, 3)
AB	DE	BCDE	BCD

下列是連接字串的函式：

函式	回傳	說明
CONCAT(參數 [,…])	字串	傳回所有參數連接起來的字串
CONCAT_WS(分隔字串, 參數 [,…])	字串	傳回所有參數連接起來的字串，參數之間插入指定的[分隔字串]

你可以使用「||」運算子連接字串，「CONCAT」函式也可以完成同樣的需求。唯一的差異是要先設定「sql_mode」為「PIPES_AS_CONCAT」後，才可以使用「||」運算子連接字串，而「CONCAT」函式不用執行任何設定就可以連接字串。

「CONCAT_WS」函式提供一種比較方便的字串連接功能，例如下列這個使用「||」運算子連接字串的查詢敘述：

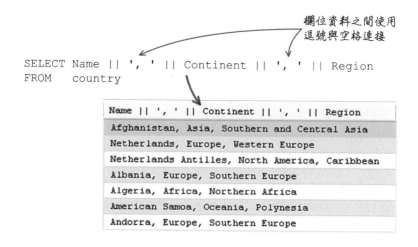

欄位資料之間使用
逗號與空格連接

```
SELECT Name || ', ' || Continent || ', ' || Region
FROM   country
```

Name || ', ' || Continent || ', ' || Region
Afghanistan, Asia, Southern and Central Asia
Netherlands, Europe, Western Europe
Netherlands Antilles, North America, Caribbean
Albania, Europe, Southern Europe
Algeria, Africa, Northern Africa
American Samoa, Oceania, Polynesia
Andorra, Europe, Southern Europe

改成使用「CONCAT_WS」函式的話，就會比較簡單一些：

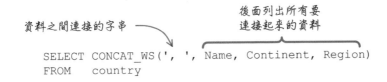

```
SELECT CONCAT_WS(', ', Name, Continent, Region)
FROM   country
```

「CONCAT」與「CONCAT_WS」兩個函式的參數可以接受任何型態的資料，它們都會把全部的資料轉為字串後連接起來。「CONCAT」函式的參數中如果有「NULL」值，結果會是「NULL」。「CONCAT_WS」函式的參數中如果有「NULL」值，「NULL」值會被忽略。

下列是取得字串資訊的函式：

函式	回傳	說明
LENGTH(字串)	數字	傳回[字串]的長度(bytes）
CHAR_LENGTH(字串)	數字	傳回[字串]的長度（字元個數）
LOCATE(字串 1, 字串 2)	數字	傳回[字串 1]在[字串 2]中的位置，如果[字串 2]中沒有[字串 1]指定的內容就傳回 0

使用「LENGTH」函式可以完成「國家名稱長度排行榜」的查詢需求：

```
SELECT    Name, LENGTH(Name) length
FROM      country
ORDER BY  length DESC
```

你可以搭配許多不同的函式來完成需要執行的工作，例如這個可以查詢「名稱是一個單字以上國家」的敘述：

```
SELECT LEFT(Name, LOCATE(' ', Name) - 1) NameOfFirstWord
FROM   country
WHERE  LOCATE(' ', Name) <> 0
```

3.2.2 數學函式

下列是數值捨去與進位的函式：

函式	回傳	說明
ROUND(數字)	數字	四捨五入到整數
ROUND(數字, 位數)	數字	四捨五入到指定的位數
CEIL(數字)、CEILING(數字)	數字	進位到整數
FLOOR(數字)	數字	捨去所有小數

下列是一個測試這些函式的查詢敘述：

```
SELECT ROUND(3.14159), ROUND(3.14159, 3),
       CEIL(3.14159), FLOOR(3.14159)
```

ROUND(3.14159)	ROUND(3.14159, 3)	CEIL(3.14159)	FLOOR(3.14159)
3	3.142	4	3

在這些函式中，「TRUNCATE」函式的用法會比較不一樣：

TRUNCATE (123.456789, 3) ← 正數的話會保留指定的小數位數,其餘捨去

TRUNCATE (123.456789, 0) ← 0的話捨去所有小數,保留整數

TRUNCATE (123.456789, -2) ← 負數的話從指定位數的整數開始捨去,個位數為-1,十位數為-2,以此類推...

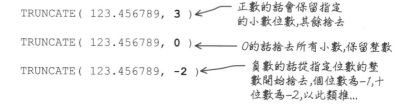

下列是算數運算的函式：

函式	回傳	說明
PI()	數字	圓周率
POW(數字 1, 數字 2)、POWER(數字, 數字 2)	數字	[數字 1]的[數字 2]平方
RAND()	數字	亂數
SQRT(數字)	數字	[數字]的平方

每次使用「RAND」函式的時候，它都會傳回一個大於等於 0 而且小於 1 的小數數字，這個數值是由 MySQL 隨機產生的。如果你的敘述中需要一個固定範圍內的亂數，可以搭配「RAND」函式使用下列的公式來產生：

```
floor( x + ( RAND() * (y-x+1) ) )
```
這個公式可以產生
x(包含)到y(包含)之
間的整數亂數

```
floor( 10 + ( rand() * 11 ) )
```
10(包含)到20(包含)
之間的整數亂數

使用「RAND」函式也可以完成「隨機查詢」的需求：

```
SELECT    Name
FROM      country
ORDER BY  RAND()
LIMIT     3
```
每次查詢都會隨
機傳回三個國家

Name
Lebanon
Swaziland
Poland

Name
Azerbaijan
United Kingdom
Mongolia

　　MySQL 還提供的許多不同應用的數學函式，例如三角函式，你可以查詢 MySQL 參考手冊中的「12.4.2. Mathematical Functions」。

3.2.3　日期時間函式

　　下列是取得日期與時間的函式：

函式	回傳	說明
CURDATE()	日期	
	相同功能： CURRENT_DATE、 CURRENT_DATE()	
CURTIME()	時間	
	相同功能： CURRENT_TIME、 CURRENT_TIME()	
YEAR(日期)	數字	傳回[日期]的年
MONTH(日期)	數字	傳回[日期]的月
DAY(日期)	數字	
	相同功能： DAYOFMONTH()	

函式	回傳	說明
MONTHNAME(日期)	字串	傳回[日期]的月份名稱
DAYNAME(日期)	字串	傳回[日期]的星期名稱
DAYOFWEEK(日期)	數字	傳回[日期]的星期，1 到 7 的數字，表示星期日、一、二...
DAYOFYEAR(日期)	數字	傳回[日期]的日數，1 到 366 的數字，表示一年中的第幾天

「CURDATE」與「CURTIME」可以取得目前伺服器的日期與時間，搭配其它函式就可以完成下列的「建國最久的國家排行」查詢：

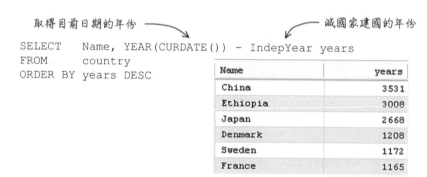

取得目前日期的年份 ──→   ──── 減國家建國的年份

```
SELECT    Name, YEAR(CURDATE()) - IndepYear years
FROM      country
ORDER BY  years DESC
```

Name	years
China	3531
Ethiopia	3008
Japan	2668
Denmark	1208
Sweden	1172
France	1165

「EXTRACT」函式用來取得日期時間資料的指定「單位」，例如日期中的月份，使用的「單位」與這一章之前在「日期與時間值」中說明的一樣，這個函式讓你不用記太多「YEAR」或「MONTH」這類函式的名稱：

```
SELECT YEAR(hiredate) hire_year,
       MONTH(hiredate) hire_month,
       DAY(hiredate) hire_day
FROM   cmdev.emp
```
使用取得年,月,
日三個函式

只有使用一個函式
```
SELECT EXTRACT(YEAR FROM hiredate) hire_year,
       EXTRACT(MONTH FROM hiredate) hire_month,
       EXTRACT(DAY FROM hiredate) hire_day
FROM   cmdev.emp
```

下列是計算日期與時間的函式：

函式	回傳	說明
ADDDATE(日期, 天數)	日期	傳回[日期]在指定[天數] 以後的日期
ADDDATE(日期, INTERVAL 數字 單位)	日期	傳回[日期]在指定[數字]的[單位]以後的日期
ADDTIME(日期時間, INTERVAL 數字 單位)	日期/時間	傳回[日期時間]在指定[數字]的[單位]以後的日期時間
SUBDATE(日期, 天數)	日期	傳回[日期]在指定[天數] 以前的日期
SUBDATE(日期, INTERVAL 數字 單位)	日期/時間	傳回[日期]在指定[數字]的[單位]以前的日期
SUBTIME(日期時間, INTERVAL 數字 單位)	日期/時間	傳回[日期時間]在指定[數字]的[單位]以前的日期時間
DATEDIFF(日期 1, 日期 2)	數字	計算兩個日期差異的天數

在計算日期方面的函式，MySQL 也提供兩種不同的用法：

想要看看一個日期
30天以後是哪一天，
這兩種用法都可以

```
SELECT  ename, hiredate,
        ADDDATE(hiredate, 30),
        ADDDATE(hiredate, INTERVAL 30 DAY)
FROM    cmdev.emp e;
```

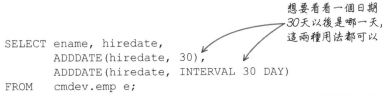

ename	hiredate	ADDDATE(hiredate, 30)	ADDDATE(hiredate, INTERVAL 30 DAY)
SMITH	1980-12-17	1981-01-16	1981-01-16
ALLEN	1981-02-20	1981-03-22	1981-03-22
WARD	1981-02-22	1981-03-24	1981-03-24
JONES	1981-04-02	1981-05-02	1981-05-02
MARTIN	1981-09-28	1981-10-28	1981-10-28

提示 ≫ 　上列函式中使用的「單位」與這一章之前在「日期與時間值」中說明的一樣。

3.2.4 流程控制函式

在處理一般工作的時候，使用各種 SQL 敘述與函式，通常就可以完成你的需求。可是在實際的應用上，難免會遇到類似下列這樣比較複雜一點的需求：

ename	hiredate
SMITH	1980-12-17
ALLEN	1981-02-20
WARD	1981-02-22
JONES	1981-04-02
BLAKE	1981-05-01
CLARK	1981-06-09
TURNER	1981-09-08
MARTIN	1981-09-28
KING	1981-11-17
FORD	1981-12-03
JAMES	1981-12-03
MILLER	1982-01-23
SCOTT	1987-04-19
ADAMS	1987-05-23

1985年以前進公司的員工算資深員工，希望在查詢的時候顯示「Senior」

1985年(包含)以後進公司的員工算一般員工，希望在查詢的時候顯示「General」

像這種依照條件判斷結果而顯示不同資料的需求，可以使用下列的「IF」函式來處理：

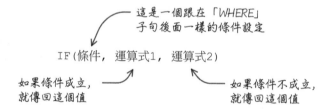

這是一個跟在「WHERE」子句後面一樣的條件設定

IF(條件，運算式1，運算式2)

如果條件成立，就傳回這個值

如果條件不成立，就傳回這個值

使用「IF」函式可以在查詢的時候，依照員工進公司的日期判斷是資深或是一般員工：

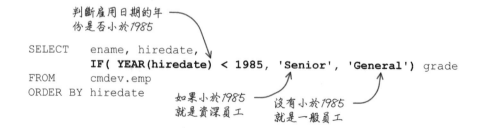

判斷雇用日期的年份是否小於1985

```
SELECT    ename, hiredate,
          IF( YEAR(hiredate) < 1985, 'Senior', 'General') grade
FROM      cmdev.emp
ORDER BY hiredate
```

如果小於1985就是資深員工

沒有小於1985就是一般員工

　　如果要依照資深員工與一般員工計算不同的獎金，也可以使用「IF」函式來完成：

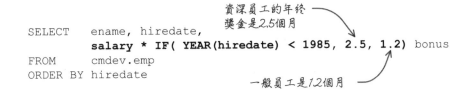

```
SELECT    ename, hiredate,
          salary * IF( YEAR(hiredate) < 1985, 2.5, 1.2) bonus
FROM      cmdev.emp
ORDER BY hiredate
```

資深員工的年終
獎金是2.5個月

一般員工是1.2個月

　　「IF」函式可以用來判斷一個條件「成立」或「不成立」兩種狀況的需求。但是像下列的需求就不適合使用「IF」函式了：

ename	salary
KING	5000.00
SCOTT	3000.00
FORD	3000.00
JONES	2975.00
BLAKE	2850.00
CLARK	2450.00
ALLEN	1600.00
TURNER	1500.00
MILLER	1300.00
MARTIN	1250.00
WARD	1250.00
ADAMS	1100.00
JAMES	950.00
SMITH	800.00

依照薪水來
判斷等級

3000(包含)以上：A
1000～2999 ：B
1000以下 ：C

　　如果需要完成多種條件的判斷，就要使用下列的「CASE」語法，它應該不能算是一個函式，因為它的長像實在不像是一個函式：

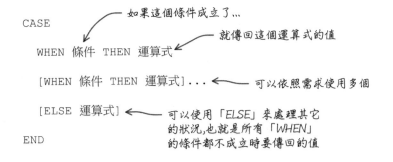

```
CASE
    WHEN 條件 THEN 運算式

    [WHEN 條件 THEN 運算式]...

    [ELSE 運算式]

END
```

如果這個條件成立了...

就傳回這個運算式的值

可以依照需求使用多個

可以使用「ELSE」來處理其它
的狀況,也就是所有「WHEN」
的條件都不成立時要傳回的值

套用上列的語法，就可以判斷出所有員工的薪資等級：

```
SELECT    ename, salary,
          CASE
            WHEN salary >= 3000 THEN 'A'          ← 等級A
            WHEN salary >= 1000 AND salary <= 2999 THEN 'B'
            WHEN salary < 1000 THEN 'C'                        ← 等級B
          END SalaryGrade  ←                      ← 等級C
FROM      cmdev.emp                也可以取
ORDER BY salary DESC               一個別名
```

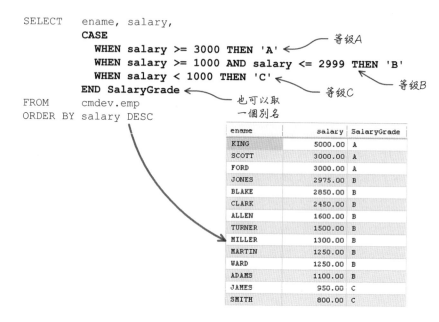

ename	salary	SalaryGrade
KING	5000.00	A
SCOTT	3000.00	A
FORD	3000.00	A
JONES	2975.00	B
BLAKE	2850.00	B
CLARK	2450.00	B
ALLEN	1600.00	B
TURNER	1500.00	B
MILLER	1300.00	B
MARTIN	1250.00	B
WARD	1250.00	B
ADAMS	1100.00	B
JAMES	950.00	C
SMITH	800.00	C

在「CASE」的語法中，要判斷一種條件就使用一個「WHEN」來完成。如果有「所有條件以外」的情況要處理的話，就可以搭配使用「ELSE」：

```
SELECT    ename, salary,
          CASE
            WHEN salary >= 3000 THEN 'A'
            WHEN salary >= 1000 AND salary <= 2999 THEN 'B'
            ELSE 'C'  ←
          END SalaryGrade      不是A,B就是C了,所以
FROM      cmdev.emp             使用「ELSE」也可以
ORDER BY salary DESC
```

如果要依照員工薪資等級計算不同的獎金，也可以使用「CASE」語法來完成這個需求：

```
SELECT    ename, salary, salary *
          CASE
            WHEN salary >= 3000 THEN 2.5           等級「A」員工的年
            WHEN salary >= 1000 AND salary <= 2999 THEN 1.5   終獎金是2.5個月
            ELSE 1.2  ←
          END bonus                                等級「B」員工的年
FROM      cmdev.emp                                終獎金是1.5個月
ORDER BY salary DESC
          等級「C」(A,B以外)員工
          的年終獎金是1.2個月
```

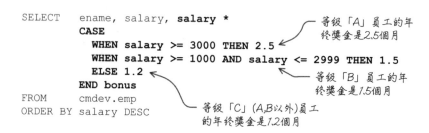

「CASE」除了上列介紹的語法外,還有另外一種寫法可以處理一些比較特別的需求,例如下列七大洲的名稱與縮寫對照表:

洲名	縮寫
Asia	AS
Europe	EU
Africa	AF
Oceania	OA
Antarctica	AN
North America	NA
South America	SA

如果在 SQL 敘述中有類似這樣的需求,就可以使用下列這種「CASE」的語法:

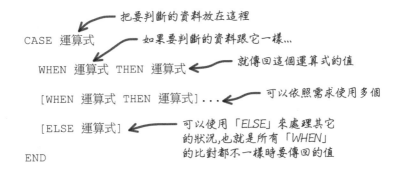

套用上列的語法就可以完成這樣的查詢敘述:

以上列的查詢來說，你也可以換成這樣的寫法：

```
SELECT Name, Continent,
       CASE
          WHEN Continent='Asia' THEN 'AS'
          WHEN Continent='Europe' THEN 'EU'
          WHEN Continent='Africa' THEN 'AF'
          WHEN Continent='Oceania' THEN 'OA'
          WHEN Continent='Antarctica' THEN 'AN'
          WHEN Continent='North America' THEN 'NA'
          WHEN Continent='South America' THEN 'SA'
       END ContinentCode
FROM country
```

經由這樣的對照，應該可以很容易看得出來，使用哪一種寫法來完成這個查詢會好一些。

3.2.5 其它函式

下列是用來處理 NULL 值的函式：

函式	回傳	說明
IFNULL(參數, 運算式)	不一定	如果[參數]為 NULL 就傳回[運算式]的值；否則傳回[參數]的值
ISNULL(參數)	布林值	如果[參數]為 NULL 就傳回 TRUE；否則傳回 FALSE

當資料庫中有「NULL」資料出現時，就可能會發生下列這樣奇怪的結果：

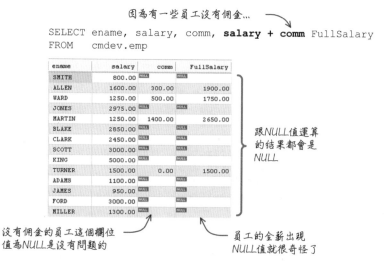

因為有一些員工沒有佣金...

```
SELECT ename, salary, comm, salary + comm FullSalary
FROM   cmdev.emp
```

ename	salary	comm	FullSalary
SMITH	800.00 NULL	NULL	
ALLEN	1600.00	300.00	1900.00
WARD	1250.00	500.00	1750.00
JONES	2975.00 NULL	NULL	
MARTIN	1250.00	1400.00	2650.00
BLAKE	2850.00 NULL	NULL	
CLARK	2450.00 NULL	NULL	
SCOTT	3000.00 NULL	NULL	
KING	5000.00 NULL	NULL	
TURNER	1500.00	0.00	1500.00
ADAMS	1100.00 NULL	NULL	
JAMES	950.00 NULL	NULL	
FORD	3000.00 NULL	NULL	
MILLER	1300.00 NULL	NULL	

跟NULL值運算的結果都會是NULL

沒有佣金的員工這個欄位值為NULL是沒有問題的

員工的全薪出現NULL值就很奇怪了

　　所以要得到正確的結果，就要使用「IFNULL」函式來特別處理 NULL 值
的運算：

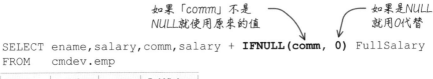

```
SELECT ename,salary,comm,salary + IFNULL(comm, 0) FullSalary
FROM   cmdev.emp
```

如果「comm」不是
NULL就使用原來的值

如果是NULL
就用0代替

ename	salary	comm	FullSalary
SMITH	800.00	NULL	800.00
ALLEN	1600.00	300.00	1900.00
WARD	1250.00	500.00	1750.00
JONES	2975.00	NULL	2975.00
MARTIN	1250.00	1400.00	2650.00
BLAKE	2850.00	NULL	2850.00
CLARK	2450.00	NULL	2450.00
SCOTT	3000.00	NULL	3000.00
KING	5000.00	NULL	5000.00
TURNER	1500.00	0.00	1500.00
ADAMS	1100.00	NULL	1100.00
JAMES	950.00	NULL	950.00
FORD	3000.00	NULL	3000.00
MILLER	1300.00	NULL	1300.00

使用「IFNULL」處理
後的結果就沒錯了

　　「ISNULL」函式用來判斷一個指定的資料是否為「NULL」，它的效果跟
之前說明的「IS」和「<=>」運算子是一樣的，你可以自己決定要使用哪一種
來執行判斷。

3.3　群組查詢

　　資料庫通常是用來儲存龐大數量的資料，所以查詢並計算資料的統計分析
資訊也是一種很常見的需求：

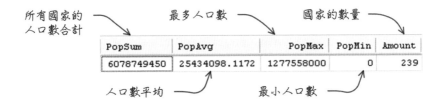

所有國家的
人口數合計

最多人口數

國家的數量

PopSum	PopAvg	PopMax	PopMin	Amount
6078749450	25434098.1172	1277558000	0	239

人口數平均

最小人口數

你也可能會進一步查詢更詳細的統計與分析資訊：

Continent	PopSum	PopAvg
South America	345780000	24698571.4286
Antarctica	0	0.0000
Oceania	30401150	1085755.3571
Africa	784475000	13525431.0345
North America	482993000	13053864.8649
Europe	730074600	15871186.9565
Asia	3705025700	72647562.7451

依照洲名分組計算

每一洲的人口數合計 ↗   每一洲的人口數平均

3.3.1 群組函式

想要完成上列說明的統計與分析查詢，你會用到下列的「群組函式」：

函式	說明
MAX(運算式)	最大值
MIN(運算式)	最小值
SUM(運算式)	合計
AVG(運算式)	平均
COUNT([DISTINCT]*|運算式)	使用「DISTINCT」時，重複的資料不會計算 使用[*]時，計算表格紀錄的數量 使用[運算式]時，計算的數量不會包含「NULL」值

使用上列的群組函式可以很容易查詢需要的統計與分析資訊：

```
SELECT  SUM(Population) PopSum,          ← 合計
        AVG(Population) PopAvg,          ← 平均
        MAX(Population) PopMax,          ← 最大
        Min(Population) PopMin,          ← 最小
        COUNT(*) Amount                  ← 紀錄數量
FROM    country
```

把「FROM」子句指定的表格中所有的資料拿來執行統計與分析

這些函式套用在數值資料時會比較明確一些，把它們用在日期資料也是可以完成「員工最早和最晚進公司的日期」的查詢需求：

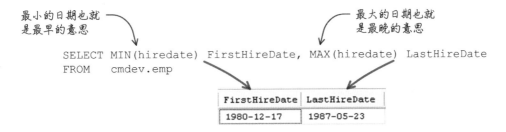

最小的日期也就是最早的意思

最大的日期也就是最晚的意思

```
SELECT  MIN(hiredate) FirstHireDate, MAX(hiredate) LastHireDate
FROM    cmdev.emp
```

FirstHireDate	LastHireDate
1980-12-17	1987-05-23

在這些群組函式中，「COUNT」函式的用法會比較不一樣：

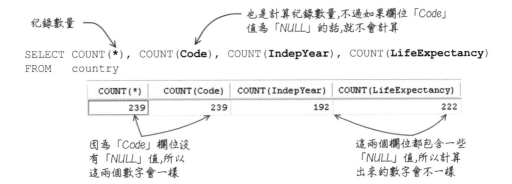

紀錄數量

也是計算紀錄數量,不過如果欄位「Code」值為「NULL」的話,就不會計算

```
SELECT  COUNT(*), COUNT(Code), COUNT(IndepYear), COUNT(LifeExpectancy)
FROM    country
```

COUNT(*)	COUNT(Code)	COUNT(IndepYear)	COUNT(LifeExpectancy)
239	239	192	222

因為「Code」欄位沒有「NULL」值,所以這兩個數字會一樣

這兩個欄位都包含一些「NULL」值,所以計算出來的數字會不一樣

利用「COUNT」函式的特性，也可以查詢一些特別的資訊：

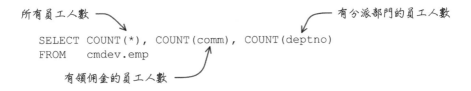

所有員工人數

有分派部門的員工人數

```
SELECT  COUNT(*), COUNT(comm), COUNT(deptno)
FROM    cmdev.emp
```

有領佣金的員工人數

3.3.2　GROUP_CONCAT 函式

「GROUP_CONCAT」函式是比較特別的一個群組函式，它用來將一些字串資料「串接」起來。在執行一般查詢的時候，會根據查詢的資料，將許多紀錄傳回來給你：

使用「GROUP_CONCAT」函式的話，只會回傳一筆紀錄，這筆紀錄包含所有字串資料串接起來的內容：

下列是「GROUP_CONCAT」函式的語法：

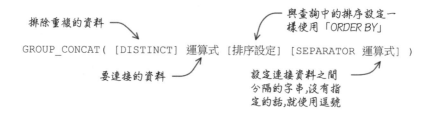

上列的範例是「GROUP_CONCAT」函式最簡單的用法，你還可以在函式中使用與「ORDER BY」子句一樣的用法指定資料的排列順序：

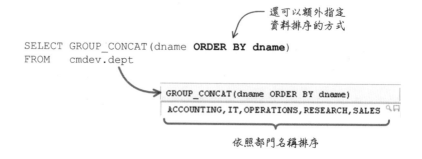

　　「GROUP_CONCAT」函式連接字串的時候，預設是使用逗號分隔資料，你可以自己指定分隔的字串：

設定連接資料之間分隔的字串

```
SELECT  GROUP_CONCAT(dname ORDER BY dname SEPARATOR '|')
FROM    cmdev.dept
```

GROUP_CONCAT(dname ORDER BY dname SEPARATOR '|')
ACCOUNTING|IT|OPERATIONS|RESEARCH|SALES

從逗號變成「/」

　　在「GROUP_CONCAT」函式中還可以使用「DISTINCT」來排除重複的資料，例如：

```
SELECT  Region
FROM    country
WHERE   Continent = 'Europe'
```
查詢歐洲國家的區域名稱,歐洲總共有46個國家,所以傳回46個區域名稱

```
SELECT  DISTINCT Region
FROM    country
WHERE   Continent = 'Europe'
```
使用「DISTINCT」排除重複的資料後,只剩下6個區域名稱

　　在「GROUP_CONCAT」函式中使用「DISTINCT」也會有同樣的效果：

```
SELECT  GROUP_CONCAT(Region)
FROM    country
WHERE   Continent = 'Europe'
```
使用「GROUP_CONCAT」傳回46個區域名稱連接在一起的紀錄

```
SELECT  GROUP_CONCAT(DISTINCT Region)
FROM    country
WHERE   Continent = 'Europe'
```
使用「DISTINCT」排除重複的資料後,只會傳回6個區域名稱連接在一起的紀錄

3.3.3　GROUP BY 與 HAVING 子句

　　在上列使用群組函式的所有範例中，都是將「FROM」子句指定的表格當成是一整個「群組」，群組函式所處理的資料是表格中所有的紀錄。如果希望依照指定的資料來計算分組統計與分析資訊，在執行查詢的時候，可能會有下列幾種不同的結果：

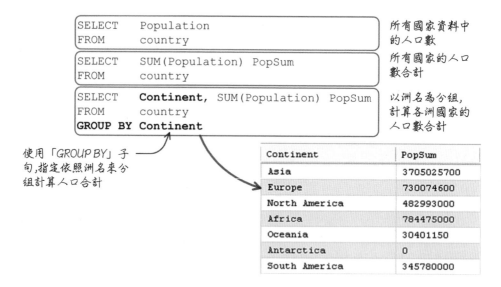

上列的範例使用「GROUP BY」子句指定分組的設定，下列是它的語法：

```
SELECT    ...
FROM      ...
WHERE     ...
GROUP BY {欄位|運算式|位置編號} [ASC|DESC] [WITH ROLLUP] [,...]
HAVING    分組條件
ORDER BY ...
LIMIT     ...
```

它可以是欄位名稱,
運算式或欄位別名

指定「ASC」或「DESC」,沒有
指定的時候,預設為「ASC」

可以有多個設定

「GROUP BY」子句的設定是依照你自己的需求來決定的，同樣以人口數量合計來說，不同的指定可以得到不同的統計資訊：

使用不同的群組函式，就可以得不同的資訊：

各洲的國家數量

```
SELECT      Continent, COUNT(*) Amount
FROM        country
GROUP BY Continent
```

各地區的國家數量

```
SELECT      Region, COUNT(*) Amount
FROM        country
GROUP BY Region
```

每一種政府型式的國家數量

```
SELECT      GovernmentForm, COUNT(*) Amount
FROM        country
GROUP BY GovernmentForm
```

如果需要的話，你可以在一個查詢中，一次取得所有需要的統計與分析資訊：

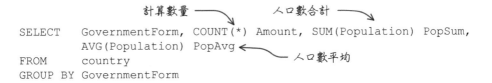

計算數量　　　　　人口數合計

```
SELECT    GovernmentForm, COUNT(*) Amount, SUM(Population) PopSum,
          AVG(Population)  PopAvg
FROM      country
GROUP BY GovernmentForm
```

人口數平均

在查詢群組統計與分析資訊的時候，你可以指定多個群組設定取得更詳細的資訊：

```
SELECT    Continent, Region, SUM(Population) PopSum
FROM      country
GROUP BY Continent, Region
```

先依照洲名分組以後，再以地區分組

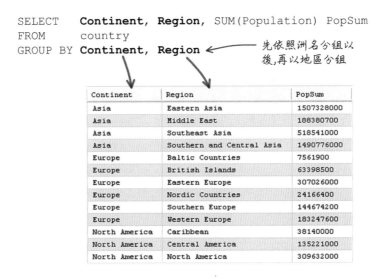

Continent	Region	PopSum
Asia	Eastern Asia	1507328000
Asia	Middle East	188380700
Asia	Southeast Asia	518541000
Asia	Southern and Central Asia	1490776000
Europe	Baltic Countries	7561900
Europe	British Islands	63398500
Europe	Eastern Europe	307026000
Europe	Nordic Countries	24166400
Europe	Southern Europe	144674200
Europe	Western Europe	183247600
North America	Caribbean	38140000
North America	Central America	135221000
North America	North America	309632000

使用「GROUP BY」指定群組的設定以後，回傳的群組查詢資料都會依照指定的群組排序，預設的排序方式是遞增排序，使用「DESC」關鍵字可以指定排序的方式為遞減排序：

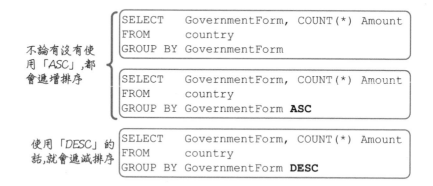

不論有沒有使用「ASC」,都會遞增排序

```
SELECT    GovernmentForm, COUNT(*) Amount
FROM      country
GROUP BY GovernmentForm
```

```
SELECT    GovernmentForm, COUNT(*) Amount
FROM      country
GROUP BY GovernmentForm ASC
```

使用「DESC」的話,就會遞減排序

```
SELECT    GovernmentForm, COUNT(*) Amount
FROM      country
GROUP BY GovernmentForm DESC
```

使用「GROUP BY」子句的時候可以搭配「WITH ROLLUP」：

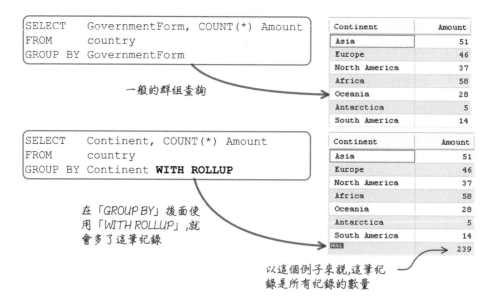

```
SELECT    GovernmentForm, COUNT(*) Amount
FROM      country
GROUP BY GovernmentForm
```

一般的群組查詢

Continent	Amount
Asia	51
Europe	46
North America	37
Africa	58
Oceania	28
Antarctica	5
South America	14

```
SELECT    Continent, COUNT(*) Amount
FROM      country
GROUP BY Continent WITH ROLLUP
```

在「GROUP BY」後面使用「WITH ROLLUP」,就會多了這筆紀錄

Continent	Amount
Asia	51
Europe	46
North America	37
Africa	58
Oceania	28
Antarctica	5
South America	14
NULL	239

以這個例子來說,這筆紀錄是所有紀錄的數量

使用「WITH ROLLUP」以後，效果會作用在查詢中的每一個群組函式：

```
SELECT    Continent, COUNT(*) Amount, SUM(Population) PopSum
FROM      country
GROUP BY Continent WITH ROLLUP
```

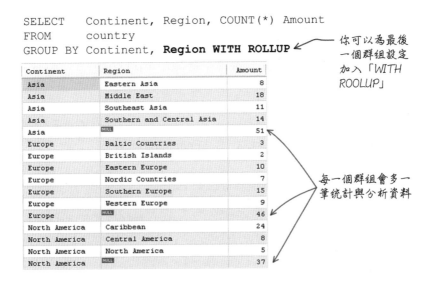

Continent	Amount	PopSum
Asia	51	3705025700
Europe	46	730074600
North America	37	482993000
Africa	58	784475000
Oceania	28	30401150
Antarctica	5	0
South America	14	345780000
NULL	239	6078749450

沒有使用「WITH ROLLUP」
的時候,就只會傳回這些紀錄

群組的部份使
用「NULL」值

計算全部紀錄的數量

全部人口數量合計

在「GROUP BY」子句中有多個群組設定的時候，你可以在最後面加入
「WITH ROLLUP」：

```
SELECT    Continent, Region, COUNT(*) Amount
FROM      country
GROUP BY Continent, Region WITH ROLLUP
```

你可以為最後
一個群組設定
加入「WITH
ROOLUP」

Continent	Region	Amount
Asia	Eastern Asia	8
Asia	Middle East	18
Asia	Southeast Asia	11
Asia	Southern and Central Asia	14
Asia	NULL	51
Europe	Baltic Countries	3
Europe	British Islands	2
Europe	Eastern Europe	10
Europe	Nordic Countries	7
Europe	Southern Europe	15
Europe	Western Europe	9
Europe	NULL	46
North America	Caribbean	24
North America	Central America	8
North America	North America	5
North America	NULL	37

每一個群組會多一
筆統計與分析資料

在執行群組查詢的時候，一般的條件設定同樣使用「WHERE」子句就可以了：

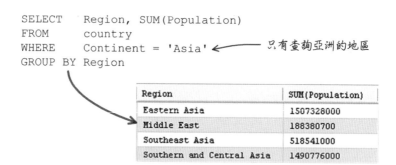

```
SELECT    Region, SUM(Population)
FROM      country
WHERE     Continent = 'Asia'   ← 只有查詢亞洲的地區
GROUP BY Region
```

Region	SUM(Population)
Eastern Asia	1507328000
Middle East	188380700
Southeast Asia	518541000
Southern and Central Asia	1490776000

可是以上列的查詢來說，把查詢條件從「亞洲的地區」換成「人口合計大於一億的地區」，如果還是把條件設定放在「WHERE」子句的話：

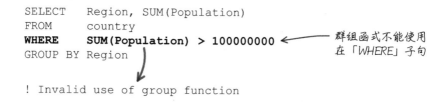

```
SELECT    Region, SUM(Population)
FROM      country
WHERE     SUM(Population) > 100000000   ← 群組函式不能使用
GROUP BY Region                            在「WHERE」子句

! Invalid use of group function
```

包含群組函式的條件設定就一定要放在「HAVING」子句中：

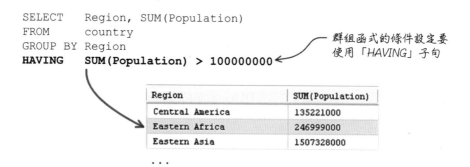

```
SELECT    Region, SUM(Population)
FROM      country
GROUP BY Region
HAVING    SUM(Population) > 100000000   ← 群組函式的條件設定要
                                            使用「HAVING」子句
```

Region	SUM(Population)
Central America	135221000
Eastern Africa	246999000
Eastern Asia	1507328000

...

依照需求在執行群組查詢的時候，應該不會出現下列的查詢敘述：

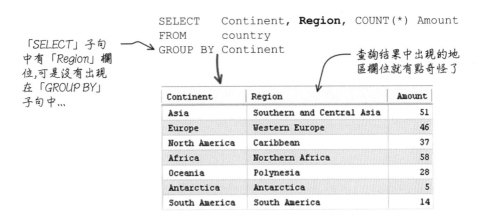

「SELECT」子句
中有「Region」欄
位,可是沒有出現
在「GROUP BY」
子句中...

查詢結果中出現的地
區欄位就有點奇怪了

```
SELECT    Continent, Region, COUNT(*) Amount
FROM      country
GROUP BY  Continent
```

Continent	Region	Amount
Asia	Southern and Central Asia	51
Europe	Western Europe	46
North America	Caribbean	37
Africa	Northern Africa	58
Oceania	Polynesia	28
Antarctica	Antarctica	5
South America	South America	14

MySQL 資料庫在執行上列的查詢敘述後，並不會產生任何錯誤，為了預防
這樣的狀況，你可以執行下列的設定：

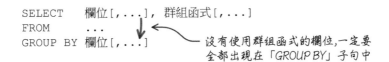

```
SET sql_mode = 'ONLY_FULL_GROUP_BY'
```

在「sql_mode」的設定中加入「ONLY_FULL_GROUP_BY」，表示多了
下列的規定：

```
SELECT    欄位[,...], 群組函式[,...]
FROM      ...
GROUP BY  欄位[,...]
```

沒有使用群組函式的欄位,一定要
全部出現在「GROUP BY」子句中

如果查詢敘述違反「ONLY_FULL_GROUP_BY」的規定，就會產生錯誤
訊息：

```
SELECT    Continent, Region, COUNT(*) Amount
FROM      country
GROUP BY  Continent
```

違反「ONLY_FULL_GROUP_BY」的規定

```
! 'world.country.Region' isn't in GROUP BY
```

結合與合併查詢

使用 SELECT 敘述搭配其它子句，例如 WHERE、ORDER BY 與 GROUP BY，就可以完成許多查詢的需求。不過在資料庫經過正規化（Normalization）以後，一份完整的資料可能儲存在一個以上的表格中。所以在執行查詢工作的時候，經常需要整合儲存在多個表格中的資料，這樣的做法稱為「結合」查詢。為了讓查詢結果更容易使用，開發人員也經常把一個以上的查詢結果合併在一起。這一章說明結合與合併查詢的需求與作法。

4.1　使用多個表格

在「world」資料庫的「country」表格中，儲存世界上所有的國家資料，表格中有一個欄位「Capital」用來儲存首都，不過它只是儲存一個編號。另外在「city」表格中，儲存世界上所有的城市資料，它主要的欄位有城市編號和城市的名稱：

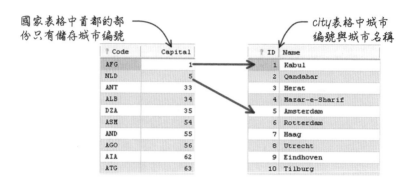

雖然「country」表格自己沒有儲存城市名稱，不過它可以使用「Capital」欄位的值，對照到「city」表格中的「ID」欄位，就可以知道首都城市的名稱。在這樣的表格設計架構下，如果你想要查詢「所有國家的首都名稱」：

Code	Capital	Name
AFG	1	Kabul
NLD	5	Amsterdam
ANT	33	Willemstad
ALB	34	Tirana
DZA	35	Alger
ASM	54	Fagatogo
AND	55	Andorra la Vella
AGO	56	Luanda
AIA	62	The Valley
ATG	63	Saint Johns

「Code」與「Capital」欄位在「country」表格

「Name」欄位在「city」表格

這類的查詢需求就稱為「結合查詢」，也就是你想要查詢的資料，來自於一個以上的表格，而且兩個表格之間具有上列說明的「對照」情形。

4.2　Inner Join

「Inner join」通常稱為「內部結合」，它可以應付大部份的結合查詢需求，內部結合有兩種寫法，差異是把結合條件設定在「WHERE」子句或「FROM」子句中。

4.2.1　使用結合條件

下列是在「WHERE」子句中設定結合條件來執行結合查詢的語法：

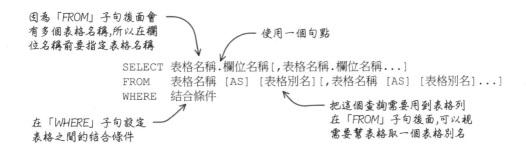

因為「FROM」子句後面會有多個表格名稱,所以在欄位名稱前要指定表格名稱

使用一個句點

```
SELECT  表格名稱.欄位名稱[,表格名稱.欄位名稱...]
FROM    表格名稱 [AS] [表格別名][,表格名稱 [AS] [表格別名]...]
WHERE   結合條件
```

在「WHERE」子句設定表格之間的結合條件

把這個查詢需要用到表格列在「FROM」子句後面,可以視需要幫表格取一個表格別名

雖然這裡會先說明使用結合條件的作法，不過不管使用哪一種寫法，在使用結合查詢時都會有一些相同的想法。首先是你想要查詢的欄位：

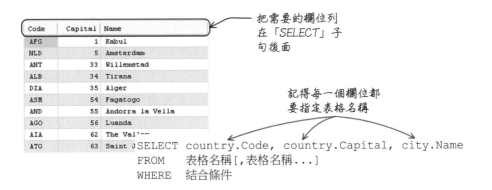

把需要的欄位列在「SELECT」子句後面

Code	Capital	Name
AFG	1	Kabul
NLD	5	Amsterdam
ANT	33	Willemstad
ALB	34	Tirana
DZA	35	Alger
ASM	54	Fagatogo
AND	55	Andorra la Vella
AGO	56	Luanda
AIA	62	The Val'~~
ATG	63	Saint J

記得每一個欄位都要指定表格名稱

```
SELECT  country.Code, country.Capital, city.Name
FROM    表格名稱[,表格名稱...]
WHERE   結合條件
```

把需要查詢的欄位列在「SELECT」之後，「FROM」子句後面該需要哪一些表格就很清楚了：

```
SELECT  country.Code, country.Capital, city.Name
FROM    country, city
WHERE   結合條件
```

把「SELECT」後面用到的表格名稱全部列出來

最後把表格與表格之間「對照」的結合條件放在「WHERE」子句中：

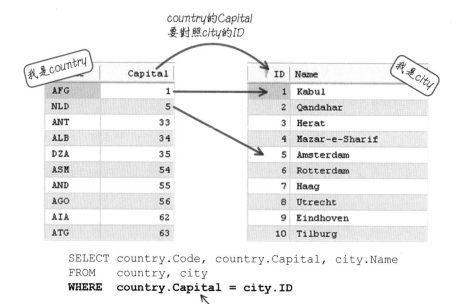

```
SELECT country.Code, country.Capital, city.Name
FROM   country, city
WHERE  country.Capital = city.ID
```

這個條件設定就是所謂的「結合條件」

這樣就可以完成「所有國家首都名稱」的結合查詢敘述。

4.2.2　指定表格名稱

在上列的說明中，因為使用到多個表格，所以在使用表格的欄位時，都特別提醒你要在欄位名稱前面加上表格名稱。其實並不是全部的欄位都要指定表格名稱，只有在一種情況下，才「一定要」在欄位名稱前指定表格名稱：

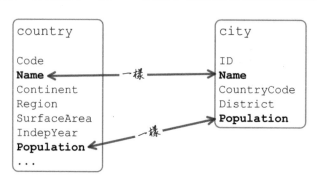

在查詢敘述「FROM」子句中用到的表格，如果有一樣的欄位名稱，而且你在查詢敘述中也用到了這些欄位，就「一定要」在欄位名稱前指定表格名稱，否則都可以省略：

所以省略掉一些表格名稱以後，查詢敘述就簡短多了，執行以後的結果也是一樣的：

```
SELECT  Code, Capital, city.Name
FROM    country, city
WHERE   Capital = ID
```

如果不小心違反上列的規則，你的查詢敘述在執行以後就會發生錯誤：

4.2.3　表格別名

如果你想要查詢「國家和首都的人口與比例」：

name	coPop	Name	ciPop	Rate
國家名稱	國家人口數量	首都名稱	首都人口數量	首都人口占國家人口的比例
Afghanistan	22720000	Kabul	1780000	7.8345
Netherlands	15864000	Amsterdam	731200	4.6092
Netherlands Antilles	217000	Willemstad	2345	1.0806
Albania	3401200	Tirana	270000	7.9384
Algeria	31471000	Alger	2168000	6.8889
American Samoa	68000	Fagatogo	2323	3.4162
Andorra	78000	Andorra la Vella	21189	27.1654

這樣的結合查詢剛好使用到兩個表格中有同樣名稱的欄位,所以你一定要指定表格名稱:

```
SELECT country.name, country.Population coPop,
       city.Name, city.Population ciPop,
       city.Population / country.Population * 100 Scale
FROM    country, city
WHERE   Capital = ID
```

這樣的查詢敘述就會比較長一些,也比較容易打錯。所以在結合查詢的敘述中,通常會幫「FROM」子句後面的表格取一個「表格別名」:

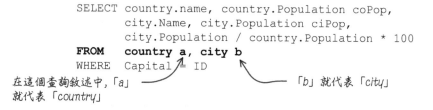

```
SELECT country.name, country.Population coPop,
       city.Name, city.Population ciPop,
       city.Population / country.Population * 100
FROM    country a, city b
WHERE   Capital = ID
```

在這個查詢敘述中,「a」就代表「country」

「b」就代表「city」

使用表格別名以後,通常可以大幅度簡化結合查詢的敘述:

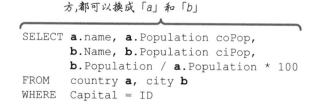

所有要使用「country」和「city」的地方,都可以換成「a」和「b」

```
SELECT a.name, a.Population coPop,
       b.Name, b.Population ciPop,
       b.Population / a.Population * 100
FROM    country a, city b
WHERE   Capital = ID
```

4.2.4　使用「INNER JOIN」

執行結合查詢除了使用上列討論的方式外，還有另外一種結合查詢語法：

```
SELECT 表格名稱.欄位名稱[,表格名稱.欄位名稱...]
FROM   表格名稱 [INNER] JOIN 表格名稱 ON 結合條件
```

使用「INNER JOIN」，
「INNER」可以省略

把結合條件設定
在「ON」後面

雖然這兩種寫法看起來的差異很大，不過它們的想法會是一樣的。首先是需要查詢的欄位：

一樣把需要的欄位列在
「SELECT」子句後面

```
SELECT Code, Capital, city.Name
FROM   表格名稱 [INNER] JOIN 表格名稱 ON 結合條件
```

接下來是需要用到的表格，不過你要使用「INNER JOIN」把兩個表格「結合」起來：

```
SELECT Code, Capital, city.Name
FROM   country INNER JOIN city ON 結合條件
```

把用到的表格,使用「INNER JOIN」結合起來

最後在「INNER JOIN」後面加入結合條件：

```
SELECT Code, Capital, city.Name
FROM   country INNER JOIN city ON Capital = ID
```

把原來放在「WHERE」子句的結合條件
在「ON」後面，「WHERE」子句就不用了

上列使用「INNER JOIN」的結合查詢執行以後，跟之前使用結合條件的結合查詢，所得到的結果是完全一樣的。所以查詢「國家和首都的人口和比例」的結合查詢，也可以改用下列的寫法：

```
SELECT a.name, a.Population coPop,
       b.Name, b.Population ciPop,
       b.Population / a.Population * 100
FROM   country a INNER JOIN city b ON Capital = ID
```

使用「INNER JOIN」的結合查詢還有另外一種選擇：

```
SELECT  表格名稱.欄位名稱[,表格名稱.欄位名稱...]
FROM    表格名稱 [INNER] JOIN 表格名稱 USING (結合欄位...)
```

如果兩個表格結合的欄位名稱是
一樣的話,就可以使用這種寫法

下列是使用「ON」或是「USING」來設定結合條件的情況：

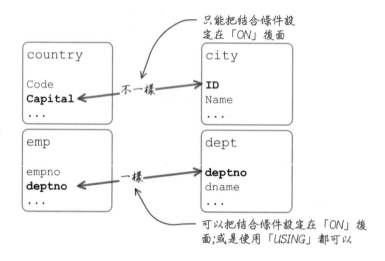

所以如果想要查詢「cmdev」資料庫中，員工資料和他們的部門名稱，就會有三種寫法可以選擇了：

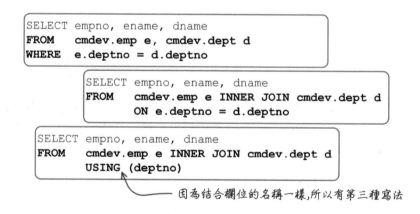

4.3　**Outer Join**

在「cmdev」資料庫的員工資料（emp）表格中，部門編號（deptno）欄位是用來儲存員工所屬的部門用的。不過有一些員工並沒有部門編號：

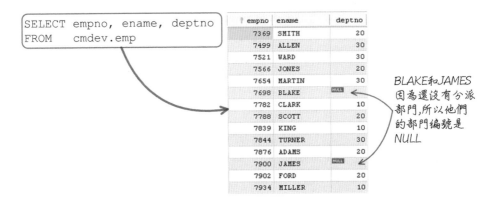

```
SELECT empno, ename, deptno
FROM   cmdev.emp
```

BLAKE和JAMES因為還沒有分派部門,所以他們的部門編號是NULL

所以如果你使用「內部結合」的作法執行下列的查詢，你會發現少了兩個員工的資料：

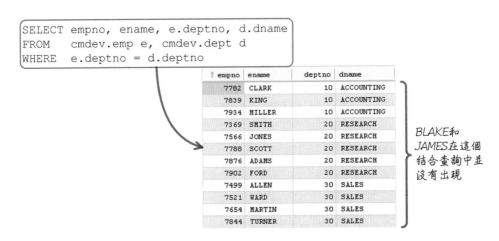

```
SELECT empno, ename, e.deptno, d.dname
FROM   cmdev.emp e, cmdev.dept d
WHERE  e.deptno = d.deptno
```

BLAKE和JAMES在這個結合查詢中並沒有出現

這是因為使用「內部結合」的查詢，一定要符合「結合條件」的資料才會出現：

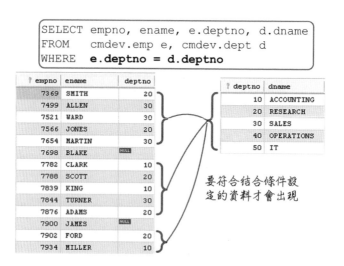

如果你想查詢的資料是「包含部門名稱的員工資料，可是沒有分派部門的員工就不用出現了」，那使用內部結合就可以完成你的工作。可是如果你想要查詢的資料是「包含部門名稱的員工資料，沒有分派部門的員工也要出現」，那就要使用「OUTER JOIN」的作法，這種結合查詢通常稱為「外部結合」：

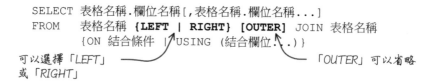

除了多一個「LEFT」或「RIGHT」，還有把「INNER」換成「OUTER」外，其它部份與內部結合的作法都是一樣的。

4.3.1 LEFT OUTER JOIN

在結合查詢的應用中，如果你想要查詢的資料是「包含部門名稱的員工資料，沒有分派部門的員工也要出現」，也就是希望不符合結合條件的資料也要出現的話，就要換成使用「LEFT OUTER JOIN」來執行結合查詢：

```
SELECT empno, ename, e.deptno, d.dname
FROM    cmdev.emp e LEFT OUTER JOIN cmdev.dept d
        ON e.deptno = d.deptno
```

⸮ empno	ename	deptno	dname
7369	SMITH	20	RESEARCH
7499	ALLEN	30	SALES
7521	WARD	30	SALES
7566	JONES	20	RESEARCH
7654	MARTIN	30	SALES
7698	BLAKE	NULL	NULL
7782	CLARK	10	ACCOUNTING
7788	SCOTT	20	RESEARCH
7839	KING	10	ACCOUNTING
7844	TURNER	30	SALES
7876	ADAMS	20	RESEARCH
7900	JAMES	NULL	NULL
7902	FORD	20	RESEARCH
7934	MILLER	10	ACCOUNTING

使用這樣的結合查詢,BLAKE和JAMES就會出現了;無法對照的資料,都會是「NULL」

OUTER JOIN 的語法分為 LEFT 和 RIGHT 兩種，在這個範例中，要使用 LEFT 才符合查詢的需求：

「LEFT」指的是在結合中「左」邊的表格

```
SELECT ...
FROM    cmdev.emp e LEFT OUTER JOIN cmdev.dept d
        ON e.deptno = d.deptno
```

以左邊的表格「cmdev.emp」為主,不管有沒有符合結合條件,通通會出現

4.3.2　RIGHT OUTER JOIN

　　根據查詢的需求，可以靈活的使用「LEFT OUTER JOIN」與「RIGHT OUTER JOIN」。以上列的需求來說，要查詢「包含部門名稱的員工資料，沒有分派部門的員工也要出現」，就是要以「cmdev.emp」表格的資料為主，所以下列兩種寫法所得到的結果是完全一樣的：

使用「LEFT OUTER」表示
以左邊的表格「emp」為主

```
SELECT empno, ename, e.deptno, d.dname
FROM   cmdev.emp e LEFT OUTER JOIN cmdev.dept d
       ON e.deptno = d.deptno
```

```
SELECT empno, ename, e.deptno, d.dname
FROM   cmdev.dept d RIGHT OUTER JOIN cmdev.emp e
       ON e.deptno = d.deptno
```

使用「RIGHT OUTER」表示以
右邊的表格「emp」為主

瞭解兩種「OUTER JOIN」的用法以後，下列這兩個看起來會有點混淆的查詢，雖然只有「LEFT」與「RIGHT」的差異，它們所完成的查詢需求，卻是完全不一樣的：

```
SELECT empno, ename, e.deptno, d.dname
FROM   cmdev.emp e LEFT OUTER JOIN cmdev.dept d
       ON e.deptno = d.deptno
```

除了「LEFT」與「RIGHT」
以外，其它部份都一樣

```
SELECT empno, ename, e.deptno, d.dname
FROM   cmdev.emp e RIGHT OUTER JOIN cmdev.dept d
       ON e.deptno = d.deptno
```

所以上面使用「RIGHT OUTER JOIN」的查詢需求，就成為「部門名稱與該部門的員工資料，沒有員工的部門也要出現」：

使用「RIGHT OUTER」表示以
右邊的表格「dept」為主

```
SELECT empno, ename, e.deptno, d.dname
FROM   cmdev.emp e RIGHT OUTER JOIN cmdev.dept d
       ON e.deptno = d.deptno
```

empno	ename	deptno	dname
7782	CLARK	10	ACCOUNTING
7839	KING	10	ACCOUNTING
7934	MILLER	10	ACCOUNTING
7369	SMITH	20	RESEARCH
7566	JONES	20	RESEARCH
7788	SCOTT	20	RESEARCH
7876	ADAMS	20	RESEARCH
7902	FORD	20	RESEARCH
7499	ALLEN	30	SALES
7521	WARD	30	SALES
7654	MARTIN	30	SALES
7844	TURNER	30	SALES
NULL	NULL	NULL	OPERATIONS
NULL	NULL	NULL	IT

BLAKE和JAMES不會出現

換成沒有員工的
兩個部門出現了

4.4　合併查詢

在關聯式資料庫中，因為表格的設計，通常會使用結合查詢來取得需要的資料，結合查詢指的是在「一個」查詢敘述中使用「多個」資料表。而現在要說明的「合併、UNION」查詢，指的是把一個以上的查詢敘述所得到的結果合併為一個。有這樣的需求時，可以在多個查詢敘述之間使用「UNION」關鍵字：

一個查詢　　　　　也是一個查詢

SELECT ... UNION SELECT ... [UNION ...]

使用「UNION」把兩個查詢的結果合成一個查詢　　可以有多個

以下列這兩個獨立的查詢來說，它們在執行以後會得到各自傳回的紀錄：

Region	Name	Population
Southeast Asia	Brunei	328000
Southeast Asia	East Timor	885000

在東北亞地區而且人口數小於兩百萬的國家

```
SELECT  Region, Name, Population
FROM    country
WHERE   Region = 'Southeast Asia' AND Population < 2000000
```

```
SELECT  Region, Name, Population
FROM    country
WHERE   Region = 'Eastern Asia' AND Population < 1000000
```

在東亞地區而且人口數小於一百萬的國家

Region	Name	Population
Eastern Asia	Macao	473000

如果使用「UNION」關鍵字把這兩個查詢合併起來的話，就只會得到一個查詢結果，這個回傳的查詢結果會包含兩個查詢所得到的紀錄：

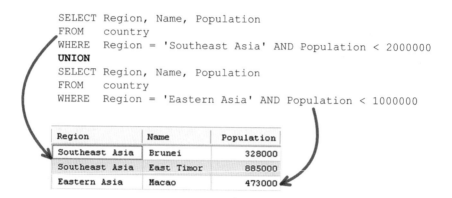

```
SELECT Region, Name, Population
FROM    country
WHERE   Region = 'Southeast Asia' AND Population < 2000000
UNION
SELECT Region, Name, Population
FROM    country
WHERE   Region = 'Eastern Asia' AND Population < 1000000
```

Region	Name	Population
Southeast Asia	Brunei	328000
Southeast Asia	East Timor	885000
Eastern Asia	Macao	473000

在執行合併查詢的時候需要遵守一些規則。第一個規則是回傳結果的欄位名稱：

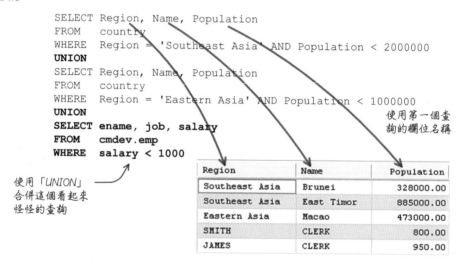

```
SELECT Region, Name, Population
FROM    country
WHERE   Region = 'Southeast Asia' AND Population < 2000000
UNION
SELECT Region, Name, Population
FROM    country
WHERE   Region = 'Eastern Asia' AND Population < 1000000
UNION
SELECT ename, job, salary
FROM    cmdev.emp
WHERE   salary < 1000
```

使用「UNION」合併這個看起來怪怪的查詢

使用第一個查詢的欄位名稱

Region	Name	Population
Southeast Asia	Brunei	328000.00
Southeast Asia	East Timor	885000.00
Eastern Asia	Macao	473000.00
SMITH	CLERK	800.00
JAMES	CLERK	950.00

第二個規則是所有查詢敘述的欄位數量一定要一樣：

```
SELECT Region, Name, Population          ← 查詢三個欄位
FROM    country
WHERE   Region = 'Southeast Asia' AND Population < 2000000
UNION
SELECT Region, Name, Population          ← 也是三個
FROM    country
WHERE   Region = 'Eastern Asia' AND Population < 1000000
UNION
SELECT ename, job, salary, comm      ✗
FROM    cmdev.emp
WHERE   salary < 1000
```

所有使用「UNION」合併的查詢欄位個數一定要一樣

上列的範例比較看不出使用合併查詢的原因，一般來說，你大概會因為下列的需求，把原來的查詢敘改用合併查詢的寫法來完成需要執行的查詢工作：

如果覺得這個條件寫得太長,也太複雜的時候,可以考慮使用合併查詢

```
SELECT Region, Name, Population
FROM   country
WHERE  (Region = 'Southeast Asia' AND Population < 2000000) OR
       (Region = 'Eastern Asia' AND Population < 1000000)
```

這兩個查詢所得到的結果是一樣的

```
SELECT Region, Name, Population
FROM   country
WHERE  Region = 'Southeast Asia' AND Population < 2000000
UNION
SELECT Region, Name, Population
FROM   country
WHERE  Region = 'Eastern Asia' AND Population < 1000000
```

把原的條件設定拆開來寫在兩個敘述中,看起來會簡單一些

Chapter 5

資料維護

在瞭解資料庫查詢的各種應用以後，這一章說明資料庫的新增、修改與刪除。包含新增資料的「INSERT」與「REPLACE」敘述，修改資料的「UPDATE」敘述，還有刪除資料的「DELETE」與「TRUNCATE」敘述。

5.1　取得表格資訊

在執行資料維護的時候，例如新增一筆資料到指定的表格，應該要清楚知道表格的詳細資訊，包含表格欄位的名稱、型態、順序和預設值，還有表格的主索引鍵。這些資訊都會影響資料維護敘述的寫法，如果違反表格的設計架構，就可能會產生錯誤或儲存錯誤的資料。

「DESCRIBE」是 MySQL 資料庫提供的指令，它只能在 MySQL 資料庫中使用，這個指令可以取得指定表格的結構資訊，下面是它的語法：

「DESCRIBE」是 MySQL 才有的指令，並不是 SQL 指令 → DESCRIBE 表格名稱 ← 取得後面指定的表格結構資訊

也可以使用縮寫「DESC」，→ DESC 表格名稱 ← 不過不要跟排序使用的「DESC」搞混了

執行「DESC cmdev.dept」指令以後，MySQL 會傳回「cmdev.dept」表格的結構資訊：

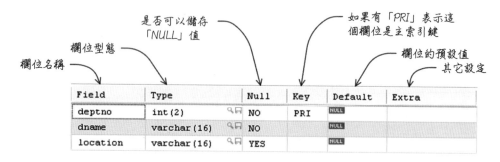

根據上列查詢後得到的結果，cmdev.dept 表格總共有三個欄位，分別是「depatno」、「dname」與「location」，deptno 是儲存部門編號的數字欄位，dname 與 location 是儲存部門名稱與地點的文字欄位。部門編號與名稱欄位不可以儲存 NULL 值，地點欄位可以儲存 NULL 值。這個表格把 deptno 欄位設定為主索引鍵，所以部門編號的值不可以重複。

每一個表格在設計的時候，都會決定它有哪一些欄位和各自的詳細設定。另外也會決定表格中的欄位順序，在新增資料的時候需要明確知道表格的欄位順序：

DESC cmdev.emp

由上往下
是這個表
格的欄位
順序

Field	Type		Null	Key	Default	Extra
empno	int(4)		NO	PRI	NULL	
ename	varchar(16)		NO		NULL	
job	varchar(16)		YES		NULL	
manager	int(4)		YES		NULL	
hiredate	date		YES		NULL	
salary	float(7,2)		YES		NULL	
comm	float(7,2)		YES		NULL	
deptno	int(2)		YES		NULL	

5.2　新增資料

　　MySQL 提供「INSERT」與「REPLACE」兩種新增資料到指定表格的敘述，一般新增資料的需求可以使用 INSERT 敘述。INSERT 搭配「IGNORE」與「ON DUPLICATE KEY UPDATE」子句，還可以完成一些特殊的新增資料需求。REPLACE 敘述的語法跟 INSERT 非常類似，不過它同時具有新增或修改資料的功能。接下來的內容會詳細說明新增敘述的語法和應用。

5.2.1　基礎新增敘述

　　需要新增資料到資料庫的表格中使用「INSERT」敘述，下面它的基本語法：

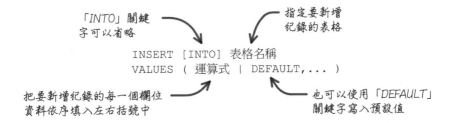

　　使用這個語法新增紀錄的時候，要特別注意表格的欄位個數與順序，下列的新增敘述會新增一筆部門資料到「cmdev.dept」表格中：

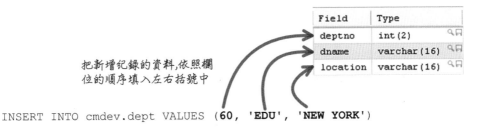

　　除了明確指定新增紀錄的每一個欄位資料外，你也可以使用「DEFAULT」關鍵字，讓 MySQL 使用在設計表格的時候為欄位指定的預設值。下列的新增敘述同樣會新增一筆部門資料到「cmdev.dept」表格中，不過部門的所在位置（location）欄位值指定為使用預設值：

使用「*DEFAULT*」
關鍵字寫入預設值

```
INSERT INTO cmdev.dept
VALUES (70, 'MARKETING', DEFAULT)
```

Field	Type		Null	Key	Default
deptno	int(2)	🔍🔖	NO	PRI	NULL
dname	varchar(16)	🔍🔖	NO		NULL
location	varchar(16)	🔍🔖	YES		NULL

這個欄位的預設值是
「*NULL*」,所以這筆新增
紀錄的「*location*」欄位
值會寫入「*NULL*」

使用這種語法新增紀錄的時候,如果在 VALUES 後面提供的資料個數與欄位個數不一樣的話,就會發生錯誤:

這個表格總共有三個欄位

```
INSERT INTO cmdev.dept
VALUES (80, 'PURCHASING')
```

左右括號中只有兩個資料

資料個數雖然沒有錯,順序卻不對了,也有可能會造成錯誤:

Field	Type	
deptno	int(2)	🔍🔖
dname	varchar(16)	🔍🔖
location	varchar(16)	🔍🔖

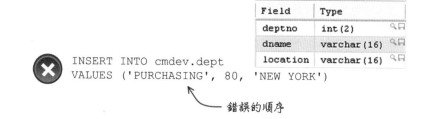

```
INSERT INTO cmdev.dept
VALUES ('PURCHASING', 80, 'NEW YORK')
```

錯誤的順序

新增敘述的另外一種語法提供比較靈活的作法,你可以自己指定新增紀錄的欄位個數和順序:

根據自己的需求,指
定要儲存資料的欄位

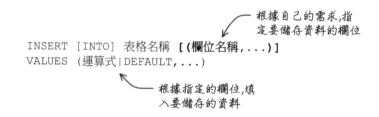

```
INSERT [INTO] 表格名稱 [(欄位名稱,...)]
VALUES (運算式|DEFAULT,...)
```

根據指定的欄位,填
入要儲存的資料

在額外為這個新增敘述指定欄位以後，指定儲存資料的時候，就要依照自己指定的欄位個數與順序：

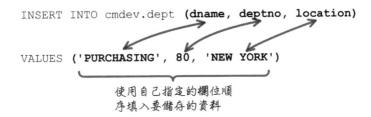

如果沒有依照自己指定的欄位個數與順序，就會發生錯誤：

因為這種新增敘述的語法可以自己指定欄位的個數與順序，所以只要指定寫入欄位的資料就可以了。不過要特別注意下列兩種語法的差異：

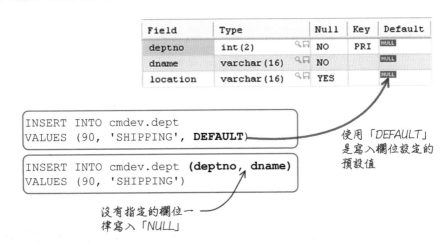

因為上面說明的規定，下列這個新增敘述在語法上雖然沒有錯誤，可是違反表格設計上的規定，所以執行敘述以後會發生錯誤：

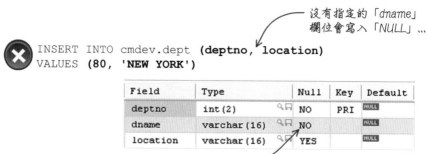

沒有指定的「*dname*」
欄位會寫入「*NULL*」…

```
INSERT INTO cmdev.dept (deptno, location)
VALUES (80, 'NEW YORK')
```

Field	Type		Null	Key	Default
deptno	int(2)	🔍🏳	NO	PRI	NULL
dname	varchar(16)	🔍🏳	NO		NULL
location	varchar(16)	🔍🏳	YES		NULL

可是「*dname*」欄位卻
不可以儲存「*NULL*」

　　這種新增敘述的語法還有一種比較特別的用法，如果你要新增的紀錄，所有欄位的值都要使用預設值，就可以使用下面說明的寫法。不過要特別注意，下列的新增敘述執行以後會造成錯誤，因為「deptno」與「dname」欄位的預設值是「NULL」，可是它們又不能儲存「NULL」：

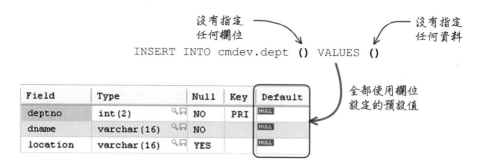

沒有指定
任何欄位

沒有指定
任何資料

```
INSERT INTO cmdev.dept () VALUES ()
```

全部使用欄位
設定的預設值

Field	Type		Null	Key	Default
deptno	int(2)	🔍🏳	NO	PRI	NULL
dname	varchar(16)	🔍🏳	NO		NULL
location	varchar(16)	🔍🏳	YES		NULL

　　下列是新增敘述的第三種語法：

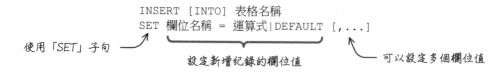

```
INSERT [INTO] 表格名稱
SET 欄位名稱 = 運算式|DEFAULT [,...]
```

使用「*SET*」子句

設定新增紀錄的欄位值

可以設定多個欄位值

　　這種語法只是提供你另外一種新增紀錄的寫法，下列兩個新增敘述的效果是一樣的：

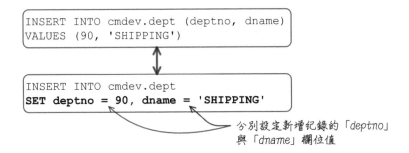

分別設定新增紀錄的「*deptno*」
與「*dname*」欄位值

5.2.2　同時新增多筆紀錄

上列說明的新增敘述在執行以後，如果沒有發生任何錯誤，都只會新增一
筆紀錄到指定的表格。如果需要的話，你也可以使用一個 INSERT 敘述新增多
筆紀錄，差異只有在「VALUES」子句後面新增資料的指定：

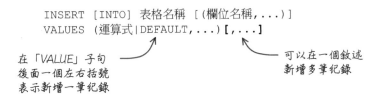

在「*VALUE*」子句
後面一個左右括號
表示新增一筆紀錄

可以在一個敘述
新增多筆紀錄

如果需要新增下列三個員工資料到「cmdev.emp」表格中：

empno	ename	job	manager	hiredate	salary	comm	deptno
8001	SIMON	MANAGER	7369	2001-02-03	3300	NULL	50
8002	JOHN	PROGRAMMER	8001	2002-01-01	2300	NULL	50
8003	GREEN	ENGINEER	8001	2003-05-01	2000	NULL	50

你可以分別執行三個新增敘述，將三個員工資料新增到「cmdev.emp」表
格中。也可以使用下列說明的作法，這個敘述執行以後會一次新增三筆紀錄：

```
INSERT INTO cmdev.emp VALUES
(8001, 'SIMON', 'MANAGER', 7369, '2001-02-03', 3300, NULL, 50),
(8002, 'JOHN', 'PROGRAMMER', 8001, '2002-01-01', 2300, NULL, 50),
(8003, 'GREEN', 'ENGINEER', 8001, '2003-05-01', 2000, NULL, 50)
```

在「*VALUE*」子句後面一個
左右括號表示新增一筆紀錄，
這個敘述總共新增三筆紀錄

5.2.3 索引值

在設計表格的時候,通常會視需要指定表格中的某一個欄位為「主索引」欄位:

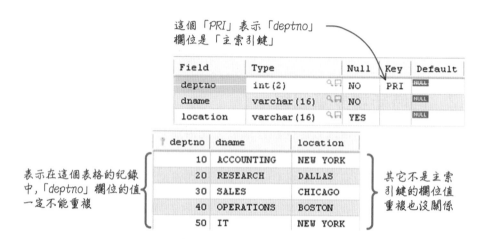

這個「*PRI*」表示「*deptno*」欄位是「主索引鍵」

Field	Type		Null	Key	Default
deptno	int(2)	🔍	NO	PRI	NULL
dname	varchar(16)	🔍	NO		NULL
location	varchar(16)	🔍	YES		NULL

表示在這個表格的紀錄中,「*deptno*」欄位的值一定不能重複

deptno	dname	location
10	ACCOUNTING	NEW YORK
20	RESEARCH	DALLAS
30	SALES	CHICAGO
40	OPERATIONS	BOSTON
50	IT	NEW YORK

其它不是主索引鍵的欄位值重複也沒關係

一個表格除了可以設定「主索引」欄位外,資料庫還提供其它幾種不同的索引。索引的應用與設定會在後面的內容詳細說明。

如果一個表格設定某一個欄位為主索引,在新增紀錄的時候就不可以違反主索引的規定,否則會產生錯誤:

```
INSERT INTO cmdev.dept
VALUES (50, 'MIS', DEFAULT);
```
❌

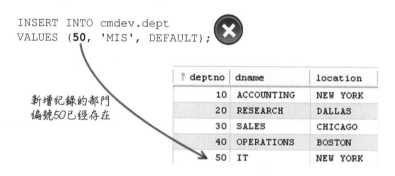

新增紀錄的部門編號50已經存在

deptno	dname	location
10	ACCOUNTING	NEW YORK
20	RESEARCH	DALLAS
30	SALES	CHICAGO
40	OPERATIONS	BOSTON
50	IT	NEW YORK

你可以在使用「INSERT」敘述的時候,加入「IGNORE」關鍵字,它可以在執行一個違反主索引規定的新增敘述時,自動忽略新增的動作,這樣就不會產生錯誤訊息了:

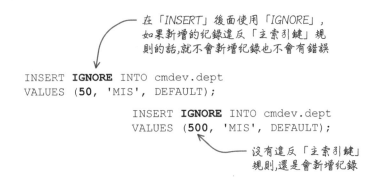

在「INSERT」後面使用「IGNORE」，
如果新增的紀錄違反「主索引鍵」規
則的話,就不會新增紀錄也不會有錯誤

```
INSERT IGNORE INTO cmdev.dept
VALUES (50, 'MIS', DEFAULT);

            INSERT IGNORE INTO cmdev.dept
            VALUES (500, 'MIS', DEFAULT);
```

沒有違反「主索引鍵」
規則,還是會新增紀錄

5.2.4　索引值與 ON DUPLICATE KEY UPDATE

使用「INSERT」敘述新增紀錄的時候，還可以依照需求在最後搭配使用
「ON DUPLICATE KEY UPDATE」，它可以用來指定在違反重複索引值的規
定時要執行的修改工作：

執行新增紀錄的「INSERT」敘述

```
INSERT ...
ON DUPLICATE KEY UPDATE 欄位=運算式[,...]
```

如果違反主索引的規定,
就執行這個的修改

需要為「INSERT」敘述搭配「ON DUPLICATE KEY UPDATE」的情況會
比較特殊一些，所以接下來使用「cmdev.travel」這個表格來討論它的用法。
cmdev.travel 是員工資料庫用來儲存出差資料的表格,每一個員工到某個地方出
差的資料都會儲存在這裡：

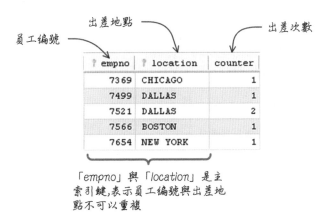

員工編號　　　　出差地點　　　　　　　　出差次數

empno	location	counter
7369	CHICAGO	1
7499	DALLAS	1
7521	DALLAS	2
7566	BOSTON	1
7654	NEW YORK	1

「empno」與「location」是主
索引鍵,表示員工編號與出差地
點不可以重複

因為這個表格的設計方式，所以如果要處理編號「7900」的員工到「BOSTON」出差資料的話，你就要執行下列的動作：

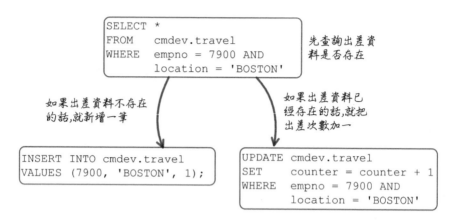

你會發現要處理員工出差資料，需要搭配查詢、新增與修改三種敘述，才可以正確的完成這樣的需求。使用搭配「ON DUPLICATE KEY UPDATE」的「INSERT」敘述，可以讓處理這類需求的敘述比較簡單一些：

這個「INSERT」敘述執行以後，資料庫會幫你執行需要的檢查，根據檢查的結果執行不同的動作。如果目前表格沒有重複的資料：

檢查資料以後，如果發現已經有重複的資料：

```
INSERT INTO cmdev.travel
VALUES (7900, 'BOSTON', 1)
ON DUPLICATE KEY UPDATE counter = counter + 1
```

empno	location	counter
7369	CHICAGO	1
7499	DALLAS	1
7521	DALLAS	2
7566	BOSTON	1
7654	NEW YORK	1
7900	BOSTON	2

第二次執行，
因為紀錄已
存在，所以執
行修改次數

5.2.5　「REPLACE」敘述

除了使用「INSERT」敘述新增紀錄外，「REPLACE」敘述同樣可以新增紀錄，它們的語法幾乎相同：

這是新增敘述的其中一種寫法

```
INSERT [INTO] 表格名稱 [(欄位名稱,...)]
VALUES (運算式|DEFAULT,...)

REPLACE [INTO] 表格名稱 [(欄位名稱,...)]
VALUES (運算式|DEFAULT,...),...
```

把「INSERT」換成「REPLACE」

「INSERT」敘述的另一種語法也可以換成「REPLACE」敘述：

它是新增敘述的另一種寫法

```
INSERT [INTO] 表格名稱
SET 欄位名稱 = 運算式|DEFAULT [,...]

REPLACE [INTO] 表格名稱
SET 欄位名稱 = 運算式|DEFAULT [,...]
```

同樣把「INSERT」換成「REPLACE」

會使用「REPLACE」敘述新增紀錄的原因，主要還是考慮索引值的情況。「REPLACE」敘述在沒有違反索引值的規定時，效果跟「INSERT」敘述完全一樣，同樣會新增紀錄到表格中。在發生重複索引值的時候，「INSERT」敘述會發生錯誤：

違反「主索引鍵」的規則，所以會發生錯誤

```
INSERT INTO cmdev.dept
VALUES (50, 'MIS', DEFAULT)
```

deptno	dname	location
10	ACCOUNTING	NEW YORK
20	RESEARCH	DALLAS
30	SALES	CHICAGO
40	OPERATIONS	BOSTON
50	IT	NEW YORK

「INSERT」敘述搭配「IGNORE」關鍵字的時候：

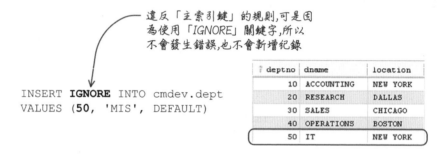

違反「主索引鍵」的規則，可是因為使用「IGNORE」關鍵字，所以不會發生錯誤，也不會新增紀錄

```
INSERT IGNORE INTO cmdev.dept
VALUES (50, 'MIS', DEFAULT)
```

deptno	dname	location
10	ACCOUNTING	NEW YORK
20	RESEARCH	DALLAS
30	SALES	CHICAGO
40	OPERATIONS	BOSTON
50	IT	NEW YORK

同樣的情況改用「REPLACE」敘述的話，它會執行修改紀錄的動作：

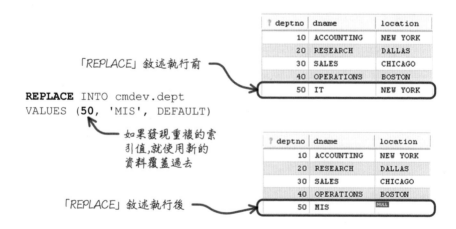

「REPLACE」敘述執行前

```
REPLACE INTO cmdev.dept
VALUES (50, 'MIS', DEFAULT)
```

如果發現重複的索引值，就使用新的資料覆蓋過去

deptno	dname	location
10	ACCOUNTING	NEW YORK
20	RESEARCH	DALLAS
30	SALES	CHICAGO
40	OPERATIONS	BOSTON
50	IT	NEW YORK

「REPLACE」敘述執行後

deptno	dname	location
10	ACCOUNTING	NEW YORK
20	RESEARCH	DALLAS
30	SALES	CHICAGO
40	OPERATIONS	BOSTON
50	MIS	NULL

5.3　修改資料

修改已經儲存在表格中的紀錄使用「UPDATE」敘述，下列是它的基本語法：

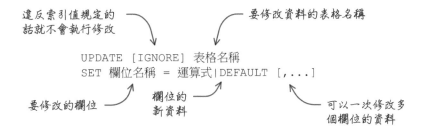

使用「UPDATE」敘述的時候，通常會搭配使用「WHERE」子句，用來指定要修改的紀錄：

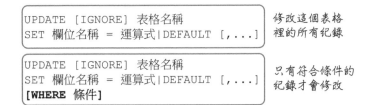

所以在執行「UPDATE」敘述的時候，通常會依照實際的需求，正確設定修改的條件。以下列兩個修改敘述來說，它們執行後的差異是很大的：

5.3.1　搭配「IGNORE」

在使用「UPDATE」敘述的時候，可以依照需求加入「IGNORE」關鍵字，它可以防止錯誤的修改敘述出現錯誤訊息：

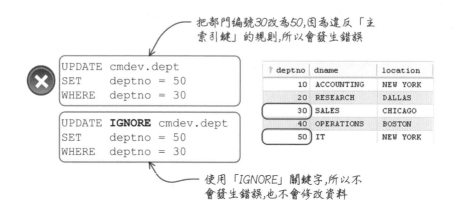

除了因為主索引鍵造成的問題，另外也要注意修改多個欄位值的情況。首先是沒有使用「IGNORE」關鍵字的時候，錯誤的資料會在執行修改敘述的時候產生錯誤訊息，所以也不會執行任何修改的動作：

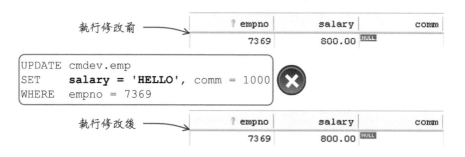

同樣的修改敘述加入「IGNORE」關鍵字，執行後的結果就不一樣了：

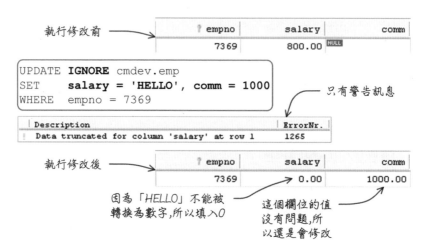

5.3.2 搭配「ORDER BY」與「LIMIT」

執行修改的時候使用「WHERE」子句是一般最常見的作法，在處理一些比較特殊的修改需求時，也會搭配「ORDER BY」與「LIMIT」子句：

```
UPDATE [IGNORE] 表格名稱
SET 欄位名稱 = 運算式|DEFAULT [,...]
[WHERE 條件]
[ORDER BY 排序] ←──── 先執行排序
[LIMIT 限制] ←──── 設定修改資料的紀錄數量
```

「LIMIT」子句也可以在查詢敘述中使用，不過在「UPDATE」敘述中使用「LIMIT」子句只能夠指定一個數字：

```
SELECT ...
LIMIT 數字
```
} 搭配「SELECT」使用的時候有一個數字和兩個數字兩種用法
```
SELECT ...
LIMIT 數字1，數字2
```

```
UPDATE ...
LIMIT 數字
```
} 搭配「UPDATE」使用的時候只有一個數字的用法

以同樣為員工加薪一百的需求來說，搭配「ORDER BY」與「LIMIT」子句，可以完成許多不同的需求：

```
UPDATE    cmdev.emp
SET       salary = salary + 100
ORDER BY salary
```
所有員工加薪100

```
UPDATE    cmdev.emp
SET       salary = salary + 100
LIMIT     3
```
前三個員工加薪100

```
UPDATE    cmdev.emp
SET       salary = salary + 100
ORDER BY salary
LIMIT     3
```
薪水最低的三個員工加薪100

```
UPDATE    cmdev.emp
SET       salary = salary + 100
ORDER BY salary DESC
LIMIT     3
```
薪水最高的三個員工加薪100

5.4 刪除資料

刪除表格中已經不需要的紀錄，可以使用「DELETE」與「TRUNCATE」敘述。單獨使用 DELETE 敘述的時候，可以刪除表格中的所有記錄，搭配其它子句可以刪除特定的記錄。下列是 DELETE 敘述的語法：

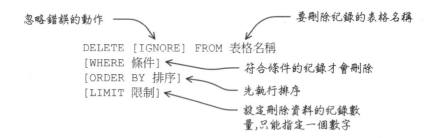

使用「DELETE」敘述的時候，通常也會使用「WHERE」子句設定要刪除哪些紀錄：

執行刪除的時候也可以搭配「ORDER BY」與「LIMIT」子句：

　　如果要刪除一個表格中所有的紀錄，你可以選擇使用「TRUNCATE」敘述，下列是它的語法：

要刪除所有紀錄的表格名稱

TRUNCATE [TABLE] 表格名稱

　　要執行刪除表格中所有的紀錄，下列兩個敘述的效果是一樣的：

DELETE FROM cmdev.emp

TRUNCATE TABLE cmdev.emp

這兩個敘述都可以刪除所有紀錄

　　「TRUNCATE」敘述在執行刪除紀錄的時候，會比使用「DELETE」敘述的效率好一些，尤其是表格中的紀錄非常多的時候會更明顯。

Chapter 6

字元集與資料庫

6.1　Character Set 與 Collation

　　任何資訊技術在處理資料的時候，如果只是單純的數值和運算，那就不會
有太複雜的問題。如果處理的資料是文字的話，就會面臨世界上各種不同的語
言，需要考慮的因素就會變得比較多了。以資料庫的應用來說，它必須正確的
儲存各種不同語言的文字，也就是一個資料庫中，有可能同時儲存繁體和簡體
中文、英文與法文等不同語言的文字。

　　電腦在處理文字資料大多是使用一個「編碼」來表示某一個字，對 MySQL
資料庫來說，為了要處理不同語言的文字，它使用一套編碼來處理一種語言的
文字，這種語言的編碼稱為「字元集、character set」。以英文字母來說，每一
個字母都有一個固定的編碼，例如 A=65、B=66、C=67。

　　MySQL 可以依照你的需要，為資料庫或表格設定不同的字元集：

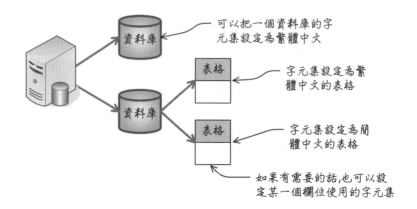

「Collation」指的是在一個字元集中，所有字元的大小排序規則。以英文字母來說，我們通常會依照 A 到 Z 的順序當成大小的順序，小寫的字母也是一樣的。這樣的大小順序是依照編碼的大小來決定的，MySQL 把它稱為「binary collation」。

可是在真實的世界中，大小順序卻不是這麼單純，有時候你會把大小寫的英文字母當成是一樣的，例如大寫的 A 和小寫的 a。在這種情況下，大寫和小寫的字母會被當成是一樣的大小，然後再依照編碼來決定，例如大寫 A 的編碼比小寫 a 的編碼小。MySQL 把這樣的方式稱為「case-insensitive collation」。

在決定大小順序的時候，如果只有考慮字母大小寫因素的話，那還不算是太複雜的。如果再考慮各種不同語言特性的話，在決定大小順序的時候就會變得很複雜。以繁體中文來說，它是沒有區分大小寫的，而且一個中文字會包含一個以上的位元組，其它語言也都有類似的情況。

6.1.1 Character Set

MySQL 資料庫把各種不同字元集的編碼資料紀錄在系統資料庫中，你可以使用下列的指令查詢 MySQL 資料庫支援的字元集資訊：

```
SHOW CHARACTER SET
```

執行上列的查詢指令後可以得到下列的結果：

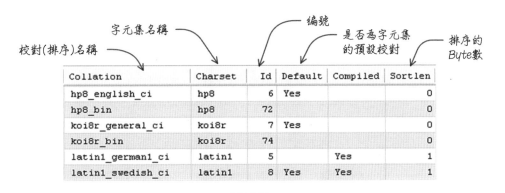

Charset	Description	Default collation	Maxlen
big5	Big5 Traditional Chinese	big5_chinese_ci	2
dec8	DEC West European	dec8_swedish_ci	1
cp850	DOS West European	cp850_general_ci	1
hp8	HP West European	hp8_english_ci	1
koi8r	KOI8-R Relcom Russian	koi8r_general_ci	1
latin1	cp1252 West European	latin1_swedish_ci	1
latin2	ISO 8859-2 Central European	latin2_general_ci	1
swe7	7bit Swedish	swe7_swedish_ci	1
ascii	US ASCII	ascii_general_ci	1
ujis	EUC-JP Japanese	ujis_japanese_ci	3
sjis	Shift-JIS Japanese	sjis_japanese_ci	2
hebrew	ISO 8859-8 Hebrew	hebrew_general_ci	1
tis620	TIS620 Thai	tis620_thai_ci	1

‧‧‧‧‧‧

6.1.2　COLLATION

MySQL 支援各種不同的字元集，讓資料庫可以儲存不同語言的文字，每一種字元集都可以依照實際需要，搭配不同的 Collation 設定。你可以使用下列的指令查詢 MySQL 支援的 Collation 資訊：

```
SHOW COLLATION
```

執行上列的查詢指令後可以得到下列的結果：

Collation	Charset	Id	Default	Compiled	Sortlen
hp8_english_ci	hp8	6	Yes		0
hp8_bin	hp8	72			0
koi8r_general_ci	koi8r	7	Yes		0
koi8r_bin	koi8r	74			0
latin1_german1_ci	latin1	5		Yes	1
latin1_swedish_ci	latin1	8	Yes	Yes	1

‧‧‧‧‧‧

你可以使用類似「WHERE」子句中的條件設定，查詢某一種字元集支援的 Collation 資訊：

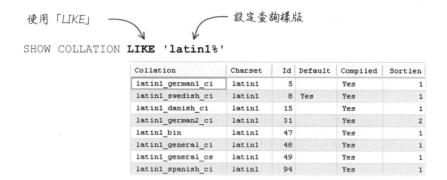

你可以從 Collation 名稱分辨出排序的準則：

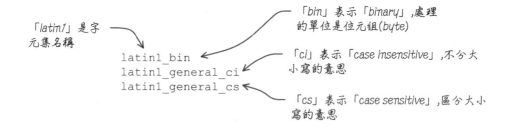

6.2 資料庫

資料庫（Database）是用來保存各種資料元件的容器，在安裝好 MySQL 資料庫伺服器軟體後，就可以依照自己的需求建立資料庫，MySQL 對於資料庫的數量並沒有限制：

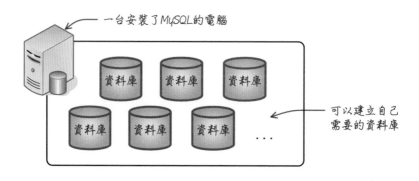

　　每一個 MySQL 資料庫伺服器軟體都會建立一個儲存資料的資料夾，稱為「data directory」。在這個資料夾下，每建立一個資料庫，MySQL 都會建立一個資料夾，稱為「資料庫資料夾、database directory」，一個資料庫包含的檔案就會放在各自的資料庫資料夾中：

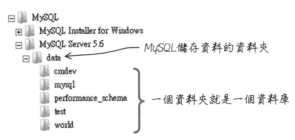

　　使用「SHOW VARIABLES LIKE 'datadir'」敘述，可以查詢 MySQL 資料庫伺服器使用的資料庫資料夾。因為一個資料庫是檔案系統中的一個資料夾，所以你要特別留意下列的特性：

- 雖然 MySQL 對於資料庫的數量並沒有限制，可是要注意 MySQL 資料庫伺服器軟體所安裝的作業系統，對於資料夾與檔案大小的限制。

- MySQL 使用資料庫名稱作為資料庫資料夾的名稱，所以要特別注意大小寫的問題。在資料夾名稱不分大小寫的作業系統（例如 Windows），資料庫名稱「MyDB」和「mydb」是一樣的。可是在資料夾名稱會區分大小寫的作業系統（例如 Linux），資料庫名稱「MyDB」和「mydb」就不一樣了。

- 每一個資料庫資料夾中都有一個特別的檔案，檔案名稱是「db.opt」，這個檔案的內容是這個資料庫的字元集與 collation 設定。

6.2.1　建立資料庫

　　下列是建立資料庫的基本語法：

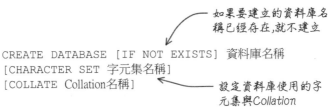

在執行新增資料庫的指令以後，MySQL 會使用你指定的資料庫名稱建立一個資料庫資料夾：

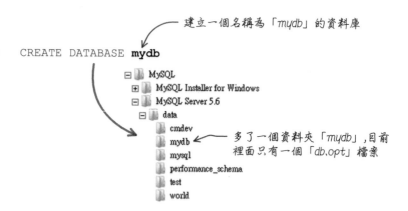

如果你指定的資料庫名稱已經存在了，MySQL 會產生一個錯誤訊息：

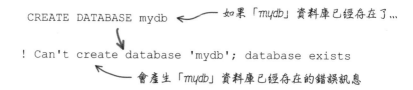

為了避免上列的錯誤，你可以在建立資料庫的時候加入「IF NOT EXISTS」。如果指定的資料庫名稱不存在，同樣會建立新的資料庫。如果資料庫已經存在，MySQL 只會產生警告訊息：

你可以在建立資料庫的時候，指定資料庫預設的字元集與 collation，如果沒有指定的話，就會使用 MySQL 伺服器預設的設定：

設定為MySQL預設的字元集與Collation

```
CREATE DATABASE mydb
```

```
CREATE DATABASE mydb CHARACTER SET utf8 COLLATE utf8_unicode_ci
```

設定為自己指定的字元集與Collation

　　如果沒有修改過 MySQL 設定的話，預設的字元集是「latin1」，Collation
是「latin1_swedish_ci」。建立資料庫的時候指定字元集與 collation 的作法，有
一些不同的組合，例如下列只有指定字元集的作法，MySQL 會使用你指定字元
集的預設 collation：

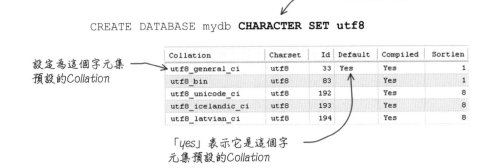

只有指定字元集

```
CREATE DATABASE mydb CHARACTER SET utf8
```

設定為這個字元集
預設的Collation

Collation	Charset	Id	Default	Compiled	Sortlen
utf8_general_ci	utf8	33	Yes	Yes	1
utf8_bin	utf8	83		Yes	1
utf8_unicode_ci	utf8	192		Yes	8
utf8_icelandic_ci	utf8	193		Yes	8
utf8_latvian_ci	utf8	194		Yes	8

「yes」表示它是這個字
元集預設的Collation

　　另外一種是只有使用「COLLATE」指定 collation，MySQL 會使用你指定
collation 所屬的字元集：

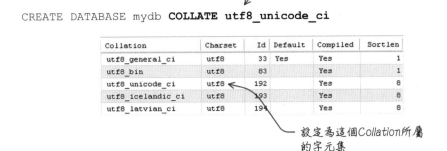

只有指定Collation

```
CREATE DATABASE mydb COLLATE utf8_unicode_ci
```

Collation	Charset	Id	Default	Compiled	Sortlen
utf8_general_ci	utf8	33	Yes	Yes	1
utf8_bin	utf8	83		Yes	1
utf8_unicode_ci	utf8	192		Yes	8
utf8_icelandic_ci	utf8	193		Yes	8
utf8_latvian_ci	utf8	194		Yes	8

設定為這個Collation所屬
的字元集

　　建立資料庫的時候，不管你有沒有指定，資料庫都會有字元集與 collation
的設定。後續在這個資料庫建立的表格，都會使用資料庫設定的字元集與
collation。

6.2.2 修改資料庫

建立資料庫以後，你唯一能執行的修改是資料庫預設的字元集與 collation。下列是修改資料庫設定的語法：

```
ALTER DATABASE 資料庫名稱
[CHARACTER SET 字元集名稱]
[COLLATE Collation名稱]
```
← 修改資料庫使用的字元集與Collation

下列的敘述執行修改資料庫預設的字元集與 collation。在修改的時候，如果只有指定字元集或只有指定 collation 的話，設定的規則與建立資料庫一樣：

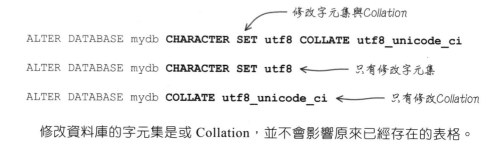

修改字元集與Collation

```
ALTER DATABASE mydb CHARACTER SET utf8 COLLATE utf8_unicode_ci

ALTER DATABASE mydb CHARACTER SET utf8        ← 只有修改字元集

ALTER DATABASE mydb COLLATE utf8_unicode_ci   ← 只有修改Collation
```

修改資料庫的字元集是或 Collation，並不會影響原來已經存在的表格。

6.2.3 刪除資料庫

下列是刪除資料庫的語法：

如果資料庫存在的話就刪除，不存在的話就算了

```
DROP DATABASE [IF EXISTS] 資料庫名稱
```

如果在刪除資料庫的敘述中指定的資料庫名稱不存在，MySQL 會產生一個錯誤訊息：

```
DROP DATABASE something   ← 如果「something」資料庫不存在...

! Can't drop database 'something'; database doesn't exist
```
← 會產生「something」資料庫不存在的錯誤訊息

為了避免上列的錯誤，你可以在刪除資料庫的時候，加入「IF EXISTS」指令，如果你指定的資料庫名稱存在，同樣會刪除指定的資料庫。如果不存在，MySQL 只會產生警告訊息：

使用「*IF EXISTS*」的話,就算
「*something*」資料庫不存在...

```
DROP DATABASE IF EXISTS something

! Can't drop database 'something'; database doesn't exist
```

只會產生「*something*」資料庫不存在的警告訊息

執行刪除資料庫的敘述，MySQL 不會再跟你確認是否刪除資料庫，而是直接刪除。刪除資料庫以後，表示資料庫資料夾也會從檔案系統中刪除，除非你另外還有這個資料庫的備份，否則原來在資料庫中的所有資料就全部消失了。

6.2.4　取得資料庫資訊

MySQL 提供的「SHOW」指令讓你取得跟資料庫相關的資訊，執行下列的指令可以取得 MySQL 伺服器中所有資料庫的名稱：

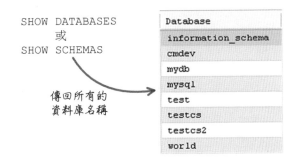

```
SHOW DATABASES
     或
SHOW SCHEMAS
```

傳回所有的
資料庫名稱

Database
information_schema
cmdev
mydb
mysql
test
testcs
testcs2
world

你也可以執行下列的指令取得建立資料庫的敘述：

```
SHOW CREATE DATABASE mydb
```

傳回建立資料庫的設定

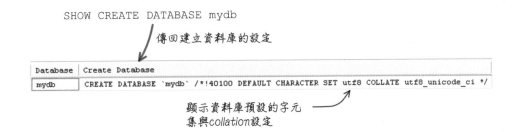

Database	Create Database
mydb	CREATE DATABASE `mydb` /*!40100 DEFAULT CHARACTER SET utf8 COLLATE utf8_unicode_ci */

顯示資料庫預設的字元
集與 *collation* 設定

MySQL 資料庫伺服器中有一個很重要的資料庫，名稱為「information_ schema」，這個資料庫通常會把它稱為「系統資料庫」，它負責儲存伺服器所有重要的資訊。跟資料庫相關的資訊儲存在系統資料庫的「SCHEMATA」表格中，所以你可以使用查詢敘述取得所有資料庫的相關資訊：

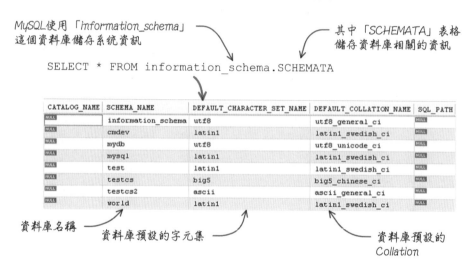

MySQL使用「information_schema」這個資料庫儲存系統資訊

其中「SCHEMATA」表格儲存資料庫相關的資訊

```
SELECT * FROM information_schema.SCHEMATA
```

CATALOG_NAME	SCHEMA_NAME	DEFAULT_CHARACTER_SET_NAME	DEFAULT_COLLATION_NAME	SQL_PATH
NULL	information_schema	utf8	utf8_general_ci	NULL
NULL	cmdev	latin1	latin1_swedish_ci	NULL
NULL	mydb	utf8	utf8_unicode_ci	NULL
NULL	mysql	latin1	latin1_swedish_ci	NULL
NULL	test	latin1	latin1_swedish_ci	NULL
NULL	testcs	big5	big5_chinese_ci	NULL
NULL	testcs2	ascii	ascii_general_ci	NULL
NULL	world	latin1	latin1_swedish_ci	NULL

資料庫名稱

資料庫預設的字元集

資料庫預設的 Collation

Chapter 7

儲存引擎與資料型態

7.1 表格與儲存引擎

表格（table）是資料庫用來儲存紀錄的基本單位，在建立一個新的資料庫以後，你必須為這個資料庫建立一些儲存資料的表格：

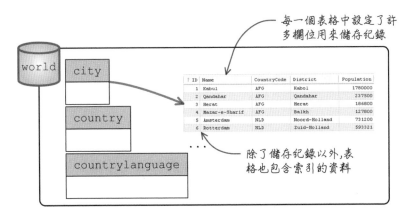

每一個表格中設定了許多欄位用來儲存紀錄

除了儲存紀錄以外，表格也包含索引的資料

每一個資料庫都會使用一個資料夾，這些資料庫資料夾用來儲存所有資料庫各自需要的檔案：

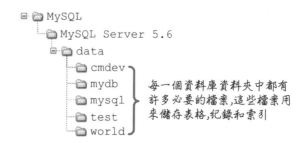

「Storage engine、儲存引擎」是 MySQL 用來儲存資料的技術,為了資料庫多樣化的應用,你可以在建立表格的時候,依照自己的需求指定一種儲存引擎,不同的儲存引擎會有不同的資料儲存方式與運作的特色。MySQL 提供許多儲存引擎讓你選擇,下列是三種主要儲存引擎的說明:

- MyISAM:MySQL 5.5 之前預設的儲存引擎,雖然它支援的功能並沒有像其它資料庫那麼多(例如交易、transaction),不過也因為它比較簡單,所以運作的效率相對也比較好。

- InnoDB:從 MySQL 5.5 開始預設的儲存引擎,這種儲存引擎提供的功能已經跟大型商用資料庫軟體類似,像是交易(transaction)、紀錄鎖定(row-level locking)與自動回復(auto-recovery)。

- MEMORY:這是一個比較特殊的儲存引擎,它把資料儲存在記憶體中,所以運作的效率是最快的。不過只要 MySQL 伺服器關閉後,儲存的資料就全部不見了。

7.1.1 MyISAM

「MyISAM」是 MySQL 5.5 之前預設的儲存引擎,「預設」的意思是如果你在建立表格的時候,沒有指定使用的儲存引擎,MySQL 會把你建立的新表格指定為「MyISAM」儲存引擎。以下列一個使用 MyISAM 儲存引擎的資料庫來說,在資料庫資料夾中的檔案會像這樣:

當你建立一個表格以後，「MyISAM」儲存引擎會建立使用表格為檔案名稱的三個檔案，以「city」表格來說：

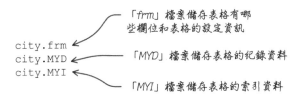

使用「MyISAM」儲存引擎的資料庫具有「可攜性、portable」的特色，你可以很容易的把一個資料庫複製到另外一台電腦的 MySQL 伺服器中：

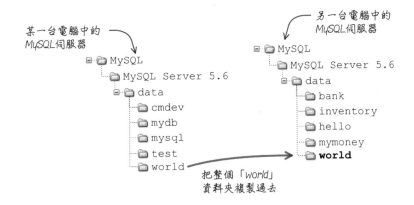

使用「MyISAM」儲存引擎的時候，MySQL 並不會限制一個資料庫中可以包含的表格數量。不過一個表格會在檔案系統中建立三個檔案，如果超過作業系統對於檔案數量或容量的限制，你就不能再建立任何新的表格。

7.1.2 InnoDB

MySQL 資料庫伺服器從 3.23.49 版本開始,把「InnoDB」儲存引擎列為正式支援的功能,所以從這個版本開始,MySQL 也提供與大型商用資料庫軟體類似的功能。從 MySQL 5.5 開始,如果沒有特別指定的話,就會使用 InnoDB 為預設的儲存引擎。它最主要的功能是支援「交易、transaction」,在比較複雜的資料庫應用系統中,經常遇到這樣的情況:

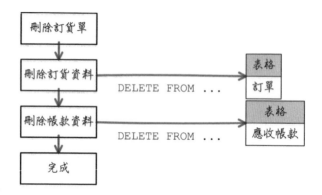

在系統運作順利的情況下,當然不會有任何問題。可是如果發生下列的情況:

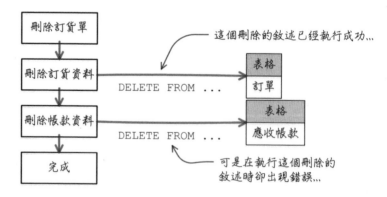

這樣的情況是一定要避免,否則資料庫中儲存的資料就會出現很大的問題。所以一般的大型商用資料庫都會使用交易的功能來處理這樣的情況:

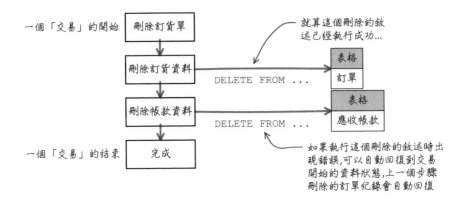

「InnoDB」儲存引擎除了提供許多額外的功能，與「MyISAM」儲存引擎最大的差異是檔案的儲存方式：

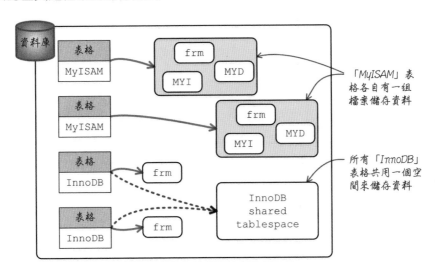

「InnoDB」儲存引擎實際儲存在檔案系統中的檔案會像這樣：

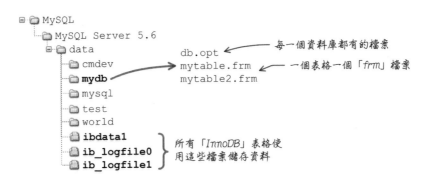

因為使用「InnoDB」儲存引擎的表格會使用同一個儲存空間，所以不同資料庫的表格資料也會儲存在一起。「InnoDB」儲存引擎限制在這個共用的儲存空間中不能超過兩百萬個表格。

7.1.3 MEMORY

「MEMORY」儲存引擎與其它儲存引擎有一個主要的差異，就是它會把紀錄與索引資料儲存在記憶體中。所以使用 MEMORY 儲存引擎的表格，不論在查詢或維護資料時的效率都是很好的。在檔案系統中儲存的檔案只有「frm」檔，也就是儲存表格結構資訊的檔案：

```
mytable.frm
mytable.MYD    }  使用「MyISAM」儲存引
mytable.MYI        擎的表格都會一組檔案
mytable2.frm   }  使用「InnoDB」或「MEMORY」儲存
mytable3.frm      引擎的表格只有一個「frm」檔
```

因為 MEMORY 儲存引擎會把紀錄與索引資料儲存在記憶體中，所以：

- 只要 MySQL 伺服器關閉、重新啟動、當機，所有使用 MEMORY 儲存引擎的表格資料都會全部消失，只剩下表格結構。

- 不適合儲存大量資料的表格，會耗用太多記憶體。

7.1.4 儲存引擎與作業系統

雖然 MySQL 資料庫是一個獨立運作的軟體，不過它還是得安裝在一個作業系統中，例如 Windows、Linux 或 Mac OS。由作業系統控制的檔案系統可能會有許多限制，例如檔案的數量和檔案的大小。如果 MySQL 資料庫軟體在建立或使用資料庫檔案的時候，超過作業系統的限制，就會發生錯誤。

如果以支援的功能來決定儲存引擎的話，那就會比較明確而且容易選擇。如果以作業系統的限制來決定儲存引擎的話，可以參考下列的說明：

- 使用 MyISAM 儲存引擎可以避免違反檔案大小的限制。

- 使用 InnoDB 儲存引擎可以避免違反檔案數量的限制。

- 如果在檔案數量與大小的限制都遇到問題的話，你只好增加硬體和修改作業系統在檔案系統上的設定。

7.2　欄位資料型態

　　在建立表格的時候，你會幫每一個欄位指定適合的「資料型態、data type」。正確的選擇欄位資料型態，除了可以幫你儲存正確的資料外，還可以讓資料庫使用最少的記憶體與儲存空間，這樣會讓資料庫運作的效率更好一些。資料型態主要分為下列三大類：

- 數值：任何包含正、負號的整數與小數資料。另外還有位元（bit）的數值資料，它使用二進位表示一個數字。

- 字串：包含「non-binary」與「binary」兩種字串值。non-binary 字串值是一些使用字元集與 collation 的字元（character）組合起來的。binary 字串值是一些位元組（bytes）組合的資料。

- 日期與時間：包含日期、時間與日期加時間。

7.2.1　數值型態

　　數值資料分為整數與小數資料，下列是 MySQL 提供的整數型態：

型態	Byte(s)	預設長度	有號數範圍	無號數範圍
TINYINT[(長度)]	1	4	-128~127	0~255
SMALLINT[(長度)]	2	6	-32768~32767	0~65535
MEDIUMINT[(長度)]	3	9	-8388608~8388607	0~16777215
INT[(長度)]	4	11	-2147683648~2147683647	0~4294967295
BIGINT[(長度)]	8	20	-9223372036854775808~	0~18446744073709551615

　　整數型態的意思就是它們不能儲存小數，在建立表格的時候，如果需要一個可以儲存整數資料的欄位，你可以依照整數資料的大小需求，選擇一個夠用又不會太浪費空間的整數形態。以下列「cmdev.integertable」表格來說：

欄位名稱	型態	範圍
n	TINYINT(4)	-128~127
n2	SMALLINT(6)	-32768~32767
n3	MEDIUMINT(9)	-8388608~8388607
n4	INT(11)	-2147683648~2147683647
n5	BIGINT(20)	-9223372036854775808~9223372036854775807

在整數型態的後面，可以在左右括號中指定一個數字，以「SMALLINT」型態來說：

「SMALLINT」是型態,決定這個欄位可以儲存數值的大小範圍

左右刮號裡的數字是回傳的預設字數,包含負數的負號

SMALLINT(6)

當你在執行新增或修改資料的時候，就要特別注意它們可以儲存數字的範圍：

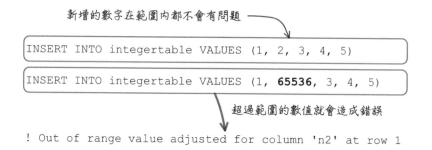

新增的數字在範圍內都不會有問題

```
INSERT INTO integertable VALUES (1, 2, 3, 4, 5)
```

```
INSERT INTO integertable VALUES (1, 65536, 3, 4, 5)
```

超過範圍的數值就會造成錯誤

! Out of range value adjusted for column 'n2' at row 1

設定為整數型態的欄位，就表示它們不可以儲存小數的數值：

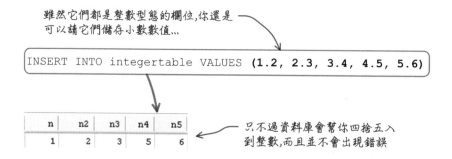

雖然它們都是整數型態的欄位,你還是可以請它們儲存小數數值...

```
INSERT INTO integertable VALUES (1.2, 2.3, 3.4, 4.5, 5.6)
```

n	n2	n3	n4	n5
1	2	3	5	6

只不過資料庫會幫你四捨五入到整數,而且並不會出現錯誤

數值型態還有下列幾種可以儲存小數資料的浮點數型態：

型態	Byte (s)	預設長度	最大長度	說明
FLOAT[(長度,小數位數)]	4	註 1	255, 30	單精確度浮點數（近似值）
DOUBLE[(長度,小數位數)]	8		255, 30	雙精確度浮點數（近似值）
DECIMAL[(長度[,小數位數])]	註 2	10, 0	65, 30	自行指定位數的精確值

註 1：FLOAT 與 DOUBLE 的預設長度會因為不同的作業系統而有不一樣的長度。

註 2：依照指定的位數決定實際儲存的空間。

　　「FLOAT」和「DOUBLE」型態的欄位可以用來儲存包含小數的數值，儲存空間分別是 4 和 8 個位元組，它們是一種佔用儲存空間比較小，執行運算比較快的型態。不過因為它們是使用「近似值」來儲存你的數值，所以如果你需要儲存完全精準的數值，就不能使用這兩種型態。

　　另外一種可以儲存小數數值的「DECIMAL」型態，就可以用來儲存完全精準的數值。儲存在 DECIMAL 型態中的數值，不論是查詢或是運算，都不會有任何誤差，不過 DECIMAL 型態佔用的儲存空間，就可能會比 FLOAT 和 DOUBLE 型態大。DECIMAL 型態在 MySQL 還有一個一樣的關鍵字是「NUMERIC」，這兩種型態完全一樣。

　　在 MySQL 資料庫中，FLOAT、DOUBLE 和 DECIMAL 都可以依照自己的需要設定長度與位數：

在設定長度與小數位數的時候，要注意下列幾個規則：

- 不可以超過最大長度

- 小數位數不可以超過長度

- 長度與小數位數一樣的時候，表示只可以儲存小數，例如「0.123」

MySQL 的數值型態，包含整數與浮點數都可以使用「UNSIGNED」設定為「只能儲存正數」，以下列的「cmdev.numerictable」表格來說：

欄位名稱	型態
i	TINYINT(3) UNSIGNED
i2	SMALLINT(5) UNSIGNED
i3	MEDIUMINT(8) UNSIGNED
i4	INT(10)
i5	BIGINT(20) UNSIGNED
f	FLOAT UNSIGNED
f2	DOUBLE
f3	DECIMAL(10, 0) UNSIGNED

設定為只能儲存正數的欄位，任何儲存負數的動作都會造成錯誤：

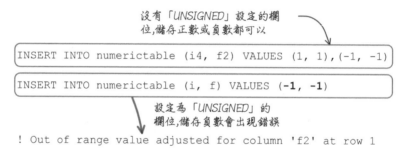

沒有「UNSIGNED」設定的欄位,儲存正數或負數都可以

```
INSERT INTO numerictable (i4, f2) VALUES (1, 1),(-1, -1)
```

```
INSERT INTO numerictable (i, f) VALUES (-1, -1)
```

設定為「UNSIGNED」的欄位,儲存負數會出現錯誤

```
! Out of range value adjusted for column 'f2' at row 1
```

MySQL 的數值型態都可以依照自己的需要設定長度，以下列的「cmdev.numerictable2」表格來說：

欄位名稱	型態
i	TINYINT(3)
i2	SMALLINT(3)
i3	MEDIUMINT(3)
i4	INT(3)
i5	BIGINT(3)
f	FLOAT(5, 2)
f2	DOUBLE(5, 2)
f3	DECIMAL(5, 2)
i	TINYINT(3)

　　同樣為數值型態設定長度，在整數和浮點數會有不一樣的效果。如果你為整數型態的欄位設定長度的話，這個長度只是設定顯示的長度而已，並不會影響資料實際儲存的長度：

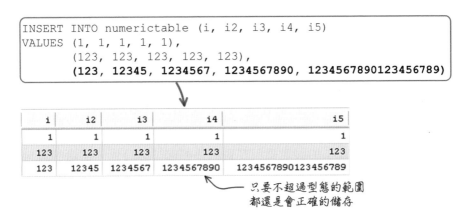

只要不超過型態的範圍
都還是會正確的儲存

為浮點數型態設定長度與小數位數的時候，效果就跟整數型態不一樣了：

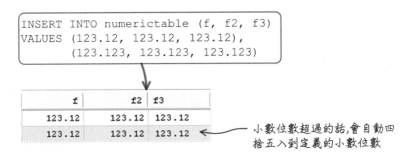

小數位數超過的話,會自動四
捨五入到定義的小數位數

不過在整數位數的部份，就一定會依照設定來儲存，否則會造成錯誤：

如果整數的部份超過設定了...

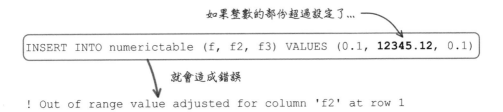

就會造成錯誤

```
! Out of range value adjusted for column 'f2' at row 1
```

　　MySQL 的數值型態還有一個比較特別的設定「ZEROFILL」，以下列的「cmdev.numerictable3」表格來說：

欄位名稱	型態
i	TINYINT(3) UNSIGNED ZEROFILL
i2	SMALLINT(4) UNSIGNED ZEROFILL
i3	MEDIUMINT(5) UNSIGNED ZEROFILL
i4	INT(6) UNSIGNED ZEROFILL
i5	BIGINT(7) UNSIGNED ZEROFILL
f	FLOAT(5, 2) UNSIGNED ZEROFILL
f2	DOUBLE(7, 3) UNSIGNED ZEROFILL
f3	DECIMAL(9, 5) UNSIGNED ZEROFILL

「ZEROFILL」的設定表示在查詢這些欄位的時候，回傳的資料會在左側根據長度的設定填滿「0」：

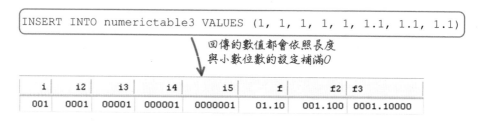

「ZEROFILL」一定要跟「UNSIGNED」一起使用，就算你只有為欄位設定「ZEROFILL」，MySQL 也會自動加入「UNSIGNED」的設定。整數型態的部份，在補 0 的處理上會不太一樣：

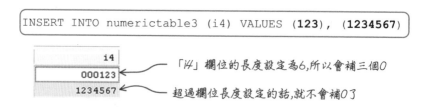

7.2.2 位元型態

「位元、BIT」型態其實也是用來儲存數值用的，不過它是以二進位的型式儲存資料，也就是只有 0 跟 1 兩種資料：

型態	預設長度	最大長度	數字範圍
BIT[(長度)]	1	64	0~2 長度-1

以下列的「cmdev.bittable」表格來說：

欄位名稱	型態	數字範圍
n	BIT	0~1
n2	BIT(8)	0~255
n3	BIT(64)	0~18446744073709551615

你可以直接儲存數字到位元型態的欄位，也可以指定一個使用二進位表示的值：

```
INSERT INTO bittable
VALUES (1, 255, 65536),     ← 直接指定儲存的數字
       (b'1', b'111111111', b'1111111111111111')
```

使用「b」開始,後面在兩個單引號之間填入0與1的二進位值

7.2.3　字串型態

MySQL 把字串型態分為兩大類，「非二進位制、non-binary」與「二進位制、binary」。非二進位制就是儲存一般文字的字串，會有特定的字元集與 collation。二進位制使用位元組儲存資料，不包含字元集與 collation，所以大多用來儲存圖片或音樂這類資料。「非二進位制、non-binary」的字串型態有下列幾種：

型態	最大長度	實際儲存的空間	說明
CHAR[(長度)]	255	指定的長度	固定長度的字串，預設長度為 1
VARCHAR(長度)	65535	字元個數加 1 或 2bytes	變動長度的字串
TINYTEXT	255	字元個數加 1byte	
TEXT	65535	字元個數加 2bytes	
MEDIUMTEXT	16,772,215	字元個數加 3bytes	
LONGTEXT	4,294,967,295	字元個數加 4bytes	

固定長度與變動長度的兩種字串型態都可以儲存字串，差異在儲存的文字個數小於型態指定的長度時，變動長度實際儲存的空間會小一些。以下列的「cmdev.nonbinarytable」表格來說：

欄位名稱	型態
s	CHAR(10)
s2	VARCHAR(10)

同樣把長度設定為 10 的「CHAR」與「VARCHAR」字串型態，它們在儲存字串資料的時候會不太一樣：

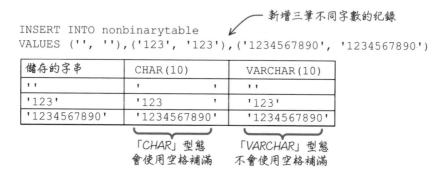

「非二進位制、non-binary」的字串都會包含特定的字元集與 collation，可以用來儲存各種不同國家的文字。不同的字元集會佔用不同的儲存空間，以下列的「cmdev.nonbinarytable2」表格來說：

欄位名稱	型態	字元集
s	VARCHAR(6)	latin1
s2	VARCHAR(6)	big5
s3	VARCHAR(6)	utf8

上列的表格中，三個欄位分別設定為「latin1」、「big5」與「utf8」字元集，你可以查詢 MySQL 資料庫支援的字元集特性，「MAXLEN」欄位是關於儲存空間的資訊：

儲存一個字元需要的最大Byte數

CHARACTER_SET_NAME	DESCRIPTION	MAXLEN
latin1	cp1252 West European	1
big5	Big5 Traditional Chinese	2
utf8	UTF-8 Unicode	3

使用「LENGTH」函式查詢儲存在這個表格中的字串資料，就可以很明顯看出不同的字元集，在儲存字元時使用的儲存空間：

```
SELECT  s, LENGTH(s), s2, LENGTH(s2), s3, LENGTH(s3)
FROM    nonbinarytable2
```

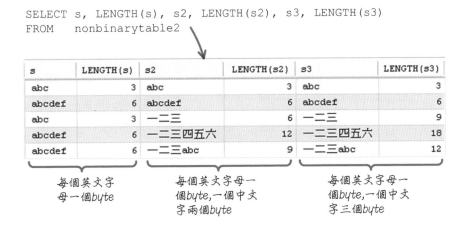

s	LENGTH(s)	s2	LENGTH(s2)	s3	LENGTH(s3)
abc	3	abc	3	abc	3
abcdef	6	abcdef	6	abcdef	6
abc	3	一二三	6	一二三	9
abcdef	6	一二三四五六	12	一二三四五六	18
abcdef	6	一二三abc	9	一二三abc	12

每個英文字母一個byte　　每個英文字母一個byte，一個中文字兩個byte　　每個英文字母一個byte，一個中文字三個byte

「LENGTH」函式會傳回字串資料實際的儲存長度（byte）。如果你要查詢字串的字元數量的話，就要使用「CHAR_LENGTH」函式：

```
SELECT  s,CHAR_LENGTH(s),s2,CHAR_LENGTH(s2),s3,CHAR_LENGTH(s3)
FROM    nonbinarytable2
```

s	CHAR_LENGTH(s)	s2	CHAR_LENGTH(s2)	s3	CHAR_LENGTH(s3)
abc	3	abc	3	abc	3
abcdef	6	abcdef	6	abcdef	6
abc	3	一二三	3	一二三	3
abcdef	6	一二三四五六	6	一二三四五六	6
abcdef	6	一二三abc	6	一二三abc	6

字元集會影響字串的儲存空間，collation 會影響字串排列順序。以下列的「cmdev.nonbinarytable3」表格來說：

欄位名稱	型態	字元集	Collation
s	VARCHAR(6)	latin1	latin1_general_ci
s2	VARCHAR(6)	latin1	latin1_general_cs

上列表格中欄位的字元集都指定為「latin1」，不過「s」欄位的 collation
設定為「latin1_general_ci」，表示排序時不區分大小寫。「s2」欄位設定為
「latin1_general_cs」，表示排序時會區分大小寫。以下列儲存在這個表格中的
紀錄來說：

```
SELECT * FROM nonbinarytable3
```

n	s	s2
1	aaa	aaa
2	AAA	AAA
3	bbb	bbb
4	BBB	BBB
5	abc	abc
6	ABC	ABC

這是沒有使用排序設定時的順序

Collation 設定中的「latin1_general_ci」，最後的「ci」表示「case insensitive」，
是不分大小寫的意思。在這樣的設定下，MySQL 會把字串「ABC」和「abc」
當成是一樣的。「latin1_general_cs」最後的「cs」表示「case sensitive」，是
區分大小寫的意思。在這樣的設定下，MySQL 就會把字串「ABC」和「abc」
當成是不一樣的字串。

是否區分大小寫的 collation 設定會影響排序的結果：

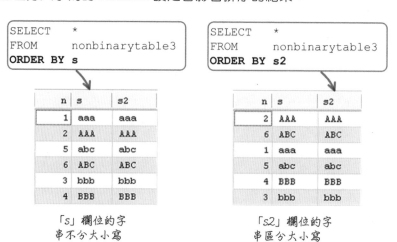

```
SELECT      *
FROM        nonbinarytable3
ORDER BY s
```

n	s	s2
1	aaa	aaa
2	AAA	AAA
5	abc	abc
6	ABC	ABC
3	bbb	bbb
4	BBB	BBB

「s」欄位的字串不分大小寫

```
SELECT      *
FROM        nonbinarytable3
ORDER BY s2
```

n	s	s2
2	AAA	AAA
6	ABC	ABC
1	aaa	aaa
5	abc	abc
4	BBB	BBB
3	bbb	bbb

「s2」欄位的字串區分大小寫

另外一個影響是條件的判斷：

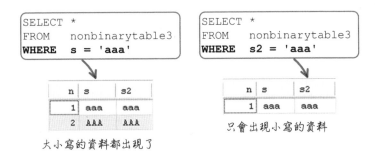

大小寫的資料都出現了　　　　只會出現小寫的資料

「二進位制、binary」的字串型態是使用位元組（byte）為單位來儲存字串
資料，跟非二進位制的字串類似，它也提供許多不同長度的型態：

型態	最大長度 （byte）	實際儲存的空間 （byte）	說明
BINARY[(長度)]	255	指定的長度	固定長度的字串，預設長度為 1
VARBINARY(長度)	65535	長度加 1 或 2bytes	變動長度的字串
TINYBLOB	255	byte 數加 1byte	
BLOB	65535	byte 數加 2bytes	
MEDIUMBLOB	16,772,215	byte 數加 3bytes	
LONGBLOB	4,294,967,295	byte 數加 4bytes	

「BINARY」與「VARBINARY」兩種型態的差異，與「CHAR」和
「VARCHAR」的差異類似。在一般的情況下，使用「VARBINARY」會比
「BINARY」節省一點儲存空間。你也可以使用「二進位制、binary」型態儲存
文字資料，只不過 MySQL 都是以位元組來儲存所有的資料，也就是 0 到 255
的數字：

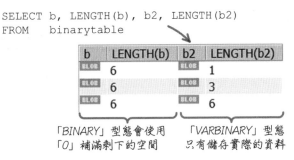

「BINARY」型態會使用　　　「VARBINARY」型態
「0」補滿剩下的空間　　　　只有儲存實際的資料

所有「二進位制、binary」的字串型態都不可以指定字元集與 collation，不過你可以使用它們來儲存任何語言的文字，也可以儲存音樂或圖片這類資料，因為 MySQL 都是一個一個 byte 把資料儲存到資料庫中。所以在執行查詢時的排序和條件設定，都是使用位元組為單位來判斷。

7.2.4 列舉與集合型態

列舉（ENUM）與集合（SET）是一種特殊的「非二進位制、non-binary」字串型態，所以它們也可以指定字元集與 collation。下列是這兩種型態的說明：

型態	最大個數	儲存空間	說明
ENUM(字串值[,...])	65535	1byte（255 個） 2bytes(256 到 65535 個)	包含一組合法的字串值（單一值）
SET(字串值[,...])	64	1byte（8 個） 2bytes（16 個） 3bytes（24 個） 4bytes（32 個） 8bytes（64 個）	包含一組合法的字串值（多個值）

列舉（enumeration）資料在資料庫中的應用很常見，例如服裝的大小通常會以 S、M 與 L 來表示小、中與大。你可以使用字串來儲存這類資料，不過這類的資料也很適合使用「ENUM」型態來儲存。以下列的「cmdev.enumtable」表格來說：

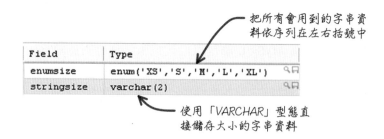

把所有會用到的字串資料依序列在左右括號中

使用「VARCHAR」型態直接儲存大小的字串資料

在儲存資料的時候，「ENUM」型態看起來似乎與「VARCHAR」完全一樣：

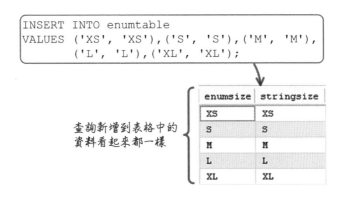

```
INSERT INTO enumtable
VALUES ('XS', 'XS'),('S', 'S'),('M', 'M'),
       ('L', 'L'),('XL', 'XL');
```

enumsize	stringsize
XS	XS
S	S
M	M
L	L
XL	XL

查詢新增到表格中的資料看起來都一樣

可是列舉型態在資料的正確性方面，就會比單純的字串型態好多了。例如下列的錯誤示範：

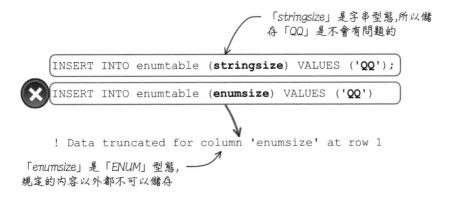

「*stringsize*」是字串型態，所以儲存「QQ」是不會有問題的

```
INSERT INTO enumtable (stringsize) VALUES ('QQ');
```

```
INSERT INTO enumtable (enumsize) VALUES ('QQ')
```

```
! Data truncated for column 'enumsize' at row 1
```

「*enumsize*」是「*ENUM*」型態，規定的內容以外都不可以儲存

列舉型態欄位除了可以直接使用字串值來新增與更新資料外，還可以使用數值資料的編號來代替。列舉型態中的成員，MySQL 都會幫它們編一個號碼：

Field	Type
enumsize	enum('XS','S','M','L','XL')

由左到右從「1」開始編號

瞭解列舉型態中成員的編號以後，你可以選擇字串值或數值來管理列舉型態欄位儲存的資料：

這兩個新增紀錄
的敘述,執行後
的效果完全一樣

```
INSERT INTO enumtable (enumsize)
VALUES ('XS'),('S'),('M'),('L'),('XL')
```

```
INSERT INTO enumtable (enumsize)
VALUES (1),(2),(3),(4),(5)
```

雖然在查詢列舉型態欄位資料的時候,所得到的結果都是成員的字串值。不過真正儲存在資料庫中的資料卻是成員的編號,所以指定列舉型態欄位為排序欄位的時候,資料庫會使用編號來排序,而不是以成員的字串值:

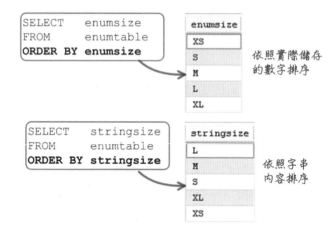

在指定列舉型態欄位的查詢條件時,可以使用成員的字串值或編號:

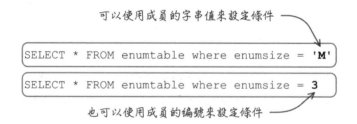

集合(SET)型態同樣可以設定一組成員,不過它可以儲存多個成員資料。例如一週的星期成員總共有七個,而需要工作的星期就會有一個以上,類似這樣的需求就應該使用集合型態。以下列的「cmdev.settable」表格來說:

欄位名稱	範圍
workingday	SET('MON','TUE','WED','THU','FRI','SAT','SUN')

你可以使用一個字串值來管理集合型態欄位，在這個字串值中，使用逗號來隔開不同的成員字串：

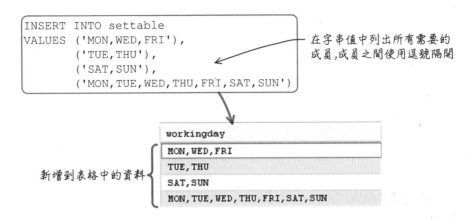

列出所有需要的
成員，成員之間使用逗號隔開

新增到表格中的資料

集合型態欄位與列舉型態欄位同樣具有檢查資料是否正確的功能：

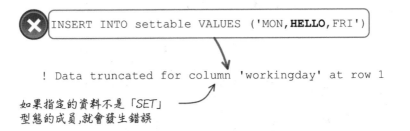

如果指定的資料不是「SET」
型態的成員，就會發生錯誤

列舉型態欄位的成員編號使用簡單的連續數字，集合型態欄位會比較複雜一些：

總共有七個成員

每一個成員
代表的數字

瞭解集合型態欄位的成員所代表的數字以後，你就可以使用數值來管理儲存的資料：

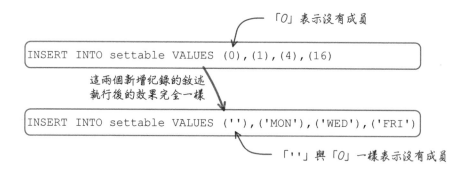

「0」表示沒有成員

```
INSERT INTO settable VALUES (0),(1),(4),(16)
```

這兩個新增紀錄的敘述
執行後的效果完全一樣

```
INSERT INTO settable VALUES (''),('MON'),('WED'),('FRI')
```

「''」與「0」一樣表示沒有成員

要使用數值來代表多個成員的時候，你只要把所有成員的數字加總起來就可以了：

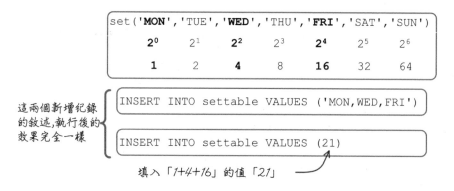

set('**MON**','TUE','**WED**','THU','**FRI**','SAT','SUN')						
2^0	2^1	2^2	2^3	2^4	2^5	2^6
1	2	**4**	8	**16**	32	64

這兩個新增紀錄的敘述，執行後的效果完全一樣

```
INSERT INTO settable VALUES ('MON,WED,FRI')
```

```
INSERT INTO settable VALUES (21)
```

填入「1+4+16」的值「21」

列舉與集合型態都可以設定需要的字元集與 collation，以下列的「cmdev.estable」表格來說：

欄位名稱	型態	字元集	Collation
enumsize	enum('XS', ...)	latin1	latin1_general_ci
enumsize2	enum('XS', ...)	latin1	latin1_general_cs
workingday	set('MON', ...)	latin1	latin1_general_ci
workingday2	set('MON', ...)	latin1	latin1_general_cs

字元集的設定可以決定可以儲存字串資料的編碼，而 collation 的設定會決定字串值是否區分大小寫：

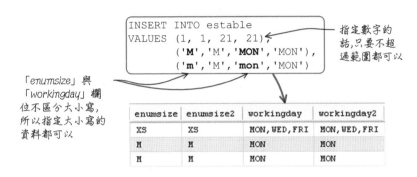

如果指定字串值的時候違反 collation 設定的大小寫規則，就會發生錯誤：

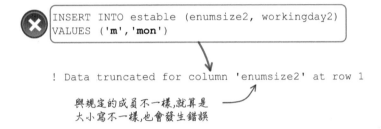

7.2.5　日期與時間型態

MySQL 提供下列幾個可以儲存日期與時間資料的欄位型態：

型態	Byte(s)	說明	範圍
DATE	3	日期	'1000-01-01'~'9999-12-31'
TIME	3	時間	'-838:59:59'~'838:59:59'
DATETIME	8	日期與時間	'1000-01-01 00:00:00'~ '9999-12-31 23:59:59'
YEAR[(4|2)]	1	西元年	1901~2155[YEAR(4)] 1970~2069[YEAR(2)] 註
TIMESTAMP	4	日期與時間	'1970-01-01 00:00:00'~2037

註：從 MySQL 5.7.5 開始不支援 YEAR(2)的欄位型態。

日期（DATE）型態欄位可以儲存年、月、日的資料，範圍從「1000-01-01」到「9999-12-31」。日期資料不可以超過「9999-12-31」，可是可以儲存「1000-01-01」以前的日期，不過 MySQL 建議你最好不要這麼做，不然可能會造成一些奇怪的問題。

因為日期中的西元年份可以使用四個或兩個數字，使用兩個數字的時候，「70」到「99」表示「1970」到「1999」；如果是「00」到「69」就是「2000」到「2069」。所以要注意下列的情況：

```
INSERT INTO dttable (d) VALUES ('9000-1-1')  ➤ 9000-01-01
```

```
INSERT INTO dttable (d) VALUES ('900-1-1')   ➤ 0900-01-01
```

```
INSERT INTO dttable (d) VALUES ('90-1-1')    ➤ 1990-01-01
```

```
INSERT INTO dttable (d) VALUES ('9-1-1')     ➤ 0009-01-01
```

另一個日期資料會變成這樣：

```
INSERT INTO dttable (d) VALUES ('2000-1-1')  ➤ 2000-01-01
```

```
INSERT INTO dttable (d) VALUES ('200-1-1')   ➤ 0200-01-01
```

```
INSERT INTO dttable (d) VALUES ('20-1-1')    ➤ 2020-01-01
```

```
INSERT INTO dttable (d) VALUES ('2-1-1')     ➤ 0002-01-01
```

時間（TIME）型態可以儲存時、分、秒的資料，範圍從「-838:59:59」到「838:59:59」。這個儲存時間資料的範圍可能會跟你想的不太一樣。一般來說，時間資料指的是從「00:00:00」到「23:59:59」，也就是一天的時間。MySQL的時間型態欄位可以讓你儲存「經過的時間」這類的資料：

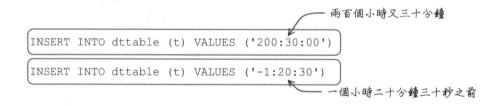

　　　　　　　　　　　　　　　　　　　　　　　　─ 兩百個小時又三十分鐘

```
INSERT INTO dttable (t) VALUES ('200:30:00')
```
```
INSERT INTO dttable (t) VALUES ('-1:20:30')
```

　　　　　　　　　　　　　　　　　　　　　　　　─ 一個小時二十分鐘三十秒之前

在指定一個時間資料的時候，你可以省略秒或分，省略的部份，MySQL 都會幫你設定為「0」：

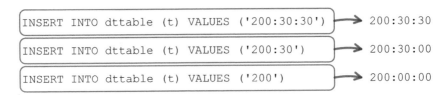

日期與時間（DATETIME）型態可以儲存完整的年、月、日與時、分、秒資料，範圍從「1000-01-01 00:00:00」到「9999-12-31 23:59:59」。在表示一個日期與時間資料的時候，日期與時間之間，至少要使用一個空白隔開。時間部份的時、分、秒都可以省略，省略的部份，MySQL 都會幫你設定為「0」：

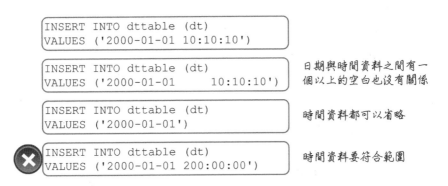

如果只需要儲存年份資料的話，可以使用西元年（YEAR）型態，這樣會節省很多儲存空間。你可以把西元年型態設定為兩位或四位數字，四位數字可以儲存的範圍從「1901」到「2155」。兩位數字的範圍從「00」到「99」，實際的西元年份是「1970」到「2069」。

在指定一個年份資料給西元年型態欄位的時候，可以使用字串值或數值來表示西元年份，不同個數的資料會有不同的儲存效果：

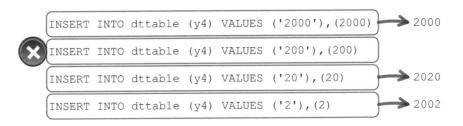

如果西元年型態欄位的值是「0」的話，MySQL 會把它當成是一個不正確的西元年資料，所以你應該不會指定這樣的資料，不過指定不同的資料也會有不同的儲存結果：

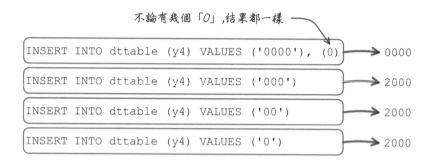

不論有幾個「0」，結果都一樣

```
INSERT INTO dttable (y4) VALUES ('0000'), (0)    → 0000
```
```
INSERT INTO dttable (y4) VALUES ('000')    → 2000
```
```
INSERT INTO dttable (y4) VALUES ('00')    → 2000
```
```
INSERT INTO dttable (y4) VALUES ('0')    → 2000
```

「TIMESTAMP」型態的格式與「DATETIME」一樣，都包含完整的年、月、日與時、分、秒資料，不過它使用的儲存空間只有 4 個位元組（bytes），是「DATETIME」型態的一半。「TIMESTAMP」也是 MySQL 日期與時間型態中具有「時區」特性的型態，它可以儲存從「1970-01-01 00:00:00」到目前經過的秒數。這個起始日期與時間使用「Coordinated Universal Time、UTC」世界標準時間為儲存資料的依據，它與「Greenwich Mean Time、GMT」格林威治標準時間是一樣的。

全世界分為許多不同時區（time zone），所有時區都使用跟標準時間的差異來當作自己的標準時間。MySQL 資料庫採用與作業系統同樣的時區設定，所以在儲存「TIMESTAMP」型態欄位的資料時，處理過程中會有一些計算的動作：

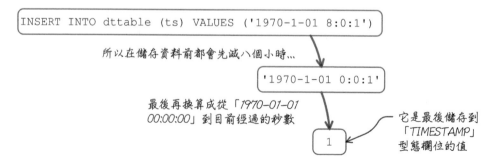

因為目前的時區比標準時間多八個小時...

```
INSERT INTO dttable (ts) VALUES ('1970-1-01 8:0:1')
```

所以在儲存資料前都會先減八個小時...

`'1970-1-01 0:0:1'`

最後再換算成從「1970-01-01 00:00:00」到目前經過的秒數

`1`

它是最後儲存到「TIMESTAMP」型態欄位的值

在查詢「TIMESTAMP」型態欄位資料的時候，也會有這樣的情況：

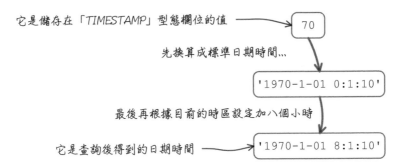

它是儲存在「TIMESTAMP」型態欄位的值 → 70

先換算成標準日期時間...

'1970-1-01 0:1:10'

最後再根據目前的時區設定加八個小時

它是查詢後得到的日期時間 → '1970-1-01 8:1:10'

瞭解時區設定與「TIMESTAMP」型態的關係後，你就可以知道下列的動作為什麼會發生錯誤了：

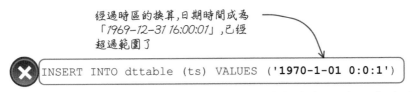

經過時區的換算，日期時間成為「1969-12-31 16:00:01」，已經超過範圍了

```
INSERT INTO dttable (ts) VALUES ('1970-1-01 0:0:1')
```
! Incorrect datetime value: '1970-1-01 0:0:1' for column 'ts' at row 1

你可以使用查詢敘述取得 MySQL 資料庫伺服器關於時區的設定：

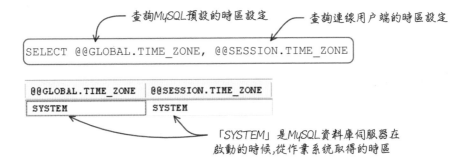

查詢MySQL預設的時區設定　　查詢連線用戶端的時區設定

```
SELECT @@GLOBAL.TIME_ZONE, @@SESSION.TIME_ZONE
```

@@GLOBAL.TIME_ZONE	@@SESSION.TIME_ZONE
SYSTEM	SYSTEM

「SYSTEM」是MySQL資料庫伺服器在啟動的時候，從作業系統取得的時區

如果想要設定其它的時區，可以使用「+時時:分分」或「-時時:分分」的格式。例如日本東京時區比格林威治標準時間晚九小時，你可以設定為「+09:00」。而美國舊金山比格林威治標準時間早七小時，可以設定為「-07:00」：

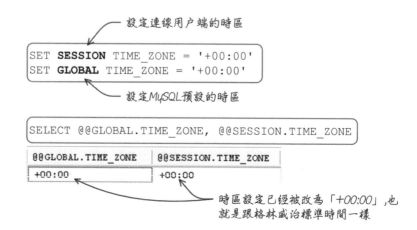

設定新的時區以後，使用下列的範例測試「DATETIME」和「TIMESTAMP」兩種型態，可以看出在儲存日期時間資料上的差異：

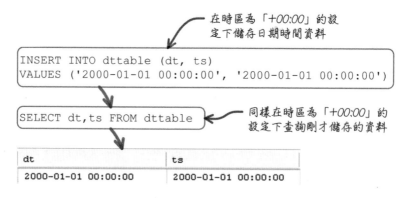

因為「TIMESTAMP」型態儲存的是格林威治標準時間，所以在修改時區後，查詢得到的日期時間資料就會有差異了：

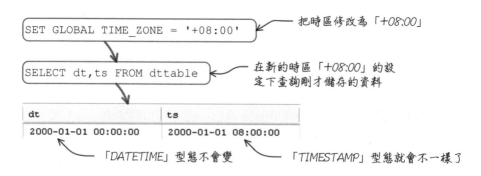

Chapter 8

表格

8.1 建立表格

在建立好資料庫以後，就可以根據儲存資料的需求，使用 SQL 敘述建立所有需要的表格（table）。需要建立表格的時候使用「CREATE TABLE」敘述，它的相關設定非常多，以建立「world.city」表格來說，它的敘述會像這樣：

使用「*CREATE TABLE*」敘述建立一個新的表格

決定這個表格所需要的欄位與索引,每一個欄位也要決定名稱,型態與其它屬性

```
CREATE TABLE city (
  ID int(11) NOT NULL auto_increment,
  Name char(35) NOT NULL default '',
  CountryCode char(3) NOT NULL default '',
  District char(20) NOT NULL default '',
  Population int(11) NOT NULL default '0',
  PRIMARY KEY  (ID)
) AUTO_INCREMENT=4080 DEFAULT CHARSET=latin1
```

在建立表格的時候設定表格的屬性

根據不同的需求，可以使用幾種不同的建立表格語法。下列是建立一個新表格的基本語法：

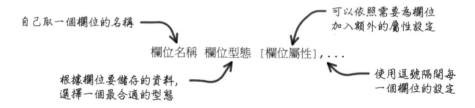

MySQL 規定一個表格中至少要有一個欄位，在設定表格的欄位時，至少要明確的決定欄位名稱與型態，其它的欄位設定都是選擇性的。如果有一個以上的欄位，每一個欄位的定義之間要使用逗號隔開：

自己取一個欄位的名稱 ─→

欄位名稱 欄位型態 [欄位屬性],...

↗ 可以依照需要為欄位加入額外的屬性設定

根據欄位要儲存的資料,選擇一個最合適的型態

↖ 使用逗號隔開每一個欄位的設定

根據上面的說明，就可以使用下列的 CREATE TABLE 敘述，建立一個儲存親友通訊錄的表格：

表格名稱為「addressbook」

```
CREATE TABLE addressbook (
    name      VARCHAR(20),
    tel       VARCHAR(20),
    address   VARCHAR(80),
    birthdate DATE
)
```

姓名,電話與地址使用「VARCHAR」字串型態

生日使用「DATE」型態

建立表格的時候可以使用「IF NOT EXISTS」選項，預防發生表格已經存在的錯誤：

如果表格不存在的話才會建立;如果已經存在的話就不會建立,也不會發生錯誤

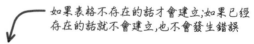

```
CREATE TABLE [IF NOT EXISTS] 表格名稱 (欄位定義,...)
```

8.1.1　表格屬性

建立表格的時候也可以加入需要的表格屬性（table attributes）設定，這裡會先說明關於儲存引擎、字元集和 collation 的屬性設定。如果在建立表格的時侯沒有指定這些屬性，MySQL 會使用伺服器預設的儲存引擎作為表格的儲存引擎，字元集與 collation 會使用資料庫預設的設定。

你可以針對表格的需求，設定它使用的儲存引擎、字元集與 collation：

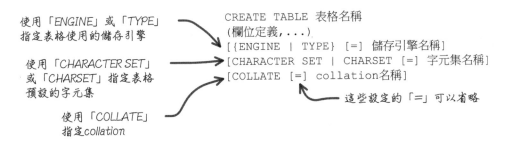

```
CREATE TABLE 表格名稱
(欄位定義,...)
[{ENGINE | TYPE} [=] 儲存引擎名稱]
[CHARACTER SET | CHARSET [=] 字元集名稱]
[COLLATE [=] collation名稱]
```

使用「ENGINE」或「TYPE」指定表格使用的儲存引擎

使用「CHARACTER SET」或「CHARSET」指定表格預設的字元集

使用「COLLATE」指定collation

這些設定的「=」可以省略

下列的敘述在建立「addressbook」表格的時候，使用「ENGINE」、「CHARCTER SET」和「COLLATE」設定表格自己使用的儲存引擎、字元集與 collation：

```
CREATE TABLE addressbook (
  name       VARCHAR(20),
  tel        VARCHAR(20),
  address    VARCHAR(80),
  birthdate DATE
) ENGINE = InnoDB
  CHARACTER SET = utf8
  COLLATE = utf8_unicode_ci
```

指定儲存引擎,字元集與 collation表格屬性

根據語法的說明，「CHARCTER SET」也可以使用比較簡短的「CHARSET」。另外在設定時都可以省略「=」。

MySQL 資料庫伺服器支援許多不同應用的儲存引擎，你可以使用「SHOW ENGINES」查詢：

```
SHOW ENGINES
```
← 查詢MySQL支援的儲存引擎

Engine	Support	Comment	Transactions	XA	Savepoints
MEMORY	YES	Hash based, stored in memory, us...	NO	NO	NO
FEDERATED	NO	Federated MySQL storage engine	NULL	NULL	NULL
MyISAM	YES	Default engine as of MySQL 3.23 ...	NO	NO	NO
BLACKHOLE	YES	/dev/null storage engine (anythi...	NO	NO	NO
MRG_MYISAM	YES	Collection of identical MyISAM t...	NO	NO	NO
CSV	YES	CSV storage engine	NO	NO	NO
ARCHIVE	YES	Archive storage engine	NO	NO	NO
InnoDB	DEFAULT	Supports transactions, row-level...	YES	YES	YES

「DEFAULT」表示目前MySQL預設的儲存引擎

在建立表格的時候，如果沒有使用「ENGINE」設定儲存引擎，那就會使用 MySQL 資料庫伺服器預設的儲存引擎。你可以使用下列的方式修改 MySQL 資料庫伺服器預設的儲存引擎設定：

- 修改設定檔：MySQL 資料庫伺服器在啟動時會讀取一個名稱為「my.ini」的設定檔，檔案中有許多啟動資料庫伺服器時需要的資訊。其中就包含預設的儲存引擎設定，你可以修改這個設定後再重新啟動資料庫伺服器，讓新的設定生效：

← 修改這個儲存引擎設定
```
...
default-storage-engine=InnoDB
...
```

- 設定儲存引擎：你也可以使用「SET」敘述設定預設的儲存引擎：

```
SET GLOBAL storage_engine = 儲存引擎
```
執行以後,所有連線到伺服器的用戶端都使用這個儲存引擎,伺服器重新啟動就失效

執行以後,只有用戶端自己使用這個儲存引擎,離線後就失效
```
SET SESSION storage_engine = 儲存引擎
SET storage_engine = 儲存引擎
```

在建立表格時指定字元集與 collation 會有一些不同的組合。如果只有指定字元集，MySQL 會使用你指定字元集的預設 collation：

設定為這個字元集預
設的Collation

Collation	Charset	Id	Default	Compiled	Sortlen
utf8_general_ci	utf8	33	Yes	Yes	1
utf8_bin	utf8	83		Yes	1
utf8_unicode_ci	utf8	192		Yes	8
utf8_icelandic_ci	utf8	193		Yes	8
utf8_latvian_ci	utf8	194		Yes	8

「yes」表示它是這個字
元集預設的Collation

如果只有使用「COLLATE」指定 collation，MySQL 會使用你指定 collation
所屬的字元集：

Collation	Charset	Id	Default	Compiled	Sortlen
utf8_general_ci	utf8	33	Yes	Yes	1
utf8_bin	utf8	83		Yes	1
utf8_unicode_ci	utf8	192		Yes	8
utf8_icelandic_ci	utf8	193		Yes	8
utf8_latvian_ci	utf8	194		Yes	8

設定為這個Collation所屬的字元集

建立表格的時候，不管你有沒有指定，表格都會有字元集與 collation 的設
定。在這個表格中的「非二進位制、non-binary」字串型態欄位，還有「ENUM」
與「SET」型態欄位，都會使用表格預設的字元集與 collation。

8.1.2　字串欄位屬性

如果一個欄位的型態是字串的話，你還可以依照需求加入字串型態的欄位
屬性（column attributes）。「非二進位制、non-binary」字串型態可以額外設
定字元集與 collation：

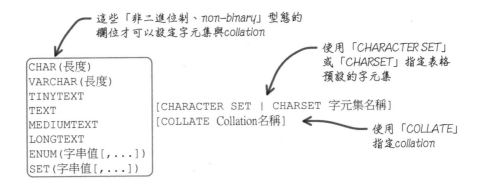

這些「非二進位制、non-binary」型態的
欄位才可以設定字元集與collation

```
CHAR(長度)
VARCHAR(長度)
TINYTEXT
TEXT
MEDIUMTEXT
LONGTEXT
ENUM(字串值[,...])
SET(字串值[,...])
```

使用「CHARACTER SET」
或「CHARSET」指定表格
預設的字元集

```
[CHARACTER SET | CHARSET 字元集名稱]
[COLLATE Collation名稱]
```

使用「COLLATE」
指定collation

每一個表格都會有一個預設的字元集與 collation 設定，如果沒有指定欄位的字元集與 collation，就會使用預設的設定：

```
CREATE TABLE addressbook (
  name       VARCHAR(20) CHARACTER SET big5,
  tel        VARCHAR(20),
  address    VARCHAR(80),
  birthdate DATE
) ENGINE = InnoDB
  CHARACTER SET = utf8
  COLLATE = utf8_unicode_ci
```

指定「name」欄位的字元集

沒有指定的就使用表格預設的字元集與collation

8.1.3 數值欄位屬性

數值型態欄位專用的屬性設定有「UNSIGNED」、「ZEROFILL」與「AUTO_INCREMENT」：

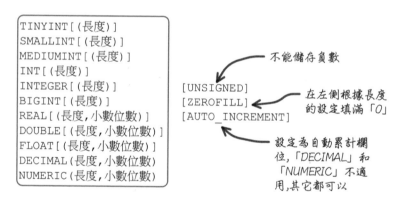

```
TINYINT[(長度)]
SMALLINT[(長度)]
MEDIUMINT[(長度)]
INT[(長度)]
INTEGER[(長度)]
BIGINT[(長度)]
REAL[(長度,小數位數)]
DOUBLE[(長度,小數位數)]
FLOAT[(長度,小數位數)]
DECIMAL(長度,小數位數)
NUMERIC(長度,小數位數)
```

[UNSIGNED]
[ZEROFILL]
[AUTO_INCREMENT]

不能儲存負數

在左側根據長度的設定填滿「0」

設定為自動累計欄位，「DECIMAL」和「NUMERIC」不適用,其它都可以

數值型態欄位設定為「UNSIGNED」與「ZEROFILL」的效果，在前面的內容已經說明。「AUTO_INCREMENT」的設定與索引有關，所以在索引的部份一起說明。

8.1.4 通用欄位屬性

除了字串與數值兩種欄位專用的屬性設定外，還有這些可以用在所有型態的欄位屬性：

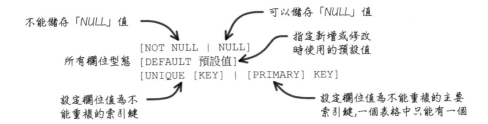

「NOT NULL」欄位屬性可以用來禁止欄位儲存「NULL」值。「NULL」值通常用來表示一個欄位的資料是「不確定」、「未知」或「沒有」。不過有一些欄位並不能出現「NULL」值，不然就會成為一筆很奇怪的紀錄了：

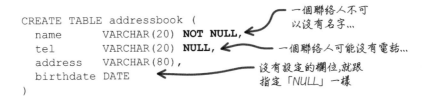

使用「NULL」或「NOT NULL」設定欄位屬性後，在查詢表格欄位資訊時，是在「Null」欄用「YES」或「NO」來表示：

「No」表示「NOT NULL」 　　　　　　　　　「Yes」表示「NULL」

Field	Type	Null	Key	Default	Extra
name	varchar(20)	NO		NULL	
tel	varchar(20)	YES		NULL	
address	varchar(80)	YES		NULL	
birthdate	date	YES		NULL	

如果一個表格中有欄位設定為「NOT NULL」，就要注意在新增或修改紀錄時指定的資料，不能夠違反這些規則：

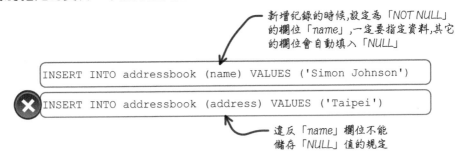

使用「DEFAULT」關鍵字可以設定欄位的預設值，你可以自己指定任何需要的預設值，在新增或修改資料的時候都有可能會使用到欄位的預設值。要特別注意 MySQL 限制你的預設值只能是「一個明確的值」，也就是預設值的設定不可以使用任何函式或運算式。

如果你沒有為欄位使用「DEFAULT」關鍵字設定預設值，而且也沒有設定為「NOT NULL」，MySQL 會自動為你加入「DEFAULT NULL」的預設值設定：

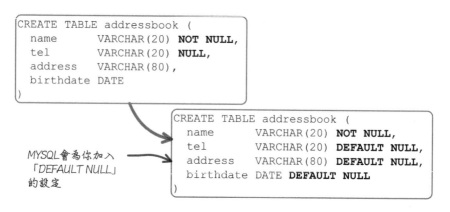

以通訊錄表格來說，如果紀錄的地址大部份都是「Taipei」的話，你可以為「address」欄位設定一個預設值：

```
CREATE TABLE addressbook (
  name      VARCHAR(20) NOT NULL,
  tel       VARCHAR(20),
  address   VARCHAR(80) DEFAULT 'Taipei',
  birthdate DATE
)
```
指定預設值為「Taipei」

使用「DEFAULT」關鍵字加入預設值的設定以後，就可以在新增或修改資料的時候使用：

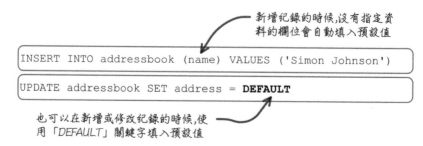

新增紀錄的時候，沒有指定資料的欄位會自動填入預設值

也可以在新增或修改紀錄的時候，使用「DEFAULT」關鍵字填入預設值

預設值的設定要注意下列的規則：

- 「BLOB」與「TEXT」欄位型態不可以使用 DEFAULT 關鍵字指定預設值，其它的欄位型態都可以。

- 不能與其它的欄位設定造成衝突。例如一個設定為「NOT NULL」的欄位，卻使用「DEFAULT NULL」設定預設值為「NULL」。

- 指定的預設值要符合欄位型態。例如「DATE」型態欄位不可以使用「DEFAULT 'Hello!'」指定錯誤的預設值。

「UNIQUE KEY」與「PRIMARY KEY」會在索引的部份一起說明。

8.1.5　TIMESTAMP 欄位型態與預設值

「TIMESTAMP」欄位是日期時間資料的一種型態，它除了具有時區的特性外，也可以搭配「DEFAULT」和「ON UPDATE」來完成一些比較特殊的需求：

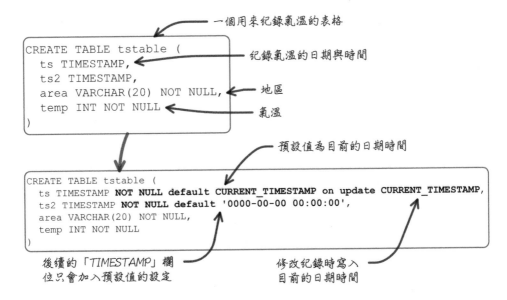

一個用來紀錄氣溫的表格

```
CREATE TABLE tstable (
  ts TIMESTAMP,
  ts2 TIMESTAMP,
  area VARCHAR(20) NOT NULL,
  temp INT NOT NULL
)
```

紀錄氣溫的日期與時間

地區

氣溫

預設值為目前的日期時間

```
CREATE TABLE tstable (
  ts TIMESTAMP NOT NULL default CURRENT_TIMESTAMP on update CURRENT_TIMESTAMP,
  ts2 TIMESTAMP NOT NULL default '0000-00-00 00:00:00',
  area VARCHAR(20) NOT NULL,
  temp INT NOT NULL
)
```

後續的「TIMESTAMP」欄位只會加入預設值的設定

修改紀錄時寫入目前的日期時間

在表格中使用「TIMESTAMP」型態的欄位，如果沒有設定它們的欄位屬性，MySQL 會自動幫你在「第一個 TIMESTAMP」欄位加入「NOT NULL」、「DEFAULT」和「ON UPDATE」三個欄位屬性的設定：

- 「NOT NULL」不允許你儲存「NULL」值。

- 「DEFAULT CURRENT_TIMESTAMP」設定預設值為目前的日期時間。在所有欄位型態中，只有「TIMESTAMP」可以使用「CURRENT_TIMESTAMP」指定預設值。其它的欄位型態，在指定預設值只能是一個明確的值。

- 「ON UPDATE」可以指定在修改紀錄的時候，MySQL 自動幫你填入的資料。

其它沒有設定欄位屬性的「TIMESTAMP」欄位，MySQL 會幫你加入「NOT NULL」與「DEFAULT」兩個欄位屬性。

「DEFAULT CURRENT_TIMESTAMP」欄位屬性的效果，在新增紀錄的時候就可以看得出來：

連續新增三筆紀錄...

```
INSERT INTO tstable (area, temp) VALUES ('NORTH', 25)
INSERT INTO tstable (area, temp) VALUES ('CENTRAL', 28)
INSERT INTO tstable (area, temp) VALUES ('SOUTH', 30)
```

ts	ts2	area	temp
2008-03-19 15:35:35	0000-00-00 00:00:00	NORTH	25
2008-03-19 15:36:08	0000-00-00 00:00:00	CENTRAL	28
2008-03-19 15:36:31	0000-00-00 00:00:00	SOUTH	30

這個欄位會自動填入新增紀錄時的日期時間

而「ON UPDATE CURRENT_TIMESTAMP」欄位屬性，會在修改紀錄的時候產生效果：

修改其中一筆紀錄...

```
UPDATE tstable SET temp = 32 WHERE area = 'South'
```

ts	ts2	area	temp
2008-03-19 15:35:35	0000-00-00 00:00:00	NORTH	25
2008-03-19 15:36:08	0000-00-00 00:00:00	CENTRAL	28
2008-03-19 15:39:16	0000-00-00 00:00:00	SOUTH	35

其它兩筆紀錄沒有影響，只有這筆修改的紀錄會再填入新的日期時間

TIMESTAMP 欄位型態很適合用來記錄資料新增或修改的日期與時間。可是如果在同一筆紀錄中，要使用一個欄位記錄新增資料的日期與時間，而使用另一個欄位記錄修改資料的日期與時間。為了應付這樣的需求，你可能會使用下列的欄位定義：

這個欄位用來儲存建立紀錄的時間

```
CREATE TABLE tstable2 (
  created TIMESTAMP DEFAULT CURRENT_TIMESTAMP,
  updated TIMESTAMP ON UPDATE CURRENT_TIMESTAMP,
  area VARCHAR(20) NOT NULL,
  temp INT NOT NULL
)
```

這個欄位用來儲存修改紀錄的時間

```
! Incorrect table definition; there can be only one
  TIMESTAMP column with CURRENT_TIMESTAMP in DEFAULT or ON
  UPDATE clause
```

這個錯誤訊息是說一個表格中，只能有一個「TIMESTAMP」欄位使用「CURRENT_TIMESTAMP」

在一個表格中，MySQL 限制 CURRENT_TIMESTAMP 只能在一個欄位出現。所以有這樣的需求時，你必須使用 MySQL 提供給你的特殊設定方式來解決：

儲存建立紀錄的時間欄位使用「0」代替「CURRENT_TIMESTAMP」

```
CREATE TABLE tstable2 (
  created TIMESTAMP DEFAULT 0,
  updated TIMESTAMP ON UPDATE CURRENT_TIMESTAMP,
  area VARCHAR(20) NOT NULL,
  temp INT NOT NULL
)
```

儲存修改紀錄時間的欄位不變

建立好這樣的表格以後，看起來雖然怪怪的，不過當你指定「created」欄位的值為「NULL」的時候，MySQL 會自動為你填入目前的日期與時間：

指定欄位的值為「NULL」

```
INSERT INTO tstable2 (created, area, temp) VALUES (NULL, 'NORTH', 25)
INSERT INTO tstable2 (created, area, temp) VALUES (NULL, 'CENTRAL', 28)
INSERT INTO tstable2 (created, area, temp) VALUES (NULL, 'SOUTH', 30)
```

會自動填入新增紀錄的日期時間

created	updated	area	temp
2009-03-23 13:59:57	0000-00-00 00:00:00	NORTH	25
2009-03-23 13:59:57	0000-00-00 00:00:00	CENTRAL	28
2009-03-23 13:59:57	0000-00-00 00:00:00	SOUTH	30

後續在修改資料的時候，就只會在「updated」欄位填入目前的日期與時間：

修改其中一筆紀錄...

```
UPDATE tstable2 SET temp = 32 WHERE area = 'South'
```

created	updated	area	temp
2009-03-23 13:59:57	0000-00-00 00:00:00	NORTH	25
2009-03-23 13:59:57	0000-00-00 00:00:00	CENTRAL	28
2009-03-23 13:59:57	2009-03-23 14:01:55	SOUTH	32

會自動填入修改紀錄時的日期時間

8.1.6　使用其它表格建立一個新表格

在資料庫中建立需要的表格，通常是使用上列說明的方式，根據自己的需求，建立一個新的表格來儲存需要保存的資料。在一些比較特別的情況，你可能會使用一個現有的表格來建立新的表格，這樣的需求可以使用下列的語法：

使用一樣的建立表格語法

```
CREATE TABLE [IF NOT EXISTS] 表格名稱
[(欄位定義,...)]
[表格屬性]
一個查詢敘述
```

使用這個查詢回傳的結果來建立
表格,包含查詢的欄位與紀錄

以「world」資料庫中的「city」表格來說，下列的查詢敘述可以傳回台灣的城市與人口數：

```
SELECT  Name, Population
FROM    world.city
WHERE   CountryCode='TWN'
```

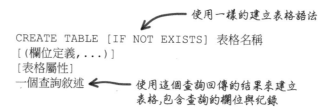

查詢台灣的城
市與人口數

Name	Population
Taipei	2641312
Kaohsiung	1475505
Taichung	940589
Tainan	728060
Panchiao	523850
Chungho	392176

...

如果你想要建立一個新表格，這個表格中的資料就是上列查詢的結果，就可以使用這種建立表格的語法：

```
CREATE  TABLE cityoftaiwan          建立表格的敘述
SELECT  Name, Population
FROM    world.city                  一個查詢敘述
WHERE   CountryCode='TWN'
```

使用這種語法建立的新表格，可以省略欄位定義的工作，新表格會使用原有表格的欄位名稱與定義，而且在查詢敘述中傳回的資料，會直接新增到新建立的表格中：

Field	Type		Null	Key	Default	Extra
ID	int(11)		NO	PRI	NULL	auto_increment
Name	char(35)		NO			
CountryCode	char(3)		NO			
District	char(20)		NO			
Population	int(11)		NO		0	

原來的城市表格結構

Field	Type		Null	Key	Default	Extra
Name	char(35)		NO			
Population	int(11)		NO		0	

新建立的表格結構

你也可以在建立新表格的時候，使用欄位定義來設定新表格的欄位型態與其它屬性：

自己定義的欄位與查詢結果的名稱, 數量和型態一定要符合

可以自己另外定義表格的欄位屬性

```
CREATE  TABLE cityoftaiwan2 (
  Name VARCHAR(30),
  Population INT UNSIGNED)
SELECT  Name, Population
FROM    world.city                  一個查詢敘述
WHERE   CountryCode='TWN'
```

如果需要的話，也可以加入查詢敘述中沒有的欄位：

也可以加如額外的欄位

在查詢結果中沒有「DESCRIPTION」欄位

```
CREATE  TABLE cityoftaiwan3 (
  Name VARCHAR(30),
  Population INT UNSIGNED,
  Description VARCHAR(50))
SELECT  Name, Population
FROM    world.city
WHERE   CountryCode='TWN'
```

使用這種語法建立表格時有下列幾個重點：

- MySQL 使用查詢結果的欄位名稱與型態來建立新的表格。

- 如果沒有指定儲存引擎、字元集或 collation 的話，建立的新表格使用資料庫預設的儲存引擎、字元集與 collation。

- 欄位的索引與「AUTO_INCREMENT」設定都會被忽略。

如果只需要借用一個已經存在的表格欄位定義，可是並不需要紀錄資料的話，你可以使用下列的語法建立新表格：

```
CREATE TABLE [IF NOT EXISTS] 表格名稱
{ LIKE 表格名稱 | (LIKE 表格名稱) }
```

使用建立表格語法

指定一個已經存在的表格名稱

前後可以使用左右刮號包起來

使用這種語法建立的新表格，並不會新增任何紀錄到新表格中，可是索引與「AUTO_INCREMENT」設定都會套用在新表格，除了下列兩個例外：

- 使用「MyISAM」儲存引擎時，你可以在建立表格的時候使用「DATA DIRECTORY」與「INDEX DIRECTORY」指定資料與索引檔案的資料夾位置。建立的新表格會忽略這些設定，而使用資料庫預設的資料夾。

- 欄位的「FOREIGN KEY」與表格的「REFERENCES」屬性設定都會被忽略。

8.1.7　建立暫存表格

上列討論的建立表格方式，都可以在建立表格的時候，依照需要加入「TEMPORARY」關鍵字，指定這個新建立的表格為「用戶端暫時存在」的表格：

加入「TEMPORARY」關鍵字

```
CREATE [TEMPORARY] TABLE [IF NOT EXISTS] 表格名稱
    ...
```

TEMPORARY 表格有下列重點：

- TEMPORARY 表格是每一個用戶端專屬的表格，用戶端離線後，MySQL 就會自動刪除這些表格。

- 因為 TEMPORARY 表格是用戶端專屬的表格，其它用戶端不能使用，所以不同的用戶端，使用同樣名稱建立 TEMPORARY 表格也沒有關係。

- TEMPORARY 表格名稱可以跟資料庫中的表格名稱一樣，不過在 TEMPORARY 表格存在的時候，資料庫中的表格會被隱藏起來。

- 只能使用「ALTER TABLE」修改 TEMPORARY 表格名稱，不可以使用「RENAME TABLE」修改 TEMPORARY 表格名稱。

8.2　修改與刪除表格

使用 CREATE TABLE 敘述建立表格以後，如果發現某個欄位或設定打錯，或是在使用一陣子以後，發覺表格中有一些設定不太對。在這些情況下，你可以使用「ALTER TABLE」敘述來修改一個表格的結構：

加入修改表格的設定

```
ALTER TABLE 表格名稱 修改定義[,...]
```

8.2.1　增加欄位

你可以使用下列的修改定義增加一個本來沒有的欄位：

增加一個新欄位,還可以指定新欄位的位置

```
ADD [COLUMN] 欄位定義 [FIRST | AFTER 欄位名稱]
ADD [COLUMN] (欄位定義[,...])
```

可以增加多個新欄位

如果你在增加欄位的時候，沒有指定新增欄位的位置，MySQL 會把這個欄位放在最後一個：

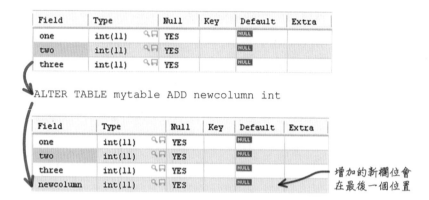

你可以搭配使用「FIRST」關鍵字，把新增的欄位放在第一個：

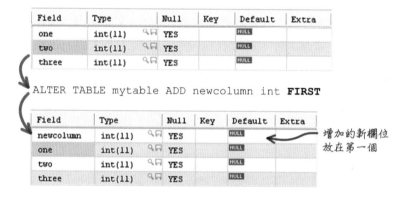

或是使用「AFTER」關鍵字，指定新增的欄位要放在哪一個欄位後面：

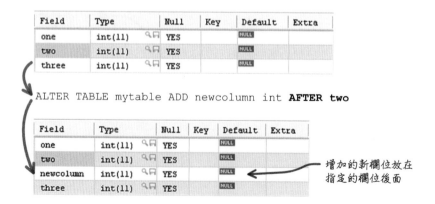

如果需要增加多個欄位的話，也可以使用下列的語法一次把需要新增的欄位，全部加到表格中。不過這種語法加入的新欄位，都會放在最後面的位置：

Field	Type		Null	Key	Default	Extra
one	int(11)	🔍🖵	YES		NULL	
two	int(11)	🔍🖵	YES		NULL	
three	int(11)	🔍🖵	YES		NULL	

```
ALTER TABLE mytable
ADD (newcolumn int, newcolumn2 int)
```

Field	Type		Null	Key	Default	Extra
one	int(11)	🔍🖵	YES		NULL	
two	int(11)	🔍🖵	YES		NULL	
three	int(11)	🔍🖵	YES		NULL	
newcolumn	int(11)	🔍🖵	YES		NULL	
newcolumn2	int(11)	🔍🖵	YES		NULL	

所有增加的新欄位
會在最後面的位置

8.2.2　修改欄位

如果需要修改欄位的名稱、型態、大小範圍或其它欄位屬性，可以使用下列兩種修改定義來執行修改的工作。「CHANGE」可以修改欄位的名稱與定義，「MODIFY」只能修改欄位的定義，不能修改欄位名稱：

可以修改指定欄位的名稱,定義與位置

```
CHANGE [COLUMN] 舊欄位名稱 新的欄位定義 [FIRST | AFTER 欄位名稱]
MODIFY [COLUMN] 欄位定義 [FIRST | AFTER 欄位名稱]
```

可以修改指定欄位的定義與位置

以下列使用「CHANGE」關鍵字修改表格的敘述來說，它將「one」欄位的名稱修改為「changecolumn」，型態從「INT」修改為「BIGINT」，而且把修改後的欄位位置放在「two」欄位後面：

Field	Type		Null	Key	Default	Extra
one	int(11)	🔍🏳	YES		NULL	
two	int(11)	🔍🏳	YES		NULL	
three	int(11)	🔍🏳	YES		NULL	

```
ALTER TABLE mytable
CHANGE one changecolumn BIGINT AFTER two
```

Field	Type		Null	Key	Default	Extra
two	int(11)	🔍🏳	YES		NULL	
changecolumn	bigint(20)	🔍🏳	YES		NULL	
three	int(11)	🔍🏳	YES		NULL	

下列使用「MODIFY」關鍵字修改表格的敘述，把「two」欄位的型態從「INT」修改為「BIGINT」，而且把修改後的欄位位置放在「three」欄位後面：

Field	Type		Null	Key	Default	Extra
one	int(11)	🔍🏳	YES		NULL	
two	int(11)	🔍🏳	YES		NULL	
three	int(11)	🔍🏳	YES		NULL	

```
ALTER TABLE mytable
MODIFY one BIGINT AFTER three
```

Field	Type		Null	Key	Default	Extra
two	int(11)	🔍🏳	YES		NULL	
three	int(11)	🔍🏳	YES		NULL	
one	bigint(20)	🔍🏳	YES		NULL	

8.2.3 刪除欄位

如果要刪除一個表格中不需要的欄位，可以使用下列的修改定義：

指定一個要刪除的欄位名稱

```
DROP [COLUMN] 欄位名稱
```

下列的敘述在執行以後會刪除名稱為「two」的欄位：

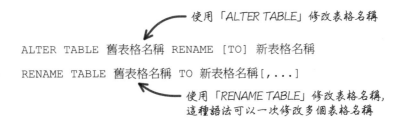

Field	Type	Null	Key	Default	Extra
one	int(11)	YES		NULL	
two	int(11)	YES		NULL	
three	int(11)	YES		NULL	

```
ALTER TABLE mytable DROP two
```

Field	Type	Null	Key	Default	Extra
one	int(11)	YES		NULL	
three	int(11)	YES		NULL	

8.2.4　修改表格名稱

如果需要修改表格的名稱，可以使用下列兩種敘述，包含在「ALTER TABLE」敘述中使用修改表格名稱的修改定義，還有使用「RENAME TABLE」敘述：

　　　　　　　　　　　　　　　　使用「ALTER TABLE」修改表格名稱

```
ALTER TABLE 舊表格名稱 RENAME [TO] 新表格名稱

RENAME TABLE 舊表格名稱 TO 新表格名稱[,...]
```

　　　　　　　　　　　使用「RENAME TABLE」修改表格名稱，
　　　　　　　　　　　這種語法可以一次修改多個表格名稱

下列兩個敘述都可以把「mytable」表格名稱修改為「mynewtable」：

```
ALTER TABLE mytable RENAME mynewtable

RENAME TABLE mytable TO mynewtable
```

8.2.5　刪除表格

你可以使用下列的敘述刪除一個不需要的表格：

如果表格存在的話就刪除它;如　　　　　　　　　　　*指定要刪除的表格名稱*
果不存在的話也不會發生錯誤

```
DROP TABLE [IF EXISTS] 表格名稱[,...]
```

使用「DROP TABLE」敘述執行刪除表格的工作時，MySQL 並不會再次跟你確認是否真的要刪除，而是真的就直接刪除了，表格儲存的紀錄資料也不見了。

8.3　查詢表格資訊

想要知道一個資料庫中有哪一些表格，可以執行下列的敘述：

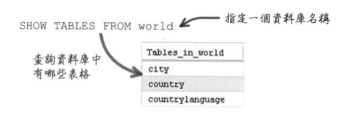

這個敘述可以使用「字串樣式」設定表格名稱的條件：

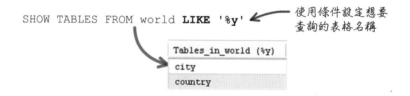

MySQL 資料庫伺服器在啟動以後，有一個名稱為「information_schema」的資料庫，這個資料庫通常會稱為「系統資訊資料庫」。這個資料庫中有一個表格叫作「TABLES」，它儲存所有 MySQL 資料庫中的表格相關資訊，TABLES 表格有下列主要的欄位：

欄位名稱	型態	說明
TABLE_SCHEMA	varchar(64)	資料庫名稱
TABLE_NAME	varchar(64)	表格名稱
ENGINE	varchar(64)	使用的儲存引擎名稱
TABLE_ROWS	bigint(21) unsigned	紀錄數量
AUTO_INCREMENT	bigint(21) unsigned	如果包含「AUTO_INCREMENT」欄位的話，這個欄位會儲存下一個編號
TABLE_COLLATION	varchar(32)	表格使用的 collation

執行下列的查詢敘述就可以查詢表格詳細的資訊：

```
SELECT TABLE_SCHEMA, TABLE_NAME, ENGINE, TABLE_ROWS,
       AUTO_INCREMENT,TABLE_COLLATION
FROM   information_schema.TABLES
WHERE  TABLE_SCHEMA = 'world'
```

TABLE_SCHEMA	TABLE_NAME	ENGINE	TABLE_ROWS	AUTO_INCREMENT	TABLE_COLLATION
world	city	MyISAM	4079	4080	latin1_swedish_ci
world	country	MyISAM	239	NULL	latin1_swedish_ci
world	countrylanguage	MyISAM	984	NULL	latin1_swedish_ci

MySQL 也提供下列的敘述讓你查詢一個表格的定義：

```
DESCRIBE world.country
DESC world.country
SHOW COLUMNS FROM world.country
SHOW FIELDS FROM world.country
```

這四種查詢
表格資訊的
結果都一樣

Field	Type	Null	Key	Default	Extra
Code	char(3)	NO	PRI		
Name	char(52)	NO			
Continent	enum('Asia','Europe',..	NO		Asia	
Region	char(26)	NO			
SurfaceArea	float(10,2)	NO		0.00	
IndepYear	smallint(6)	YES		NULL	
Population	int(11)	NO		0	

...

下列的敘述可以查詢建立表格的「CREATE TABLE」敘述：

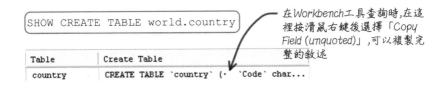

在Workbench工具查詢時,在這
裡按滑鼠右鍵後選擇「Copy
Field (unquoted)」,可以複製完
整的敘述

Table	Create Table
country	CREATE TABLE `country` (· `Code` char...

回傳的「Create Table」欄位內容就是一個建立表格的敘述：

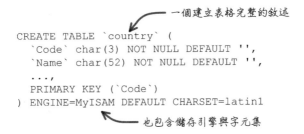

一個建立表格完整的敘述

```
CREATE TABLE `country` (
  `Code` char(3) NOT NULL DEFAULT '',
  `Name` char(52) NOT NULL DEFAULT '',
  ...,
  PRIMARY KEY (`Code`)
) ENGINE=MyISAM DEFAULT CHARSET=latin1
```

也包含儲存引擎與字元集

Chapter 9

索引

9.1 索引介紹

資料庫與表格是 MySQL 資料庫的基本元件，依照需求建立好的資料庫與表格，就可以使用它們來為你保存資料。一個設計良好的資料庫，不論是資料的正確性，還有後續的維護與查詢都比較不會發生問題。除了好好規劃與建立資料庫與表格外，你還可以利用「索引、index」預防你的資料出現問題，尤其是表格儲存非常大量的紀錄時，建立適當的索引，可以增加查詢與維護資料的效率。

以「MyISAM」儲存引擎來說，資料表儲存的紀錄資料，是儲存在電腦中的一個檔案：

```
city.frm
city.MYD
city.MYI
```

「MYD」檔案儲存表格的紀錄資料,如果紀錄很多的話,這個檔案就會越大

當你執行一個像這樣的查詢敘述時：

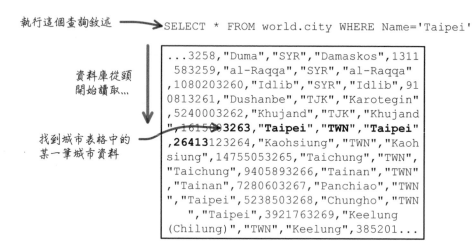

執行這個查詢敘述 ────→ `SELECT * FROM world.city WHERE Name='Taipei'`

資料庫從頭
開始讀取...

找到城市表格中的
某一筆城市資料

```
...3258,"Duma","SYR","Damaskos",1311
 583259,"al-Raqqa","SYR","al-Raqqa"
,1080203260,"Idlib","SYR","Idlib",91
0813261,"Dushanbe","TJK","Karotegin"
,5240003262,"Khujand","TJK","Khujand
",1615003263,"Taipei","TWN","Taipei"
,26413123264,"Kaohsiung","TWN","Kaoh
siung",14755053265,"Taichung","TWN",
"Taichung",9405893266,"Tainan","TWN"
,"Tainan",7280603267,"Panchiao","TWN
","Taipei",5238503268,"Chungho","TWN
",Taipei",3921763269,"Keelung
(Chilung)","TWN","Keelung",385201...
```

資料庫要找到你查詢或維護的紀錄，如果沒有索引幫助的話，就會從頭開始一邊讀取，一邊判斷是否有符合條件的資料。你可以為表格建立索引來改善這種比較沒有效率的方式：

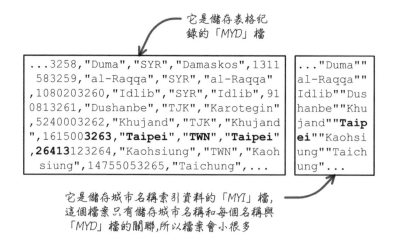

它是儲存表格紀
錄的「MYD」檔

```
...3258,"Duma","SYR","Damaskos",1311
 583259,"al-Raqqa","SYR","al-Raqqa"
,1080203260,"Idlib","SYR","Idlib",91
0813261,"Dushanbe","TJK","Karotegin"
,5240003262,"Khujand","TJK","Khujand
",1615003263,"Taipei","TWN","Taipei"
,26413123264,"Kaohsiung","TWN","Kaoh
siung",14755053265,"Taichung",...
```

```
..."Duma""
al-Raqqa""
Idlib""Dus
hanbe""Khu
jand""Taip
ei""Kaohsi
ung""Taich
ung"...
```

它是儲存城市名稱索引資料的「MYI」檔，
這個檔案只有儲存城市名稱和每個名稱與
「MYD」檔的關聯，所以檔案會小很多

建立城市名稱的索引檔以後，同樣執行下列的查詢敘述，MySQL 會自動使用索引來快速找到你需要的資料：

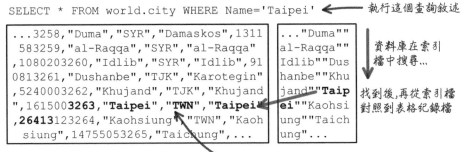

　　索引分為主索引鍵（primary key）、唯一索引（unique index）與非唯一索引（non-unique index）三種。主索引鍵的應用很常見，而且一個表格通常會有一個，而且只能有一個。在一個表格中，設定為主索引鍵的欄位值不可以重複，而且不可以儲存「NULL」值。因為這樣的限制，所以很適合使用在編碼、代號或身份證字號這類欄位。

　　唯一索引也稱為「不可重複索引」，在一個表格中，設定為唯一索引的欄位值不可以重複，但是可以儲存「NULL」值。這種索引適合使用在員工資料表格中儲存電子郵件帳號的欄位，因為員工不一定有電子郵件帳號，所以允許儲存 NULL 值，可是每一個員工的電子郵件帳號都不可以重複。

　　上列兩種索引都可以預防儲存的資料發生重複的問題，也可以增加查詢與維護資料的效率。非唯一索引就只是用來增加查詢與維護資料的效率。設定為非唯一索引的欄位值可以重複，也可以儲存 NULL 值。

9.2　建立索引

　　MySQL 提供許多不同的方式讓你建立需要的索引。通常在規劃一個資料庫的時候，會把表格所需要的索引一併規劃好，在這樣的情況下，你可以把建立索引的定義，加在「CREATE TABLE」敘述中，建立表格的時候就一起把索引建立好。不過也有可能在使用表格一陣子以後，才發覺有建立索引的需求，在這樣的情況下，你可以使用「ALTER TABLE」或「CREATE INDEX」建立需要的索引。

9.2.1 在建立表格的時候建立索引

在建立表格的敘述中,你會定義表格所需要的欄位,在欄位的定義中,除了名稱、型態與屬性,還可以加入「唯一索引」與「主索引鍵」的定義:

以下列這個建立聯絡簿的表格來說,你可以在「id」欄位後面加入「PRIMARY KEY」,指定「id」欄位為主索引鍵,這表示「id」欄位的值不可以重複,而且不可以儲存「NULL」值。另外在「email」欄位加入「UNIQUE KEY」,指定「email」欄位為唯一索引,這表示「email」欄位的值不可以重複:

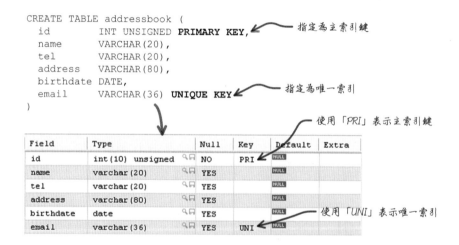

下列是另外一種在「CREATE TABLE」敘述中建立索引的語法:

```
                          在建立一個新表格的時候...
CREATE TABLE 表格名稱  (                 在所有欄位定義的後面...
    欄位定義[,...],
    PRIMARY KEY [索引種類] (索引欄位[,...]),
    UNIQUE {INDEX | KEY} [索引名稱] [索引種類] (索引欄位[,...]),
    {INDEX | KEY} [索引名稱] [索引種類] (索引欄位[,...]),
    {FULLTEXT | SPATIAL} [INDEX | KEY] [索引名稱] (索引欄位[,...])
)
```

可以定義這個表格要建立的主索引鍵,唯一索引,一般索引與全文索引

同樣以建立儲存聯絡簿的表格來說，下列兩種建立索引語法的效果是一樣的：

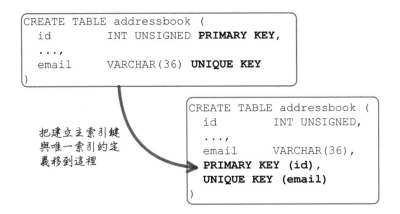

```
CREATE TABLE addressbook (
   id        INT UNSIGNED PRIMARY KEY,
   ...,
   email     VARCHAR(36) UNIQUE KEY
)
```

把建立主索引鍵
與唯一索引的定
義移到這裡

```
CREATE TABLE addressbook (
   id        INT UNSIGNED,
   ...,
   email     VARCHAR(36),
   PRIMARY KEY (id),
   UNIQUE KEY (email)
)
```

如果你要建立一般索引（可以重複的索引），或是要建立包含多個欄位的索引，就一定要把建立索引的定義加在所有欄位定義後面：

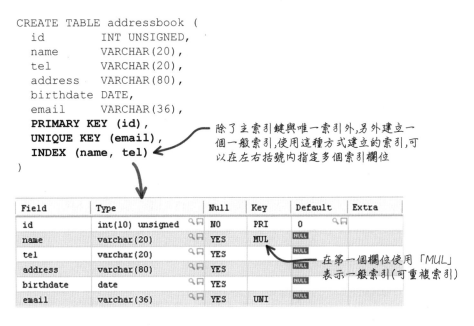

```
CREATE TABLE addressbook (
   id        INT UNSIGNED,
   name      VARCHAR(20),
   tel       VARCHAR(20),
   address   VARCHAR(80),
   birthdate DATE,
   email     VARCHAR(36),
   PRIMARY KEY (id),
   UNIQUE KEY (email),
   INDEX (name, tel)
)
```

除了主索引鍵與唯一索引外，另外建立一
個一般索引，使用這種方式建立的索引，可
以在左右括號內指定多個索引欄位

Field	Type		Null	Key	Default		Extra
id	int(10) unsigned	🔍🗔	NO	PRI	0	🔍🗔	
name	varchar(20)	🔍🗔	YES	MUL	NULL		
tel	varchar(20)	🔍🗔	YES		NULL		
address	varchar(80)	🔍🗔	YES		NULL		
birthdate	date	🔍🗔	YES		NULL		
email	varchar(36)	🔍🗔	YES	UNI	NULL		

在第一個欄位使用「MUL」
表示一般索引(可重複索引)

在建立索引的時候，你可以指定某一個欄位為建立索引的欄位。有時候你只想要為一個字串型態欄位的部份資料建立索引，或是指定建立的索引資料，是要依照由小到大，還是由大到小排列。有這樣的需求時，你可以依照下列的語法來指定：

```
CREATE TABLE 表格名稱 (
   欄位定義[,...],
   PRIMARY KEY [索引種類] (索引欄位[,...]),
   UNIQUE {INDEX | KEY} [索引名稱] [索引種類] (索引欄位[,...]),
   {INDEX | KEY} [索引名稱] [索引種類] (索引欄位[,...]),
   {FULLTEXT | SPATIAL} [INDEX | KEY] [索引名稱] (索引欄位[,...])
)
```

欄位名稱 [(長度)] [**ASC** | DESC]

可以指定建立索引的長度

索引的排列由小到大,預設的設定

索引的排列由大到小

以建立聯絡簿的表格來說,為地址資料「address」欄位建立索引的時候,如果你希望建立地址前五個字元的索引資料,而且依照由大到小的順序:

```
CREATE TABLE addressbook (
   ...,
   address   VARCHAR(80),
   ...,
   INDEX (address (5) DESC)
)
```

只有使用「address」欄位的前五個字元製作索引,而且由大到小排列

只有「CHAR」、「VARCHAR」、「BINARY」與「VARBINARY」型態的欄位可以指定製作索引的長度。「ASC」或「DESC」可以使用在任何型態的欄位。

如果一個表格使用的儲存引擎是「MEMORY」的話,建立索引的時候還可以額外指定索引使用的「演算法、algorithm」。使用其它儲存引擎的表格,MySQL會忽略這個設定。索引使用的演算法有「BTREE」與「HASH」兩種,你可以使用下列的語法來指定索引使用的演算法:

```
CREATE TABLE 表格名稱 (
   欄位定義[,...],
   PRIMARY KEY [索引種類] (索引欄位[,...]),
   UNIQUE {INDEX | KEY} [索引名稱] [索引種類] (索引欄位[,...]),
   {INDEX | KEY} [索引名稱] [索引種類] (索引欄位[,...]),
   {FULLTEXT | SPATIAL} [INDEX | KEY] [索引名稱] (索引欄位[,...])
)
```

USING {BTREE | **HASH**}

如果沒有指定話,預設為「HASH」

預設的「HASH」演算法適合用在主索引鍵和唯一索引，這種演算法在搜尋不能重複的資料時，效率會比較好。而「BTREE」演算法適合用在可以允許重複資料的一般索引，在搜尋上會比 HASH 有更好的效率。

「FULLTEXT」索引只能用在「CHAR」、「VARCHAR」與「TEXT」型態的欄位，而且表格使用的儲存引擎必須是「MyISAM」。「SPATIAL」索引是「SPATIAL」型態欄位專用的，而且表格使用的儲存引擎必須是「MyISAM」。

9.2.2　在修改表格的時候建立索引

如果想要為一個已經存在的表格建立索引，可以使用修改表格的「ALTER TABLE」敘述：

在修改一個表格的時候...

```
ALTER TABLE 表格名稱
  ADD PRIMARY KEY [索引種類] (索引欄位[,...])
| ADD UNIQUE {INDEX | KEY} [索引名稱] [索引種類] (索引欄位[,...])
| ADD {INDEX | KEY} [索引名稱] [索引種類] (索引欄位[,...])
| ADD {FULLTEXT | SPATIAL} [INDEX | KEY] [索引名稱] (索引欄位[,...])
```

可以定義這個表格要建立的主索引鍵,唯一索引,一般索引與全文索引

以下列的範例來說，在建立聯絡簿表格時沒有建立索引，可以另外使用「ALTER TABLE」敘述建立需要的索引，不過一個 ALTER TABLE 敘述只能建立一個索引：

```
CREATE TABLE addressbook (
  id        INT UNSIGNED,
  name      VARCHAR(20),
  tel       VARCHAR(20),
  address   VARCHAR(80),
  birthdate DATE,
  email     VARCHAR(36)
)
```

一個已經建立好的表格,不過在建立表格的時候忘記建立索引了

```
ALTER TABLE addressbook
ADD PRIMARY KEY (id)
```

```
ALTER TABLE addressbook
ADD UNIQUE KEY (email)
```

```
ALTER TABLE addressbook
ADD INDEX (name, tel)
```

```
ALTER TABLE addressbook
ADD INDEX (address (5) DESC)
```

使用「ALTER TABLE」建立索引,不過一次只能建立一個

9.2.3 使用「CREATE INDEX」建立索引

需要為一個已經存在的表格建立索引，除了使用「ALTER TABLE」敘述建立索引外，還可以使用「CREATE INDEX」敘述建立唯一索引與一般索引：

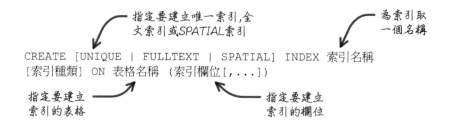

使用「CREATE INDEX」敘述只能建立唯一索引與一般索引，你還是要使用「ALTER TABLE」敘述建立主索引鍵：

```
CREATE TABLE addressbook (
  id        INT UNSIGNED,
  name      VARCHAR(20),
  tel       VARCHAR(20),
  address   VARCHAR(80),
  birthdate DATE,
  email     VARCHAR(36)
)
```
一個已經建立好的表格，不過在建立表格的時候忘記建立索引了

```
ALTER TABLE addressbook
ADD PRIMARY KEY (id)
```
「CREATE INDEX」不能建立主索引鍵

```
CREATE UNIQUE INDEX email_index
ON addressbook (email)
```

```
CREATE INDEX name_tel_index
ON addressbook (name, tel)
```
使用「CREATE INDEX」建立索引

```
CREATE INDEX address_index
ON addressbook (address (5) DESC)
```

為一個已經存在的表格建立索引時，要特別注意主索引鍵與唯一索引這兩種索引。如果這個表格沒有任何紀錄資料的話，那就不會有問題。可是如果表格中已經有紀錄了，在你想要建立一個主索引鍵時，有可能會發生下列的錯誤：

已經儲存一個「NULL」值...

id	name	tel	address	birthdate	email
NULL	Simon	12345678	Taipei	1968-11-20	simon@macspeed.net
101	mary	87654321	Taipei	1975-08-13	simon@macspeed.net

```
ALTER TABLE addressbook ADD PRIMARY KEY (id)
```

! Data truncated for column 'id' at row 1

因為儲存的資料造成建立索引時的錯誤

為一個已經存在、而且已經有紀錄的表格建立唯一索引時，也有可能會發生下列的錯誤：

已經儲存重複的資料...

id	name	tel	address	birthdate	email
NULL	Simon	12345678	Taipei	1968-11-20	simon@macspeed.net
101	mary	87654321	Taipei	1975-08-13	simon@macspeed.net

```
CREATE UNIQUE INDEX email_index ON addressbook (email)
```

! Duplicate entry 'simon@macspeed.net' for key 1

因為儲存的資料造成建立索引時的錯誤

9.3　索引的名稱與刪除索引

在「CREATE TABLE」或是「ALTER TABLE」敘述中建立索引的話，你可以為建立的索引取一個名稱：

```
CREATE TABLE 表格名稱 (
  欄位定義[,...],
  PRIMARY KEY [索引種類] (索引欄位[,...]),
  UNIQUE {INDEX | KEY} [索引名稱] [索引種類] (索引欄位[,...]),
  {INDEX | KEY} [索引名稱] [索引種類] (索引欄位[,...]),
  {FULLTEXT | SPATIAL} [INDEX | KEY] [索引名稱] (索引欄位[,...])
)
```

```
ALTER TABLE 表格名稱
  ADD PRIMARY KEY [索引種類] (索引欄位[,...])
| ADD UNIQUE {INDEX | KEY} [索引名稱] [索引種類] (索引欄位[,...])
| ADD {INDEX | KEY} [索引名稱] [索引種類] (索引欄位[,...])
| ADD {FULLTEXT | SPATIAL} [INDEX | KEY] [索引名稱] (索引欄位[,...])
```

使用這兩種方式建立的索引,都可以自己
決定要不要幫建立的索引取一個名稱

　　如果在使用上列語法建立索引的時候沒有指定索引名稱，MySQL 會幫你取一個，索引的名稱就是欄位名稱，如果是多個欄位的索引，就會使用第一個欄位當作索引名稱。使用「**CREATE INDEX**」建立索引的時候，就一定要指定一個索引名稱：

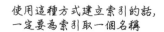

使用這種方式建立索引的話，
一定要為索引取一個名稱

```
CREATE [UNIQUE | FULLTEXT | SPATIAL] INDEX 索引名稱
[索引種類] ON 表格名稱 (索引欄位[,...])
```

　　一般的操作並不會用到索引名稱。不過在刪除索引的時候就會用到。

　　如果一個建立好的索引已經不需要了，為了節省儲存的空間，你可以使用下列的語法刪除索引：

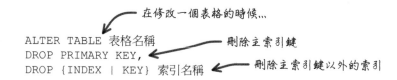

在修改一個表格的時候...

```
ALTER TABLE 表格名稱
DROP PRIMARY KEY,          刪除主索引鍵
DROP {INDEX | KEY} 索引名稱   刪除主索引鍵以外的索引
```

下列的敘述使用「**ALTER TABLE**」敘述刪除不需要的索引：

```
DROP INDEX 'PRIMARY' ON addressbook    刪除主索引鍵

DROP INDEX email ON addressbook

DROP INDEX name ON addressbook         刪除主索引鍵以外的索引

DROP INDEX address ON addressbook
```

你也可以使用下列的「**DROP INDEX**」敘述刪除不需要的索引：

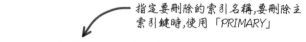

指定要刪除的索引名稱,要刪除主
索引鍵時,使用「PRIMARY」

```
DROP INDEX 索引名稱 ON 表格名稱
```

　　使用「**ALTER TABLE**」敘述可以一次刪除多個索引，**DROP INDEX** 敘述一次只能刪除一個索引：

DROP INDEX 'PRIMARY' ON addressbook　刪除主索引鍵

DROP INDEX email ON addressbook

DROP INDEX name ON addressbook　刪除主索引鍵以外的索引

DROP INDEX address ON addressbook

9.4　數值欄位型態與 AUTO_INCREMENT

在資料庫的應用中，經常需要為紀錄「編流水號」。如果表格中的每一筆紀錄都需要一個遞增的數值編號，你可以為欄位選擇整數型態後，再加入「AUTO_INCREMENT」欄位屬性：

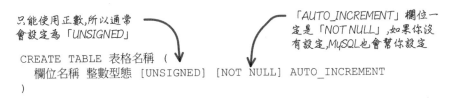

只能使用正數，所以通常會設定為「UNSIGNED」

「AUTO_INCREMENT」欄位一定是「NOT NULL」，如果你沒有設定，MySQL也會幫你設定

```
CREATE TABLE 表格名稱 (
    欄位名稱 整數型態 [UNSIGNED] [NOT NULL] AUTO_INCREMENT
)
```

如果一個公司想要儲存員工開會的資料，你可以在建立開會資料表格的時候，為這個表格定義一個儲存開會資料編號的欄位，這個欄位需要自動遞增，而且會為它建立主索引鍵：

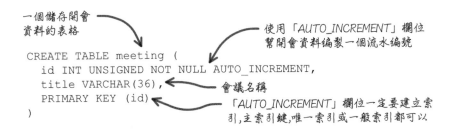

一個儲存開會資料的表格

使用「AUTO_INCREMENT」欄位幫開會資料編製一個流水編號

```
CREATE TABLE meeting (
    id INT UNSIGNED NOT NULL AUTO_INCREMENT,
    title VARCHAR(36),
    PRIMARY KEY (id)
)
```

會議名稱

「AUTO_INCREMENT」欄位一定要建立索引，主索引鍵、唯一索引或一般索引都可以

建立開會資料表格以後，另外建立一個儲存參加會議的員工資料表格：

儲存參加開會的員工表格

```
CREATE TABLE participate (
    id INT UNSIGNED NOT NULL,
    empno INT(11),
    INDEX (id)
)
```

會議編號

員工編號

設定為 AUTO_INCREMENT 的整數欄位，在新增資料的時候可以不用指定數值，MySQL 會為你自動編製一個流水號並儲存在紀錄中。而接著要新增參加這次開會的員工資料到「participate」表格時，你需要用到 MySQL 剛才為你在「meeting」表格中自動編製的流水號，這樣的需求可以使用「LAST_INSERT_ID()」函式來取得：

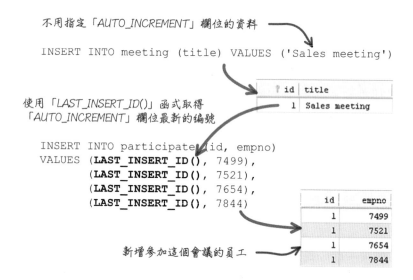

不用指定「AUTO_INCREMENT」欄位的資料

```
INSERT INTO meeting (title) VALUES ('Sales meeting')
```

id	title
1	Sales meeting

使用「LAST_INSERT_ID()」函式取得
「AUTO_INCREMENT」欄位最新的編號

```
INSERT INTO participate (id, empno)
VALUES (LAST_INSERT_ID(), 7499),
       (LAST_INSERT_ID(), 7521),
       (LAST_INSERT_ID(), 7654),
       (LAST_INSERT_ID(), 7844)
```

id	empno
1	7499
1	7521
1	7654
1	7844

新增參加這個會議的員工

新增這些開會與參加會議的員工資料後，就可以使用結合查詢來查詢開會資料：

```
SELECT m.id, m.title, p.empno, e.ename
FROM   meeting m, participate p, emp e
WHERE  m.id = p.id AND p.empno = e.empno
```

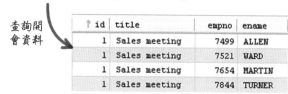

查詢開
會資料

id	title	empno	ename
1	Sales meeting	7499	ALLEN
1	Sales meeting	7521	WARD
1	Sales meeting	7654	MARTIN
1	Sales meeting	7844	TURNER

在新增開會資料的時候，需要讓 MySQL 為你自動編製與儲存流水號，有下列幾種作法：

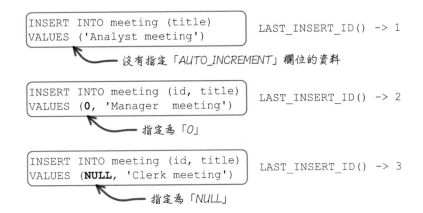

MySQL 是一個可以讓多人同時使用的資料庫，使用 LAST_INSERT_ID()函式取得自動編製的流水號數值，並不會因為不同的用戶端同時使用而造成混亂：

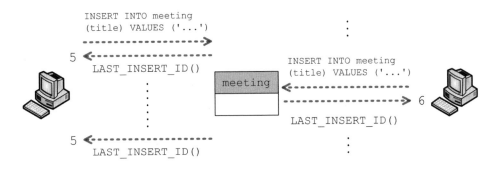

AUTO_INCREMENT 欄位的一般用法通常是用來儲存從「1」開始的流水號，每一筆新增的紀錄都會自動加一成為新的編號。可是如果在新增紀錄的時候，自己指定 AUTO_INCREMENT 欄位一個數值，就會造成下列的情況：

LAST_INSERT_ID()

| INSERT INTO meeting (title) ... | 1 |

| INSERT INTO meeting (title) ... | 2 |

| INSERT INTO meeting (id, title)
VALUES (**100**, '...') | **2** | ← 雖然紀錄中儲存的編號是「100」，不過「LAST_INSERT_ID()」函式取得的數字是「2」 |

| INSERT INTO meeting (title) ... | 101 |

| INSERT INTO meeting (title) ... | 102 |

「AUTO_INCREMENT」欄位在你刪除紀錄以後，也不會幫你重新使用已經用過的編號：

使用「TRUNCATE TABLE」敘述刪除包含「AUTO_INCREMENT」欄位表格的所有紀錄，編號會重新從頭開始。

不要指定值、或指定「NULL」值給「AUTO_INCREMENT」欄位，都可以讓 MySQL 為你自動編製一個流水號，並儲存到紀錄中，這兩種也是比較好的作法。指定「AUTO_INCREMENT」欄位值為「0」的作法也有同樣的效果，不過會因為 MySQL 資料庫伺服器的環境設定而有不同的影響：

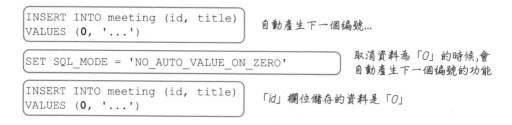

如果你需要編製的流水號範圍是非常大的，你應該選擇 AUTO_INCREMENT 欄位的型態為「BIGINT」。MySQL 另外提供一個「SERIAL」關鍵字，讓你在定義這種欄位時可以比較方便一些：

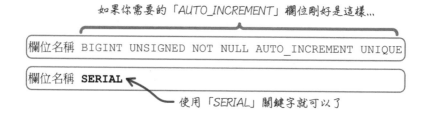

使用「MyISAM」儲存引擎的表格，可以使用下列這種比較特殊的 AUTO_INCREMENT 欄位：

```
CREATE TABLE travelautoincr (
  empno INT(11) NOT NULL,
  location VARCHAR(16) NOT NULL,
  counter SMALLINT UNSIGNED NOT NULL AUTO_INCREMENT,
  PRIMARY KEY (empno, location, counter)
) ENGINE=MyISAM
```

只有「MyISAM」　　　　在主索引鍵中包含「AUTO_INCREMENT」欄位
儲存引擎支援

這樣的設定同樣是請 MySQL 為你自動編製流水號，不過因為 AUTO_INCREMENT 欄位包含在主索引鍵中，編製流水號的動作會不太一樣：

根據員工的出差情形新增出差資料...

```
INSERT INTO travelautoincr (empno, location)
VALUES (7369, 'CHICAGO'), (7369, 'CHICAGO'),
       (7499, 'DALLAS'), (7499, 'DALLAS'), (7499, 'DALLAS'),
       (7566, 'BOSTON'), (7566, 'BOSTON')
```

empno	location	counter
7369	CHICAGO	1
7369	CHICAGO	2
7499	DALLAS	1
7499	DALLAS	2
7499	DALLAS	3
7566	BOSTON	1
7566	BOSTON	2

員工「7369」到「CHICAGO」出差兩次

員工「7499」到「DALLAS」出差三次

員工「7566」到「BOSTON」出差兩次

在上列的範例中，是把「empno,location,counter」設定為主索引鍵。如果設定為唯一索引的話，也會有一樣的效果。設定為一般索引的話，會造成錯誤。

使用 AUTO_INCREMENT 欄位屬性有下列幾個重點：

■ 一個表格只能有一個 AUTO_INCREMENT 欄位，而且要為它建立一個索引，通常是建立主索引鍵或唯一索引，這樣可以防止重複的編號。不過 MySQL 也允許你建立可重複的索引。

■ 只有整數型態才可以使用 AUTO_INCREMENT 欄位屬性，你可以根據編號大小的需求，選擇使用「TINYINT」、「SMALLINT」、「MEDIUMINT」、「INT」或「BIGINT」，而且因為只會使用到正數，所以你可以加入「UNSIGNED」來增加編號的範圍。

■ 如果編號已經到欄位型態的最大範圍，例如一個「SMALLINT」型態，而且是指定為「UNSIGNED」的 AUTO_INCREMENT 欄位，編號已經到「65535」了，如果再執行新增的敘述，就會造成「Duplicate entry '65535' for key '欄位名稱'」的錯誤。

9.5 查詢索引資訊

MySQL 提供「SHOW INDEX」敘述查詢一個表格的索引詳細資訊，下列是執行這個敘述以後，傳回的主要欄位資料：

版本	代碼名稱
Table	表格名稱
Non_unique	「0」表示不可重複；「1」可以重複
Key_name	索引名稱
Seq_in_index	單一欄位的索引為「1」；多個欄位的索引表示建立索引的欄位順序
Column_name	索引欄位名稱
Sub_part	如果是指定長度的索引，這裡會顯示長度；不是的話顯示「NULL」
Null	是否允許「NULL」值
Index_type	索引種類，「BTREE」或「HASH」

你可以在「SHOW INDEX FROM」後面指定一個表格名稱，執行以後就可以查詢這個表格所有的索引資訊：

```
CREATE TABLE addressbook (
  ...,
  PRIMARY KEY (id),
  UNIQUE KEY (email),
  INDEX (name, tel),
  INDEX (address (5) DESC)
)
```

```
SHOW INDEX FROM addressbook        指定一個表格名稱
```

Table	Non_unique	Key_name	Seq_in_index	Column_name	Null	Sub_part	Index_type
addressbook	0	PRIMARY	1	id		NULL	BTREE
addressbook	0	email	1	email	YES	NULL	BTREE
addressbook	1	name	1	name	YES	NULL	BTREE
addressbook	1	name	2	tel	YES	NULL	BTREE
addressbook	1	address	1	address	YES	5	BTREE

Chapter **10**

子查詢

10.1　一個敘述中的查詢敘述

　　子查詢（subquery）是一種很常見的應用，在查詢、新增、修改或刪除敘述都有可能出現。子查詢是一個放在左右括號中的「SELECT」敘述，這個查詢敘述會放在另一個 SQL 敘述中。在執行一些工作的時候，使用子查詢可以簡化 SQL 敘述。以查詢「人口比美國多的國家」需求來說，你需要先執行下列查詢美國人口數量的敘述：

知道美國的人口數量以後，再執行下列的敘述就可以查詢人口比美國多的國家了：

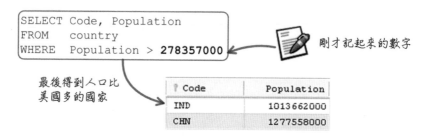

```
SELECT Code, Population
FROM    country
WHERE   Population > 278357000
```

剛才記起來的數字

最後得到人口比
美國多的國家

Code	Population
IND	1013662000
CHN	1277558000

以這樣的查詢需求來說，你要執行兩次查詢敘述來完成這個工作。不過遇到類似這樣的需求時：

這個查詢的結果...

```
SELECT Code, Population
FROM    country
WHERE   Population > 278357000
```

```
SELECT Population
FROM    country
WHERE   Code = 'USA'
```

要給這個查詢的條件使用

你就可以考慮使用子查詢的作法，把它們寫成一個敘述就可以了：

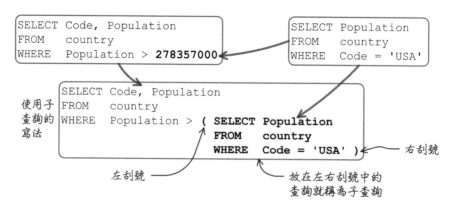

```
SELECT Code, Population
FROM    country
WHERE   Population > 278357000
```

```
SELECT Population
FROM    country
WHERE   Code = 'USA'
```

使用子
查詢的
寫法

```
SELECT Code, Population
FROM    country
WHERE   Population > ( SELECT Population
                       FROM    country
                       WHERE   Code = 'USA' )
```

左刮號

右刮號

放在左右刮號中的
查詢就稱為子查詢

上列的範例是一種很常見的子查詢應用，使用子查詢的好處是不用執行多次查詢就可以完成工作。對於處理資料的應用程式來說，也可以節省一些程式碼。

10.2　WHERE、HAVING 子句與子查詢

　　子查詢大部份使用在提供判斷條件用的資料，在「WHERE」和「HAVING」子句中，都可能出現子查詢：

10.2.1　比較運算子

　　在「WHERE」和「HAVING」子句中，你會使用許多不同的運算子來設定判斷的條件。這些運算子中的比較運算子，都可以搭配子查詢來完成你的需求：

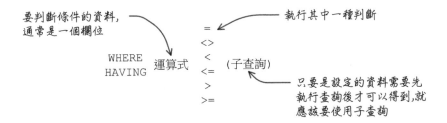

　　使用比較運算子的時候，你要提供一個資料讓運算子判斷條件是否符合。在使用子查詢提供判斷用的資料時，要特別注意子查詢回傳的資料是否符合規定：

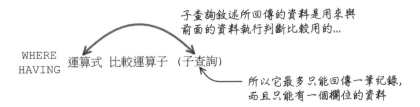

　　以下列查詢「GNP 最大的國家」需求來說，子查詢傳回的數字是「country」表格中「GNP」欄位的最大值，這個數字提供給外層查詢當作「WHERE」子句中的條件設定：

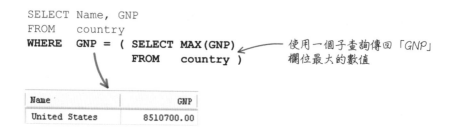

```
SELECT  Name, GNP
FROM    country
WHERE   GNP = (  SELECT MAX(GNP)
                 FROM    country )
```
使用一個子查詢傳回「GNP」
欄位最大的數值

Name	GNP
United States	8510700.00

使用在比較運算子的子查詢，在「SELECT」子句中不可以指定超過一個欄位的回傳資料：

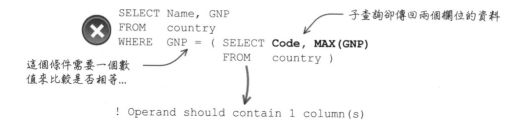

```
SELECT  Name, GNP
FROM    country
WHERE   GNP = ( SELECT Code, MAX(GNP)
                FROM    country )
```
子查詢卻傳回兩個欄位的資料

這個條件需要一個數值來比較是否相等...

! Operand should contain 1 column(s)

子查詢也不可以回傳超過一筆以上的紀錄：

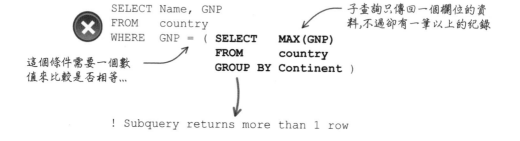

```
SELECT  Name, GNP
FROM    country
WHERE   GNP = ( SELECT    MAX(GNP)
                FROM      country
                GROUP BY Continent )
```
子查詢只傳回一個欄位的資料，不過卻有一筆以上的紀錄

這個條件需要一個數值來比較是否相等...

! Subquery returns more than 1 row

10.2.2 「IN」運算子

除了一般的比較運算子外，也經常使用「IN」運算子來執行多個資料的比較。你也可以使用子查詢提供「IN」運算子判斷的資料：

```
WHERE
HAVING    運算式 [NOT] IN (子查詢)
```
這個子查詢只能有一個欄位的資料，不過因為是使用「IN」運算子，所以它可以回傳多筆紀錄

如果你想要查詢「城市人口超過九百萬的國家」，「IN」運算子就會出現在這類的需求中：

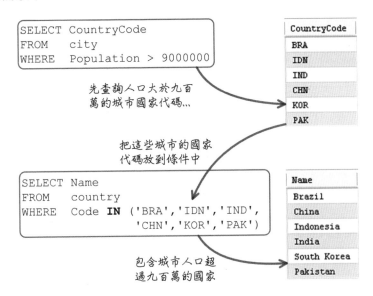

這類的需求，也可以改成使用子查詢來完成：

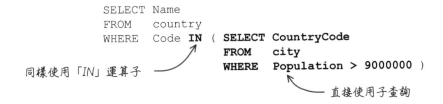

以上列的範例來說，如果用錯運算子就會發生錯誤：

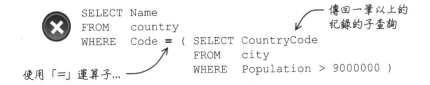

「IN」運算子可以視需要搭配「NOT」運算子：

10.2.3 其它運算子

比較運算子與子查詢搭配使用的時候，另外還提供「ALL」、「ANY」與「SOME」三個運算子。其中 ANY 和 SOME 運算子的效果是一樣的，所以只需要說明 ALL 與 ANY 這兩個運算子：

比較運算子與 ALL、ANY 搭配使用時，可以完成比較特殊的查詢需求。下列是兩個用來測試的表格：

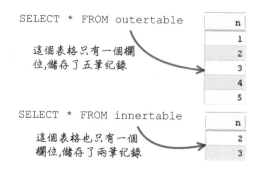

下列是比較運算子與 ALL 搭配使用的範例:

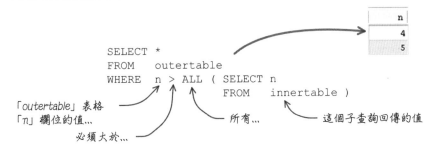

ALL 運算子從字面上來看,是「全部」的意思,所以你也可以這樣來看 ALL
運算子:

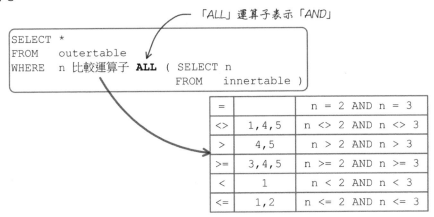

ANY 運算子從字面上來看,是「任何一個」的意思,所以你也可以這樣來
看 ANY 運算子:

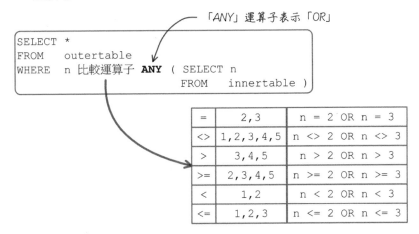

在你瞭解 ALL 運算子的效果以後，如果使用「<> ALL」這樣的運算子，它的效果其實跟「NOT IN」是一樣的：

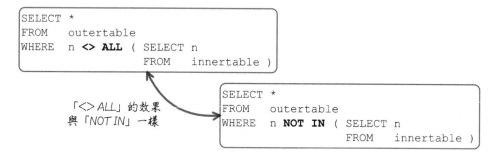

另外「= ANY」運算子的效果跟「IN」是一樣的：

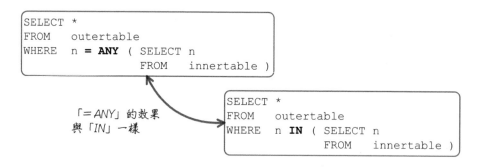

10.2.4　多欄位子查詢

在執行條件設定的時候，經常會遇到比較複雜一點的設定，例如下列這個查詢「在亞洲地區而且政府型式為 Republic 的國家」敘述：

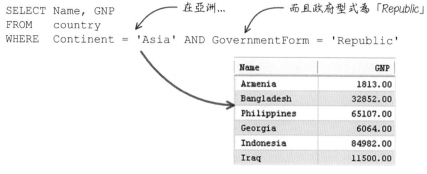

上列的條件設定，有另外一種比較簡單的設定方式：

```
SELECT Name, GNP
FROM   country
WHERE  ( Continent, GovernmentForm ) = ( 'Asia', 'Republic' )
```

同樣使用「=」

把所有要比較的欄
位列在左右括號中

再把所有要判斷的
值列在左右括號中

如果想要查詢「跟 Iraq 國家同一個地區，而且跟 Iraq 國家的政府型式一樣的國家」，因為判斷條件都要經由查詢才可以得到，所以你可能會寫出這樣的敘述：

```
SELECT Name
FROM   country
WHERE  Region = ( SELECT Region
                  FROM   country
                  WHERE  Name = 'Iraq' )
       AND
       GovernmentForm = ( SELECT GovernmentForm
                          FROM   country
                          WHERE  Name = 'Iraq' )
```

地區要跟國家「Iraq」一樣

政府型式也要跟國
家「Iraq」一樣

遇到類似這樣的需求時，你可以套用這種比較簡單的設定方式：

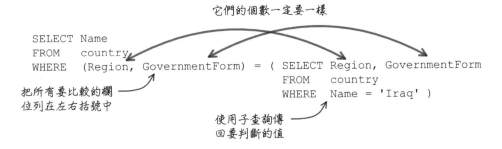

它們的個數一定要一樣

```
SELECT Name
FROM   country
WHERE  (Region, GovernmentForm) = ( SELECT Region, GovernmentForm
                                    FROM   country
                                    WHERE  Name = 'Iraq' )
```

把所有要比較的欄
位列在左右括號中

使用子查詢傳
回要判斷的值

如果想要查詢「每一洲 GNP 最高的國家」，你可以使用下列的敘述先查詢每一洲最高的 GNP：

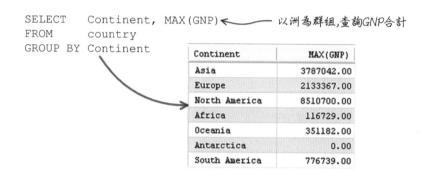

跟單一資料的判斷一樣，子查詢傳回多筆紀錄的時候就要使用「IN」運算子：

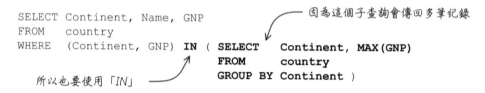

10.3 SELECT 子句與子查詢

如果需要的話，子查詢也可以使用在「SELECT」子句中。以查詢「國家 Japan 的 GNP」需求來說，下列的範例使用比較單純的查詢敘述來完成這個需求：

使用欄位「GNP」作為「CONCAT」的第二個參數

```
SELECT  CONCAT('The GNP of Japan is ', GNP)
FROM    country
WHERE   Name = 'Japan'
```

CONCAT('The GNP of Japan is ', GNP)
The GNP of Japan is 3787042.00

這類的需求也可以直接在 SELECT 子句中使用子查詢傳回你需要的資料：

```
SELECT CONCAT('The GNP of Japan is ',
       ( SELECT GNP FROM country WHERE  Name = 'Japan' ) )
```

查詢國家「Japan」的GNP作
為「CONCAT」的第二個參數

下列的敘述可以查詢「國家 India 佔全世界人口的比例」：

查詢「India」國家的人口

```
SELECT ( SELECT Population FROM country WHERE Name = 'India' ) /
       ( SELECT SUM(Population) FROM country )
```

除

查詢所有國家的人口合計

10.4　FROM 子句與子查詢

子查詢可以使用在「WHERE」與「HAVGIN」子句中用來設定條件，還有使用在「SELECT」子句中，用來傳回需要的資料。除了這兩種用法外，子查詢還可以使用在「FROM」子句。你通常會在查詢敘述的 FROM 子句中，指定需要的表格名稱，在 FROM 子句中使用子查詢，這個子查詢回傳的結果會被當成一個「表格」：

```
SELECT ...
FROM      (子查詢) [AS] 表格別名[,...]
```

在「FROM」子句中，除了
可以指定表格以外，也可
以使用子查詢

在「FROM」子句中的子
查詢一定要取表格別名

下列的範例可以查詢「亞洲 GNP 前十名國家」：

```
SELECT    Name, GNP
FROM      ( SELECT *
          FROM    country
          WHERE   Continent = 'Asia' ) asiacountry
ORDER BY GNP DESC
LIMIT    10
```

在「FROM」中的子查
詢先查詢亞洲的國家

依照GNP排序

只傳回前10筆

一定要取一
個表格別名

　　要完成上列的需求，並不需要在「FROM」子句中使用子查詢，只要使用一般的查詢敘述就可以了。

　　如果以查詢「國家的官方語言與人口比例」的需求來說，你可以使用下列的查詢敘述來完成這個工作：

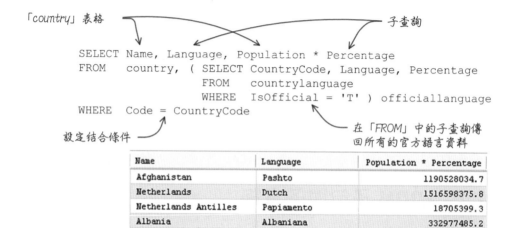

```
SELECT  Name, Language, Population * Percentage
FROM    country, ( SELECT CountryCode, Language, Percentage
                   FROM    countrylanguage
                   WHERE   IsOfficial = 'T' ) officiallanguage
WHERE   Code = CountryCode
```

「country」表格 / 子查詢

設定結合條件

在「FROM」中的子查詢傳回所有的官方語言資料

Name	Language	Population * Percentage
Afghanistan	Pashto	1190528034.7
Netherlands	Dutch	1516598375.8
Netherlands Antilles	Papiamento	18705399.3
Albania	Albaniana	332977485.2
Algeria	Arabic	2706506000.0
American Samoa	Samoan	6160799.9

‥‥‥‥

　　要完成上列的需求，並不需要在「FROM」子句中使用子查詢，使用結合查詢也可以得到一樣的結果。

10.5　資料維護與子查詢

　　在使用「INSERT」、「UPDATE」與「DELETE」敘述執行新增、修改與刪除資料時，也可以依照需要使用子查詢來簡化資料維護的敘述。

10.5.1　新增與子查詢

　　使用 INSERT 敘述執行新增紀錄的工作時，通常是直接指定新增紀錄的資料。如果你要新增的資料，需要執行一個查詢來取得的話，就可以搭配子查詢來簡化新增紀錄的工作：

使用子查詢回傳的紀
錄新增到指定的表格　　　　　INSERT [INTO] 表格名稱 [(欄位名稱,...)]
　　　　　　　　　　　　　　(子查詢)
如果違反主索引的規
定,就執行這裡的修改　　　　ON DUPLICATE KEY UPDATE 欄位=運算式[,...]

以下列這個儲存國家資料的表格（world.mycountry）來說：

Field	Type		Null	Key	Default		Extra
Code	char(3)	🔍🏳	NO	PRI		🔍🏳	
Name	char(52)	🔍🏳	NO			🔍🏳	
Continent	enum('Asia','E.. 🔍🏳		NO		Asia	🔍🏳	
Region	char(26)	🔍🏳	NO			🔍🏳	
Population	int(11)	🔍🏳	NO		0	🔍🏳	
GNP	float(10,2)	🔍🏳	YES		NULL		

「*mycountry*」表格只有
部份與「*country*」表格
一樣的欄位

如果想要新增亞洲國家的資料到 mycountry 表格，你可以使用子查詢傳回
新增紀錄需要的資料給 INSERT 敘述使用：

```
INSERT INTO mycountry
( SELECT Code, Name, Continent, Region, Population, GNP
  FROM country
  WHERE Continent = 'Asia' )
```

子查詢回傳「*country*」表
格中亞洲國家的紀錄新增到
「*mycountry*」表格中

使用子查詢提供 INSERT 敘述需要的資料，要特別注意子查詢回傳的欄位
資料：

```
INSERT INTO mycountry
( SELECT *
  FROM country
  WHERE Continent = 'Africa' )
```

子查詢回傳的欄位數量與
「*mycountry*」表格的欄位
數量不符合

```
! Column count doesn't match value count at row 1
```

MySQL 另外一種新增紀錄的「REPLACE」敘述，也可以使用子查詢提供
需要的資料：

使用子查詢回傳的紀
錄新增到指定的表格　　　　　REPLACE [INTO] 表格名稱 [(欄位名稱,...)]
　　　　　　　　　　　　　　(子查詢)

10.5.2 修改與子查詢

使用 UPDATE 敘述執行修改資料時，如果沒有使用 WHERE 子句指定修改的條件，UPDATE 敘述會修改表格中所有的紀錄。所以執行修改紀錄資料的時候，通常會使用 WHERE 子句指定修改的條件。在 UPDATE 敘述的 WHERE 子句，也可以使用子查詢提供判斷條件的資料：

```
UPDATE [IGNORE] 表格名稱
SET 欄位名稱 = 運算式|DEFAULT [,...]
[WHERE 條件]
```

在條件設定中使用子查詢判斷要修改哪些紀錄

如果要執行「SALES 部門的員工加薪百分之五」，因為需要先知道「SALES」部門的編號，所以你可以使用子查詢傳回 SALES 部門的編號，給 UPDATE 敘述中的 WHERE 子句設定部門編號的條件：

「*SALES*」部門的員工加薪5%

```
UPDATE  cmdev.emp
SET     salary = salary * 1.05
WHERE   deptno = ( SELECT  deptno
                   FROM    cmdev.dept
                   WHERE   dname = 'SALES' )
```

使用子查詢傳回「*SALES*」部門的編號

MySQL 在 UPDATE 敘述中的子查詢有一個特別的規定：

```
UPDATE  cmdev.emp
SET     salary = salary * 1.05
WHERE   job = ( SELECT  job
                FROM    cmdev.emp
                WHERE   empno = 'BLAKE' )
```

修改和子查詢不可以出現相同的表格

```
! You can't specify target table 'emp' for update in FROM clause
```

10.5.3 刪除與子查詢

使用 DELETE 敘述執行刪除紀錄時，如果沒有使用 WHERE 子句指定刪除的條件，DELETE 敘述會刪除表格中所有的紀錄。所以執行刪除紀錄的時候，

通常會使用 WHERE 子句指定刪除的條件。在 DELETE 敘述的 WHERE 子句，
也可以使用子查詢提供判斷條件的資料：

```
DELETE [IGNORE] FROM 表格名稱
[WHERE 條件]
```

在條件設定中使用子查
詢判斷要刪除哪些紀錄

　　如果要執行「刪除 SALES 部門員工」，因為需要先知道「SALES」部門
的編號，所以你可以使用子查詢傳回 SALES 部門的編號，給 DELETE 敘述中
的 WHERE 子句設定部門編號的條件：

刪除「SALES」部門的員工

```
DELETE FROM cmdev.emp
WHERE   deptno = ( SELECT deptno
                   FROM   cmdev.dept
                   WHERE  dname = 'SALES' )
```

使用子查詢傳回「SALES」
部門的編號

　　MySQL 在 DELETE 敘述中出現的子查詢有一個特別的規定：

```
DELETE FROM cmdev.emp
WHERE   job = ( SELECT job
                FROM   cmdev.emp
                WHERE  empno = 'BLAKE' )
```

刪除和子查詢不可
以出現相同的表格

```
! You can't specify target table 'emp' for update in FROM clause
```

10.6　關聯子查詢

　　在查詢或維護資料的敘述中，都有可能會使用子查詢來提供執行敘述所需
要的資料：

子查詢傳回外層
查詢需要的資料

```
SELECT Continent, Name, GNP
FROM   country
WHERE  (Continent, GNP) IN ( SELECT   Continent, MAX(GNP)
                             FROM     country
                             GROUP BY Continent )
```

外層查詢使用子查詢
的資料來判斷條件

在使用子查詢的的時候，通常不會跟外層查詢有直接的關係，也就是子查詢不會使用外層查詢的資料。不過一些比較特殊的需求，在 WHERE 或 HAVING 子句中的子查詢，也需要使用外層查詢的資料來執行判斷的工作，這樣的作法稱為「關聯子查詢、correlated subqueries」：

在 WHERE 或 HAVING 子句用來設定條件的子查詢，可以依照需求使用「IN」或「ANY」這些運算子來判斷條件是否符合。除了上列已經說明的比較運算子外，還有一個「EXISTS」運算子：

EXISTS 運算子判斷條件是否成立的作法比較不一樣，如果子查詢有任何紀錄資料回傳，條件就算成立：

```
                                               *
                                               1
... WHERE 運算式 [NOT] EXISTS ( SELECT   NULL   FROM 表格名稱 )
                                            'Hello'
                                              ...
```

「EXISTS」運算子是以有沒有回傳資料
為判斷的依據，所以「SELECT」子句中不
論是「*」或任何其它值，效果都一樣

EXISTS 運算子通常使用在關聯子查詢中：

```
SELECT  Name
FROM    country c
WHERE   EXISTS ( SELECT *
                 FROM   city
                 WHERE  CountryCode = c.Code AND
                        Population > 8000000 )
```

國家代碼要跟外層查
詢的國家代碼一樣

城市人口大於八百萬

城市人口大於
八百萬的國家

Name
Brazil
Indonesia
India
China
South Korea
Mexico
Pakistan
Turkey
Russian Federation
United States

EXISTS 與「NOT」一起使用時，就可以完成下列的查詢需求：

```
SELECT  Name
FROM    country c
WHERE   NOT EXISTS ( SELECT *
                     FROM   city
                     WHERE  CountryCode = c.Code AND
                            Population > 8000000 )
```

城市人口沒有大
於八百萬的國家

10.7　子查詢與結合查詢

　　子查詢的應用通常可以簡化許多工作，而一些子查詢完成的工作，也可以
改用其它的作法來完成。例如下列查詢「所有國家的首都名稱」敘述：

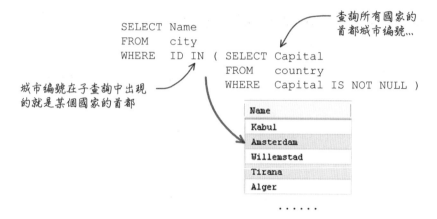

把上列的需求改用結合查詢來完成的話,其實看起來會更簡單一些:

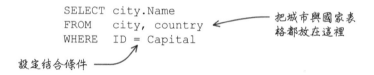

如果換成查詢「不是首都的城市名稱」,可以使用下列搭配子查詢的作法:

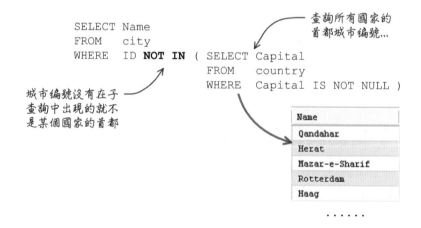

上列的需求要改成使用結合查詢來完成的話,作法會比較不一樣。所以要先瞭解使用「LEFT JOIN」結合查詢的效果:

加入「country」的「Capital」欄位

```
SELECT city.Name, country.Capital
FROM    city LEFT JOIN country ON city.ID = country.Capital
```

使用「LEFT JOIN」

Name	Capital
Kabul	1
Qandahar	NULL
Herat	NULL
Mazar-e-Sharif	NULL
Amsterdam	5

不是首都的城市都
回傳回「NULL」

······

根據 LEFT JOIN 結合查詢產生的效果，為這個結合查詢設定適當的條件，就可以完成查詢「不是首都的城市名稱」：

```
SELECT city.Name
FROM    city LEFT JOIN country ON city.ID = country.Capital
WHERE   country.Capital IS NULL
```

加入這個條件設定

11.1 View 元件的應用

在使用 MySQL 資料庫的時候，你會使用各種 SQL 敘述來執行查詢與維護資料的工作。資料庫在運作一段時間以後，你會發覺不論是查詢與維護的敘述，都可能會出現一些類似、而且很常使用的 SQL 敘述：

Field	Type	Null	Key	Default	Extra
Code	char(3)	NO	PRI		
Name	char(52)	NO			
Continent	enum('Asia','Eu...	NO		Asia	
Region	char(26)	NO			
SurfaceArea	float(10,2)	NO		0.00	
IndepYear	smallint(6)	YES		NULL	
Population	int(11)	NO		0	
LifeExpectancy	float(3,1)	YES		NULL	
GNP	float(10,2)	YES		NULL	
GNPOld	float(10,2)	YES		NULL	
LocalName	char(45)	NO			
GovernmentForm	char(45)	NO			
HeadOfState	char(60)	YES		NULL	
Capital	int(11)	YES		NULL	
Code2	char(2)	NO			

在「*country*」表格中
挑出需要查詢的欄位

```
SELECT    Continent, Region, Code, Code2, Name
FROM      country
ORDER BY  Continent, Region, Code      ← 加入排序設定
```

Continent	Region	Code	Code2	Name
Asia	Eastern Asia	CHN	CN	China
Asia	Eastern Asia	HKG	HK	Hong Kong
Asia	Eastern Asia	JPN	JP	Japan
Asia	Eastern Asia	KOR	KR	South Korea
Asia	Eastern Asia	MAC	MO	Macao
Asia	Eastern Asia	MNG	MN	Mongolia
Asia	Eastern Asia	PRK	KP	North Korea

......

以上列的查詢敘述來說，雖然它並不是很複雜，只是一個加入排序設定的一般查詢。可是如果經常需要執行這樣的查詢，你每次都要輸入這個查詢敘述再執行它。就算你把這個查詢敘述儲存為文字檔保存起來，需要的時候再開啟檔案使用，這樣做的話雖然比較方便一些，不過還是很麻煩，而且比較沒有靈活性。

如果在資料庫的應用中，出現這種很常執行的查詢敘述，你可以在 MySQL 資料庫中建立一種「View」元件，View 元件用來保存一個設定好的查詢敘述：

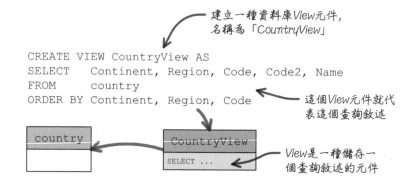

建立好需要的 View 元件以後，除了有一些限制外，它使用起來就像是一個表格。所以當你需要執行這樣的查詢時，可以在查詢敘述的「FROM」子句指定一個 View 元件的名稱：

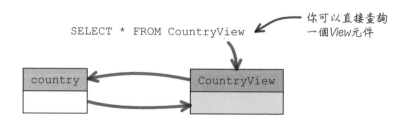

「View」元件也可以稱為「虛擬表格」，因為它不是一個真正儲存紀錄資料的表格，可是它又跟表格的用法很類似。你也可以使用 View 元件回傳的紀錄資料，執行統計、分組與其它需要的處理：

```
SELECT    Continent, COUNT(*)
FROM      CountryView          ← 把這個View當成表格來用
GROUP BY Continent
```

　　View 元件就像是一個表格，大部份使用表格可以完成的工作，也可以套用在 View 元件。所以把 View 元件和表格一起放在「FROM」子句中，執行需要的結合查詢也是可以的：

```
                            也可以在結合查詢中,把
                            View跟表格放在一起
SELECT  Name, Language
FROM    CountryView, countrylanguage
WHERE   Code = CountryCode
```

11.2　建立 View 元件

　　不論是執行查詢或維護工作，如果很常需要使用到同一個查詢敘述，你就可以考慮建立一個 View 元件把這個查詢敘述儲存起來。下列是建立 View 元件的基本語法：

```
覆蓋原有的View                  幫View取一個名稱
        CREATE [OR REPLACE] VIEW 名稱
        AS 查詢敘述              儲存在View的查詢敘述
```

　　如果你很常執行查詢「每個地區 GNP 最高的國家」資料，這樣的需求可以使用子查詢來完成。為了不想要每次重複輸入這個查詢敘述，你可以建立一個名稱「CountryMaxGNP」的 View 元件，這樣以後要執行這個查詢的時候就方便多了：

```
CREATE VIEW CountryMaxGNP AS
SELECT Name, GNP
FROM    country
WHERE  (Region, GNP) IN ( SELECT    Region, MAX(GNP)
                          FROM      country
        把查詢各地區GNP最高       GROUP BY Region )
        的國家敘述儲存為View
```

　　在上列建立 View 元件的範例中，只有「Name」與「GNP」兩個欄位，如果想要在已經建立好的「CountryMaxGNP」的 View 元件再加入新的「Code」欄位：

加入新的欄位...

```
CREATE VIEW CountryMaxGNP AS
SELECT Code, Name, GNP
FROM   country
WHERE  (Region, GNP) IN ( SELECT    Region, MAX(GNP)
                          FROM      country
                          GROUP BY Region )
```

! Table 'CountryMaxGNP' already exists

如果需要修改一個已經建立好的 View 元件，就要加入「OR REPLACE」的設定，這樣才不會出現錯誤訊息：

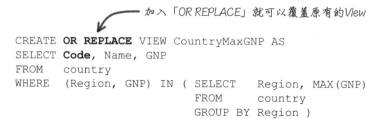

加入「OR REPLACE」就可以覆蓋原有的View

```
CREATE OR REPLACE VIEW CountryMaxGNP AS
SELECT Code, Name, GNP
FROM   country
WHERE  (Region, GNP) IN ( SELECT    Region, MAX(GNP)
                          FROM      country
                          GROUP BY Region )
```

如果想要查詢一個 View 元件會傳回哪些欄位的資料，可以使用「DESCRIBE」或是比較簡短的「DESC」指令：

DESC CountryMaxGNP

跟查詢表格資訊一樣,使用「DESC」
指令查詢View的資訊

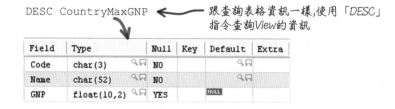

Field	Type	Null	Key	Default	Extra
Code	char(3)	NO			
Name	char(52)	NO			
GNP	float(10,2)	YES		NULL	

下列是 MySQL 關於 View 元件的規定與限制：

■ 在同一個資料庫中，View 的名稱不可以重複，也不可以跟表格名稱一樣

■ View 不可以跟 Triggers 建立聯結

儲存在 View 元件中的查詢敘述有下列的規定：

■ 查詢敘述中只能使用到已存在的表格或 View 元件。

■ 「FROM」子句中不可以使用子查詢。

■ 不可以使用「TEMPORARY」表格。

- 不可以使用自行定義的變數、Procedure 與 Prepared statement 參數。

「TEMPORARY」表格已經在前面的內容說明。「Triggers」、定義變數、「Procedure」與「Prepared statement」在後面的章節會詳細的說明。

結合查詢在關聯式資料庫幾乎是必要的一種查詢，以下列查詢「國家與城市人口比例」的需求來說，就需要從「country」與「city」兩個表格中查詢必要的欄位資料：

```
SELECT  co.Name, ci.Name, co.Population, ci.Population,
        ROUND(ci.Population / co.Population, 2) Scale
FROM    country co, city ci
WHERE   co.Code = ci.CountryCode
```

Name	Name	Population	Population	Scale
Afghanistan	Kabul	22720000	1780000	0.08
Afghanistan	Qandahar	22720000	237500	0.01
Afghanistan	Herat	22720000	186800	0.01
Afghanistan	Mazar-e-Sharif	22720000	127800	0.01
Netherlands	Amsterdam	15864000	731200	0.05

......

如果會經常執行這個結合查詢的話，你應該會希望把它儲存為 View 元件：

想要把這個查詢建立為 View

```
CREATE VIEW ScaleView AS
SELECT  co.Name, ci.Name, co.Population, ci.Population,
        ROUND(ci.Population / co.Population, 2) Scale
FROM    country co, city ci
WHERE   co.Code = ci.CountryCode

! Duplicate column name 'Name'
```

你不會在一個表格中，為兩個欄位取一樣的名稱。在使用查詢敘述提供 View 元件的欄位時，也要注意欄位名稱重複的問題，雖然在結合查詢回傳的資料中，有一樣的欄位名稱並不會造成錯誤。要解決這個錯誤有兩種方式，第一種是在查詢敘述的 SELECT 子句中，自己為名稱重複的欄位取不同的欄位別名：

自己為有問題的欄位
取不同的欄位別名

```
CREATE VIEW ScaleView AS
SELECT  co.Name CountryName, ci.Name CityName,
        co.Population CountryPop, ci.Population CityPop,
        ROUND(ci.Population / co.Population, 2) Scale
FROM    country co, city ci
WHERE   co.Code = ci.CountryCode
```

另外一種方式可以在建立 View 元件的時候，另外指定 View 元件的欄位名稱：

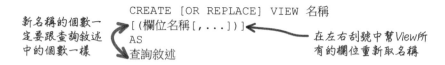

新名稱的個數一
定要跟查詢敘述
中的個數一樣

```
CREATE [OR REPLACE] VIEW 名稱
[(欄位名稱[,...])]
AS
查詢敘述
```

在左右刮號中幫View所
有的欄位重新取名稱

這樣的作法不用修改查詢敘述，依照查詢敘述回傳的欄位順序，另外指定 View 元件使用的欄位名稱：

View使用這些新的欄位名稱

```
CREATE VIEW ScaleView
(CountryName, CityName, CountryPop, CityPop, Scale)
AS
SELECT  co.name, ci.Name, co.Population, ci.Population,
        ROUND(ci.Population / co.Population, 2) Scale
FROM    country co, city ci
WHERE   co.Code = ci.CountryCode
```

11.3　修改與刪除 View 元件

使用「ALTER VIEW」敘述可以修改一個已經建立好的 View 元件：

使用「ALTER VIEW」

指定一個已經存在的VIEW名稱

```
ALTER VIEW 名稱
[(欄位名稱[,...])]
AS
查詢敘述
```

可以視需要指定VIEW的欄位名稱

修改VIEW儲存的查詢敘述

下列的範例使用 ALTER VIEW 敘述修改已經存在的「CountryMaxGNP」
View 元件：

```
ALTER VIEW CountryMaxGNP AS
SELECT Continent, Code, Name, GNP
FROM    country
WHERE   (Region, GNP) IN ( SELECT    Region, MAX(GNP)
                           FROM      country
                           GROUP BY Region )
```

上列範例執行的工作也可以使用「CREATE OR REPLACE VIEW」敘述來
完成：

```
CREATE OR REPLACE VIEW CountryMaxGNP AS
SELECT Continent, Code, Name, GNP
FROM    country
WHERE   (Region, GNP) IN ( SELECT    Region, MAX(GNP)
                           FROM      country
                           GROUP BY Region )
```

以執行修改 View 元件的工作來說，使用 ALTER VIEW 或 CREATE OR
REPLACE VIEW 敘述的效果是完全一樣的。唯一的差異是要修改的 View 元件
如果不存在，CREATE OR REPLACE VIEW 敘述會直接建立新的 View 元件：

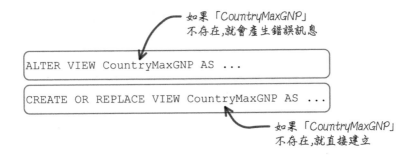

下列的語法可以刪除一個不需要的 View 元件：

如果指定的VIEW存在的話,就刪除它;如果不存在,也不會產生錯誤訊息

指定要刪除的VIEW名稱,可以一次刪除多個VIEW

```
DROP VIEW [IF EXISTS] 名稱[,...]
```

如果 DROP VIEW 敘述指定的 View 元件不存在的話，執行敘述以後會產生錯誤訊息：

```
DROP VIEW CountryMax
```

如果指定的VIEW不存在...

```
! Unknown table 'countrymax'
```

會產生錯誤訊息

你可以在 DROP VIEW 敘述加入「IF EXISTS」，這樣就可以防止產生 View 元件不存在的錯誤訊息：

使用「IF EXISTS」的話,就算指定的VIEW不存在...

```
DROP VIEW IF EXISTS CountryMax
```

```
! Unknown table 'world.countrymax'
```

只會產生警告訊息

11.4 資料維護與 View 元件

View 元件除了提供比較方便的查詢方式外，也可以使用 View 元件執行資料維護的工作。與 View 元件應用在查詢資料時提供的方便性一樣，不需要直接使用表格元件，使用 View 元件執行新增、修改或刪除資料的工作，也可以增加資料維護的方便性。

要使用 View 元件執行新增、修改或刪除資料的工作，View 元件所包含的查詢敘述必須符合下列的規則：

- 不可以包含計算或函式的欄位。

- 只允許一對一的結合查詢。

- View 元件的「ALGORITHM」不可以設定為「TEMPTABLE」。

符合上列規定的 View 元件，就會稱為「可修改資料的 View 元件、updatable views」。只有可修改資料的 View 元件，可以使用在 INSERT、UPDATE 或 DELETE 敘述中執行資料維護的工作。

11.4.1　使用 View 元件執行資料維護

下列是一個可以執行資料維護的 View 元件，它的欄位沒有包含計算或函式，也沒有使用結合查詢：

```
                                    建立一個查詢部門編號為
                                    30的員工資料的VIEW
CREATE VIEW cmdev.EmpDept30View AS
SELECT empno, ename, job, manager, hiredate, salary, comm
FROM    cmdev.emp
WHERE   deptno = 30          只有「deptno」部門編號欄位沒有選擇

                設定只有查詢部門編號為30的員工資料
```

如果要修改員工編號「7844」的佣金為 600 的話，你除了可以在 UPDATE 敘述指定修改的表格名稱為 emp，也可以在 UPDATE 敘述中指定 View 元件「EmpDept30View」：

```
                                指定修改的對象是一個VIEW元件
UPDATE  EmpDept30View
SET     comm = 600          修改Turner的佣金為600
WHERE   empno = 7844
```

執行上列的「UPDATE」敘述以後，不論是查詢 View 元件或表格，都可以確定資料已經修改了：

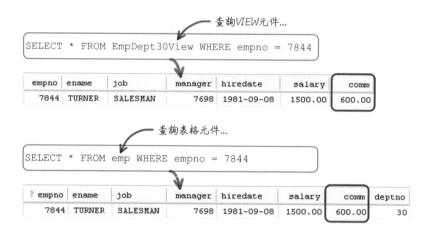

使用 INSERT 敘述新增紀錄的時候，也可以指定 View 元件「EmpDept30View」：

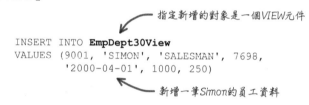

在執行上列的 INSERT 敘述以後，查詢 View 元件所得到的結果並沒有剛才新增的員工資料，查詢表格時才可以確定資料已經新增，這是因為新增紀錄的部門編號欄位資料為「NULL」的關係：

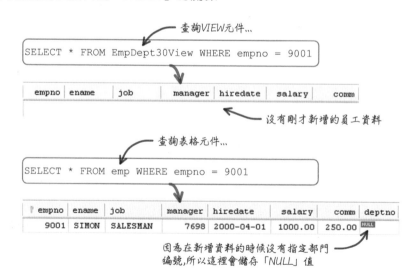

與 INSERT 和 UPDATE 敘述一樣，DELETE 敘述也可以指定 View 元件：

指定刪除的對象是一個VIEW元件

```
DELETE FROM EmpDept30View WHERE empno = 9001
```

不過執行上列的刪除敘述後，千萬不要以為你已經刪除員工編號「9001」的員工紀錄了：

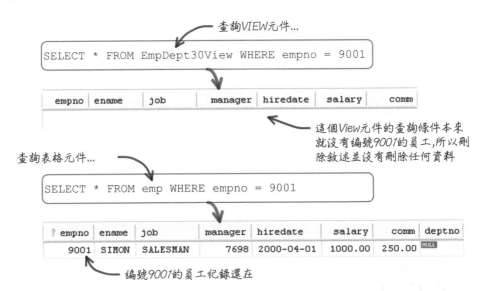

查詢VIEW元件...

```
SELECT * FROM EmpDept30View WHERE empno = 9001
```

empno	ename	job	manager	hiredate	salary	comm

這個View元件的查詢條件本來就沒有編號9001的員工，所以刪除敘述並沒有刪除任何資料

查詢表格元件...

```
SELECT * FROM emp WHERE empno = 9001
```

empno	ename	job	manager	hiredate	salary	comm	deptno
9001	SIMON	SALESMAN	7698	2000-04-01	1000.00	250.00	NULL

編號9001的員工紀錄還在

11.4.2　使用「WITH CHECK OPTION」

你可以使用 View 元件執行資料維護的工作，可是在執行新增或修改的時候，又可能會產生一些有問題的資料。如果不希望產生這類的問題，你可以為 View 元件加入「WITH CHECK OPTION」的設定：

記得使用「OR REPLACE」

```
CREATE OR REPLACE VIEW cmdev.EmpDept30View AS
SELECT empno, ename, job, manager, hiredate, salary, comm
FROM    cmdev.emp
WHERE   deptno = 30
WITH CHECK OPTION
```

加入「WITH CHECK OPTION」

加入 WITH CHECK OPTION 設定的 View 元件，在執行資料維護工作時，會先執行檢查的工作，規則是一定要符合「View 元件中 WHERE 設定的條件」：

新增一筆Mary的員工資料...

```
INSERT INTO EmpDept30View
VALUES (9002, 'MARY', 'SALESMAN', 7698,
        '2000-05-01', 1200, 150)

! CHECK OPTION failed 'cmdev.empview'
```

因為這個新增紀錄敘述違反規定,所以會產生錯誤訊息

因為上列範例所新增的紀錄資料，deptno 欄位會儲存 NULL 值，這樣就違反 View 元件中「WHERE deptno = 30」條件設定了，所以在執行以後會產生錯誤訊息。下列的修改敘述就可以正確的執行：

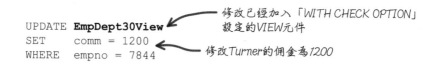

修改已經加入「WITH CHECK OPTION」設定的VIEW元件

```
UPDATE EmpDept30View
SET    comm = 1200
WHERE  empno = 7844
```

修改Turner的佣金為1200

View 元件中的 WITH CHECK OPTION 設定，還有額外的「CASCADE」和「LOCAL」兩個控制檢查範圍的設定：

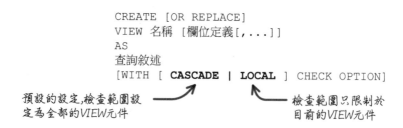

```
CREATE [OR REPLACE]
VIEW 名稱 [欄位定義[,...]]
AS
查詢敘述
[WITH [ CASCADE | LOCAL ] CHECK OPTION]
```

預設的設定,檢查範圍設定為全部的VIEW元件

檢查範圍只限制於目前的VIEW元件

會有 CASCADE 和 LOCAL 這兩個設定的原因，是因為 View 元件的資料來源可以是一個表格，也可以是一個 View 元件：

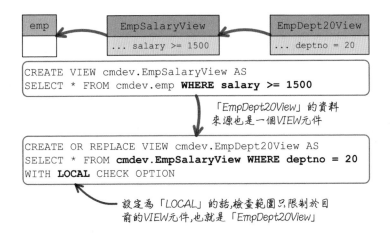

查詢「EmpDept20View」以後，傳回的紀錄資料包含「deptno = 20」條件，與設定在「EmpSalaryView」的「salary >= 1500」條件：

檢查範圍設定為 LOCAL 的 View 元件，在執行資料維護的時候，只會檢查是否符合自己的條件設定：

如果執行資料維護的敘述違反 EmpSalaryView 的條件設定，還是可以正確的執行：

如果你希望所有的 View 元件在執行資料維護的時候，都不可以出現這類的問題，就應該把 View 元件的檢查範圍設定為 CASCADE：

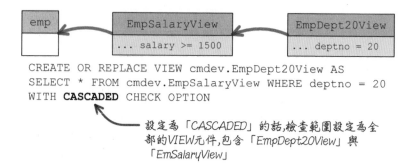

```
CREATE OR REPLACE VIEW cmdev.EmpDept20View AS
SELECT * FROM cmdev.EmpSalaryView WHERE deptno = 20
WITH CASCADED CHECK OPTION
```

設定為「CASCADED」的話,檢查範圍設定為全部的VIEW元件,包含「EmpDept20View」與「EmSalaryView」

檢查範圍設定為 CASCADE 的 View 元件，在執行資料維護的時候，就不能違反所有 VIew 元件的條件設定：

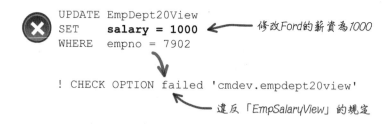

```
UPDATE EmpDept20View
SET    salary = 1000
WHERE  empno = 7902
```
修改Ford的薪資為1000

```
! CHECK OPTION failed 'cmdev.empdept20view'
```
違反「EmpSalaryView」的規定

11.5 View 元件的演算法

View 元件可以提供更方便的資料查詢與維護方式，在建立 View 元件的時候，除了指定的查詢敘述要符合規定，還可以指定資料庫執行 View 元件時所使用的「演算法、algorithm」：

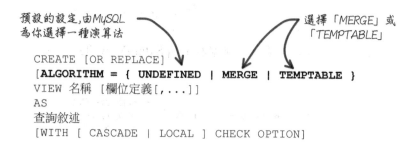

預設的設定,由MySQL為你選擇一種演算法

選擇「MERGE」或「TEMPTABLE」

```
CREATE [OR REPLACE]
[ALGORITHM = { UNDEFINED | MERGE | TEMPTABLE }
VIEW 名稱 [欄位定義[,...]]
AS
查詢敘述
[WITH [ CASCADE | LOCAL ] CHECK OPTION]
```

　　一般來說，你不需要特別指定 View 元件使用的演算法。如果在建立 View 元件的時候，沒有指定使用的演算法為「MERGE」或「TEMPTABLE」，MySQL 會設定為「UNDEFINED」。這個設定表示 MySQL 會依照 View 元件中包含的敘述，自動選擇一個適合的演算法，可能是「MERGE」或「TEMPTABLE」其中一個。下列是一個演算法設定為 MERGE 的 View 元件在 MySQL 資料庫的運作情形：

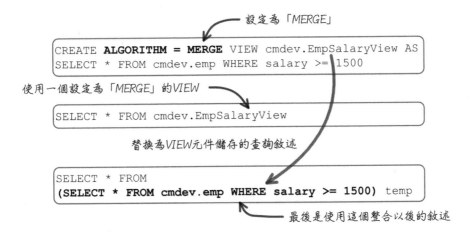

　　下列是一個演算法設定為 TEMPTABLE 的 View 元件，在 MySQL 資料庫的運作情形：

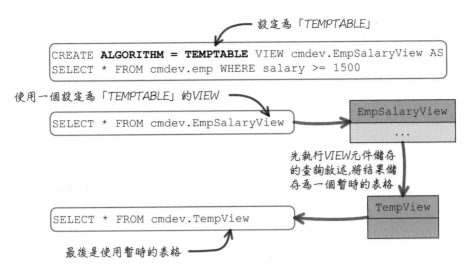

並不是所有的 View 元件都可以把演算法設定為 MERGE，以下列查詢員工統計資訊的敘述來說：

```
SELECT    job, COUNT(job) CountJob, SUM(salary) SumSalary
FROM      emp
GROUP BY job
```

查詢員工資料的統計資訊

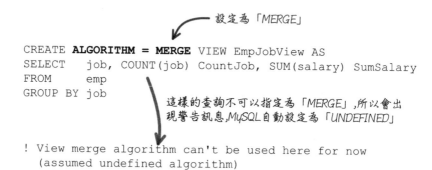

job	CountJob	SumSalary
ANALYST	2	6000.00
CLERK	4	4150.00
MANAGER	3	6300.00
PRESIDENT	1	5000.00
SALESMAN	4	5600.00

如果執行下列建立 View 元件的敘述，就會產生警告的訊息：

設定為「MERGE」

```
CREATE ALGORITHM = MERGE VIEW EmpJobView AS
SELECT    job, COUNT(job) CountJob, SUM(salary) SumSalary
FROM      emp
GROUP BY job
```

這樣的查詢不可以指定為「MERGE」，所以會出現警告訊息，MySQL 自動設定為「UNDEFINED」

```
! View merge algorithm can't be used here for now
  (assumed undefined algorithm)
```

如果 View 元件包含的查詢敘述有下列的情況，MySQL 都會自動把演算法設定為 UNDEFINED：

- 群組函式：SUM()、MIN()、MAX()、COUNT()

- DISTINCT

- GROUP BY

- HAVING

- UNION 或 UNION ALL

- 「SELECT」子句中包含一個明確的值，而不是表格的欄位

11.6　View 元件的維護與資訊

11.6.1　檢驗 View 元件的正確性

在建立一個 View 元件的時候，MySQL 會檢查 View 元件包含的查詢敘述是否正確，如果沒有問題的話，才會儲存 View 元件的設定。不過以下列的範例來說：

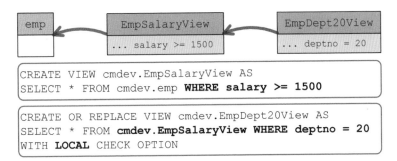

```
CREATE VIEW cmdev.EmpSalaryView AS
SELECT * FROM cmdev.emp WHERE salary >= 1500
```

```
CREATE OR REPLACE VIEW cmdev.EmpDept20View AS
SELECT * FROM cmdev.EmpSalaryView WHERE deptno = 20
WITH LOCAL CHECK OPTION
```

如果不小心刪除「EmpSalaryView」這個 View 元件：

```
DROP VIEW cmdev.EmpSalaryView
```
執行刪除View元件的敘述

執行查詢「EmpDept20View」的時候，就會產生錯誤訊息了：

```
SELECT * FROM cmdev.empdept20view
```

```
! Table 'cmdev.empsalaryview' doesn't exist
! View 'cmdev.empdept20view' references invalid table(s)
  or column(s) or function(s) or definer/invoker of view
  lack rights to use them
```

這樣的問題可以經由使用檢查表格或 View 元件的敘述發現：

指定一個要檢查的表格或View元件名稱

```
CHECK TABLE 表格或VIEW名稱
```

執行檢查 EmpDept20View 的敘述可以發現這是一個有問題的 View 元件：

```
CHECK TABLE EmpDept20View
```

Table	Op	Msg_type	Msg_text
cmdev.empdept20view	check	Error	Table 'cmdev.empsalaryview' doesn't exist
cmdev.empdept20view	check	Error	View 'cmdev.empdept20view' references in...
cmdev.empdept20view	check	error	Corrupt

11.6.2 取得 View 元件的相關資訊

MySQL 資料庫伺服器在啟動以後，有一個名稱為「information_schema」的資料庫，這個資料庫通常會稱為「系統資訊資料庫」。這個資料庫中有一個表格叫作「VIEWS」，它儲存所有 MySQL 資料庫中 View 元件的相關資訊，VIEWS 表格有下列主要的欄位：

欄位名稱	型態	範圍
TABLE_SCHEMA	varchar(64)	資料庫名稱
TABLE_NAME	varchar(64)	表格名稱
VIEW_DEFINITION	longtext	演算法定義與儲存的查詢敘述
CHECK_OPTION	varchar(8)	檢查範圍設定

執行下列的敘述就可以查詢資料庫中的 View 元件資訊：

```
SELECT TABLE_SCHEMA, TABLE_NAME, VIEW_DEFINITION,
       CHECK_OPTION, IS_UPDATABLE
FROM   information_schema.VIEWS
```

TABLE_SCHEMA	TABLE_NAME	VIEW_DEFINITION	CHECK_OPTION	IS_UPDATABLE
cmdev	empdept20view	select `empsalaryview`.`.`.	LOCAL	YES
cmdev	empdept30view	select `cmdev`.`emp`.`em`.	CASCADED	YES
cmdev	empsalaryview	select `cmdev`.`emp`.`em`.	NONE	YES
world	countrymaxgnp	select `world`.`country`.	NONE	YES
world	scaleview	select `co`.`Name` AS `C`.	NONE	YES

Chapter **12**

Prepared Statements

12.1　使用者變數

　　MySQL 資料庫伺服器提供一種簡易的儲存資料方式，稱為「使用者變數、user variables」。使用者變數儲存一些簡單的資料，例如數字或字串，它們可以在後續的操作中使用。下列是設定使用者變數的語法：

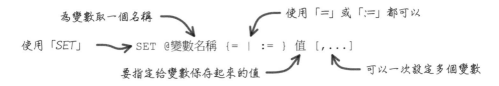

為變數取一個名稱　　　　　使用「=」或「:=」都可以

使用「SET」 → SET @變數名稱 { = | := } 值 [,...]

要指定給變數保存起來的值　　　　可以一次設定多個變數

　　下列的敘述設定兩個儲存字串資料的使用者變數：

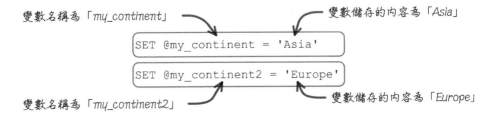

變數名稱為「my_continent」　　　　變數儲存的內容為「Asia」

```
SET @my_continent = 'Asia'
SET @my_continent2 = 'Europe'
```

變數名稱為「my_continent2」　　　　變數儲存的內容為「Europe」

設定好使用者變數以後，可以在「SELECT」敘述中查詢它們儲存的內容：

如果你需要設定多個變數的話，可以在一個 SET 敘述中設定多個需要的使用者變數：

使用查詢敘可以確認上列的敘述已經設定好的兩個使用者變數：

使用 SELECT 敘述也可以設定需要的使用者變數，不過要特別注意指定的符號只能使用「:=」：

　　下列的敘述設定兩個儲存整數資料的使用者變數，因為是使用 SELECT 敘述，所以設定好使用者變數以後，也會顯示設定的使用者變數內容：

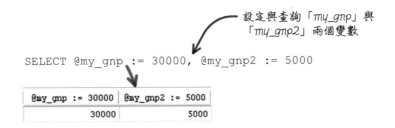

設定與查詢「*my_gnp*」與「*my_gnp2*」兩個變數

```
SELECT @my_gnp := 30000, @my_gnp2 := 5000
```

@my_gnp := 30000	@my_gnp2 := 5000
30000	5000

　　再使用查詢敘述確認上列的敘述已經設定好的兩個使用者變數：

查詢「*my_gnp*」與「*my_gnp2*」兩個變數儲存的內容

```
SELECT @my_gnp, @my_gnp2
```

@my_gnp	@my_gnp2
30000	5000

　　已經設定好的使用者變數，可以使用在大部份的敘述中，例如下列的範例使用變數來設定查詢敘述的條件設定：

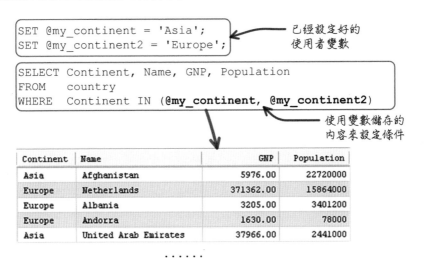

已經設定好的使用者變數

```
SET @my_continent = 'Asia';
SET @my_continent2 = 'Europe';
```

```
SELECT Continent, Name, GNP, Population
FROM    country
WHERE   Continent IN (@my_continent, @my_continent2)
```

使用變數儲存的內容來設定條件

Continent	Name	GNP	Population
Asia	Afghanistan	5976.00	22720000
Europe	Netherlands	371362.00	15864000
Europe	Albania	3205.00	3401200
Europe	Andorra	1630.00	78000
Asia	United Arab Emirates	37966.00	2441000

· · · · · ·

使用 SELECT 敘述設定使用者變數的方式，也可以直接把查詢敘述傳回的資料儲存起來：

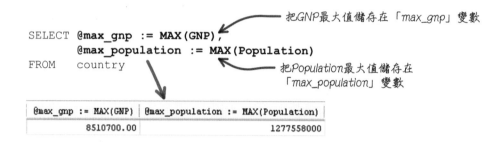

把GNP最大值儲存在「max_gnp」變數

```
SELECT  @max_gnp := MAX(GNP),
        @max_population := MAX(Population)
FROM    country
```

把Population最大值儲存在「max_population」變數

@max_gnp := MAX(GNP)	@max_population := MAX(Population)
8510700.00	1277558000

上列範例執行後所設定的使用者變數，也可以使用在後續的敘述中：

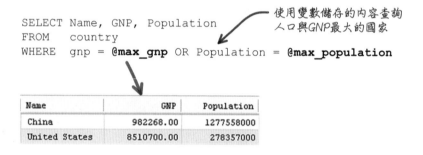

使用變數儲存的內容查詢人口與GNP最大的國家

```
SELECT  Name, GNP, Population
FROM    country
WHERE   gnp = @max_gnp OR Population = @max_population
```

Name	GNP	Population
China	982268.00	1277558000
United States	8510700.00	278357000

你也可以拿使用者變數來執行需要的運算：

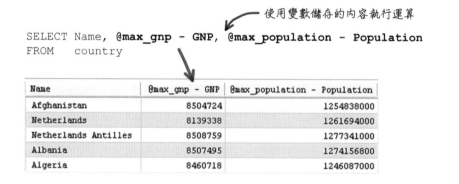

使用變數儲存的內容執行運算

```
SELECT  Name, @max_gnp - GNP, @max_population - Population
FROM    country
```

Name	@max_gnp - GNP	@max_population - Population
Afghanistan	8504724	1254838000
Netherlands	8139338	1261694000
Netherlands Antilles	8508759	1277341000
Albania	8507495	1274156800
Algeria	8460718	1246087000

......

「LIMIT」子句指定的數字不可以使用變數。

12.2　**Prepared Statements 的應用**

　　一個資料庫在建立好並開始使用以後，資料庫伺服器就會接收各種不同的敘述來執行工作。以查詢敘述來說，有一些敘述可能大部份的內容都是一樣的，只有在條件的設定上會不一樣。就算這些敘述的內容是差不多的，資料庫伺服器每次接收到敘述時，還是要依照流程執行一些同樣的工作：

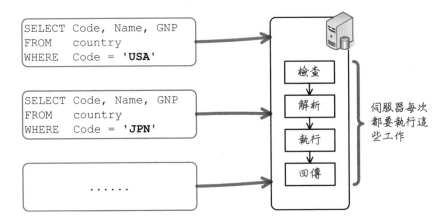

　　如果有「許多要執行的敘述，可是內容卻相似」的情況，可以使用「Prepared statements」改善資料庫的效率。首先，你要把這種敘述先準備好：

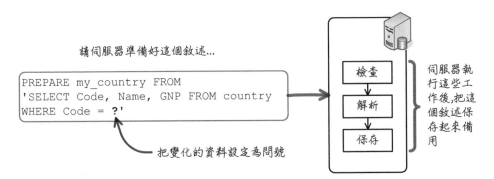

　　伺服器已經準備好的敘述就稱為「prepared statement」，後續要使用這種敘述前，要先設定好 prepared statement 需要的資料。在上列的範例中，因為 prepared statement 的內容中有一個問號，所以你要先設定好一個資料，也就是國家的代碼。然後再請伺服器執行指定的 prepared statement，伺服器就會傳回執行後的結果了：

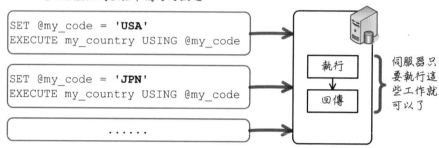

使用變數設定必要的資料後,再執行
這個已經在伺服器準備好的敘述

```
SET @my_code = 'USA'
EXECUTE my_country USING @my_code
```

```
SET @my_code = 'JPN'
EXECUTE my_country USING @my_code
```

執行
↓
回傳

伺服器只
要執行這
些工作就
可以了

......

12.3 建立、執行與移除 Prepared Statements

如果有「許多要執行的敘述,可是內容卻相似」的情形,你就可以考慮請
伺服器把這種敘述建立為 prepared statement。下列是建立 prepared statement
的語法:

使用「PREPARE」與「FROM」

在單引號或雙引號中填
入要伺服器準備的敘述

PREPARE 名稱 FROM '敘述'

取一個名稱

如果經常需要查詢某個國家的代碼、名稱與 GNP 的話,你可以建立一個下
列的 prepared statement。敘述中的問號是「參數標記、parameter marker」,表
示執行這個 prepared statement 需要一個參數資料:

名稱為「my_country」

把變化的資料設定為問號,表
示執行這個敘述需要一個資料

```
PREPARE my_country FROM
'SELECT Code, Name, GNP FROM world.country WHERE Code = ?'
```

建立好需要的 prepared statement 以後，你必須使用「EXECUTE」來執行它：

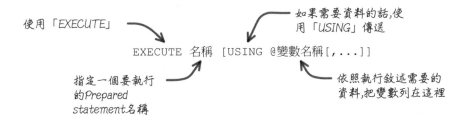

使用「EXECUTE」

如果需要資料的話,使用「USING」傳送

EXECUTE 名稱 [USING @變數名稱[,...]]

指定一個要執行的Prepared statement名稱

依照執行敘述需要的資料,把變數列在這裡

執行一個 prepared statement 並不一定需要傳送資料給它，要依據 prepared statement 包含的敘述中有沒有問號來決定。如果有問號的話，一個問號就需要先設定好一個使用者變數，然後再使用「USING」傳送資料給 prepared statement 使用：

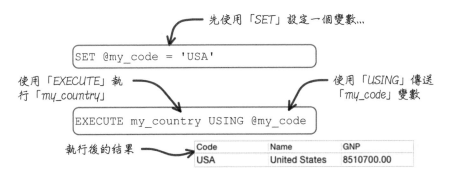

先使用「SET」設定一個變數...

SET @my_code = 'USA'

使用「EXECUTE」執行「my_country」

使用「USING」傳送「my_code」變數

EXECUTE my_country USING @my_code

執行後的結果

Code	Name	GNP
USA	United States	8510700.00

後續要執行這個查詢時，只要依照同樣的步驟就可以查詢其它的國家資料：

SET @my_code = 'JPN'　把變數內容重新設定為「JPN」

EXECUTE my_country USING @my_code　再執行一次

Code	Name	GNP
JPN	Japan	3787042.00

執行後的結果

如果一個 prepared statement 已經不需要了，可以使用下列的語法，從伺服器中刪除指定的 prepared statement：

使用「DELLOCATE」或「DROP」都可以

{ DEALLOCATE | DROP } PREPARE 名稱

指定一個要刪除的Prepared statement名稱

下列的敘述執行以後會刪除名稱為「my_country」的 prepared statement：

刪除「my_country」

DEALLOCATE PREPARE my_country

12.4　Prepared Statements 的參數

在建立 prepared statement 時，你會依照敘述的需求設定參數標記，這些參數標記也決定執行 prepared statement 時，需要傳送多少參數資料給它才可以正確的執行。以下列新增紀錄的敘述來說，它就使用了三個參數標記，依照順序為部門編號、名稱與地點：

名稱為「new_dept」

需要三個資料給「INSERT」敘述使用

PREPARE new_dept FROM
'INSERT INTO cmdev.dept VALUES (?, ?, ?)'

根據 prepared statement 使用的參數標記，在執行 prepared statement 時一定要傳送正確的參數資料，否則會產生錯誤訊息：

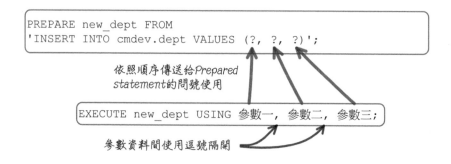

PREPARE new_dept FROM
'INSERT INTO cmdev.dept VALUES (?, ?, ?)';

依照順序傳送給Prepared statement的問號使用

EXECUTE new_dept USING 參數一, 參數二, 參數三;

參數資料間使用逗號隔開

　　下列的範例先把要新增部門的編號、名稱與地點資料設定為使用者變數，在執行「new_dept」時傳送給它使用：

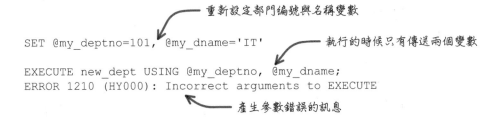

使用「*SET*」設定三個變數，
依序為部門編號,名稱與地點

```
SET @my_deptno=99, @my_dname='HR', @my_location='TAIPEI'

EXECUTE new_dept USING @my_deptno,@my_dname,@my_location
```

執行「*new_dept*」並傳送三個變數

　　如果傳送的參數數量不對的話，就會產生錯誤訊息：

重新設定部門編號與名稱變數

```
SET @my_deptno=101, @my_dname='IT'
```
執行的時候只有傳送兩個變數

```
EXECUTE new_dept USING @my_deptno, @my_dname;
ERROR 1210 (HY000): Incorrect arguments to EXECUTE
```

產生參數錯誤的訊息

　　如果傳送的使用者變數不存在的話，會自動使用「NULL」值代替：

使用一個不存在的變數

```
EXECUTE new_dept USING @my_deptno,@my_dname,@not_exists
```

執行以後不會有錯誤, 不
過會填入「*NULL*」值

deptno	dname	location
101	IT	NULL

12.5 有效範圍

所有使用者變數與 prepared statements 都是某一個用戶端專屬的：

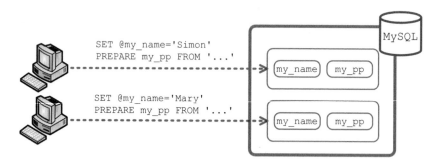

如果用戶端離線以後，他所設定的使用者變數與 prepared statements 都會被清除：

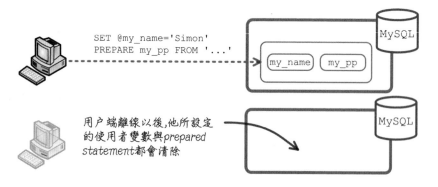

所以建立 prepared statements 時，不可以指定它是屬於哪一個資料庫，否則會有錯誤訊息：

Chapter **13**

Stored Routines 入門

13.1 Stored Routines 的應用

在資料庫管理系統的應用中，不論是一般或網頁的應用程式，它們在執行查詢與維護資料的時候，都必須使用 SQL 敘述請資料庫執行各種不同的工作。一些比較複雜的應用程式需求，經常會發生需要處理類似下列一組工作的情況：

刪除已經存在的表格
```
DROP TABLE IF EXISTS mycountry
```

設定要處理的國家代碼
```
SET @my_code := 'JPN'
```

查詢國家的人口數
```
SELECT @pop_var := Population
FROM    country
WHERE   Code = @my_code
```

建立新表格
```
CREATE TABLE mycountry
SELECT    Code, Name, GNP, Population
FROM      country
WHERE     Code = @my_code OR Population > @pop_var
ORDER BY Population
```

SQL 敘述的特點是一次只能執行一件工作，所以要完成上列的工作，就必須執行好幾個 SQL 敘述。如果經常執行這一組工作，你就可以考慮把這些要執行的敘述建立為「Stored procedure」元件：

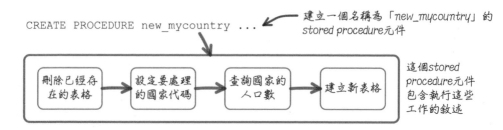

把這一組工作建立為 Stored procedure 元件，以後需要執行這些工作的時候，就可以呼叫（call）這個建立好的 Stored procedure 元件：

要建立人口數比「USA」多的國家表格時，只要傳入指定的國家代碼就可以了：

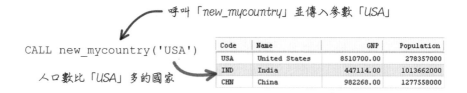

Stored procedures 是 Stored routines 其中一種元件，你可以視需要在資料庫建立許多不同用途的 Stored procedure 元件。它可以包含需要執行的一組工作，也可以依照需求設定參數資料，例如上列範例的國家代碼。呼叫這些建立好的 Stored procedure 可以幫你省掉很多繁複的工作，請資料庫一次完成所有需要執行的敘述。

Stored routines 另外提供一種「Stored functions」元件，除了 MySQL 資料庫提供許多各種不同的函式外，你也可以建立自己的函式，這種函式稱為 Stored functions。例如下列的範例：

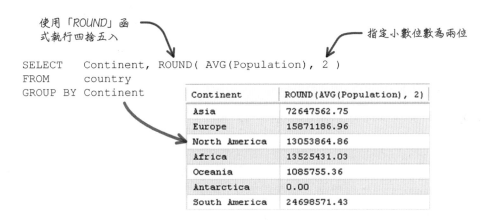

使用「ROUND」函式執行四捨五入

指定小數位數為兩位

```
SELECT    Continent, ROUND( AVG(Population), 2 )
FROM      country
GROUP BY  Continent
```

Continent	ROUND(AVG(Population), 2)
Asia	72647562.75
Europe	15871186.96
North America	13053864.86
Africa	13525431.03
Oceania	1085755.36
Antarctica	0.00
South America	24698571.43

你可以自己建立一個名稱為「ROUND2」的 Stored functions，這個函式固定將一個指定的數值四捨五入到小數兩位：

建立一個名稱為「ROUND2」的 stored function 元件

```
CREATE FUNCTION ROUND2 ... RETURNS double(30,2)
```

這個函式會將指定的數字四捨五入到小數兩位後傳回

建立好需要的 Stored function 元件以後，它的用法就跟你在使用 MySQL 提供的函式一樣：

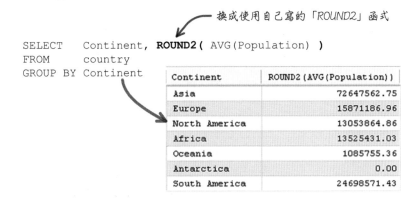

換成使用自己寫的「ROUND2」函式

```
SELECT    Continent, ROUND2( AVG(Population) )
FROM      country
GROUP BY  Continent
```

Continent	ROUND2(AVG(Population))
Asia	72647562.75
Europe	15871186.96
North America	13053864.86
Africa	13525431.03
Oceania	1085755.36
Antarctica	0.00
South America	24698571.43

　　你可以在資料庫中建立許多需要的 Stored functions，把一些比較複雜工作建立為 Stored functions 元件以後，就可以跟使用 MySQL 提供的函式一樣來使用它們，同樣可以簡化許多繁複的工作。

　　MySQL 資料庫管理系統把 Stored procedures 與 Stored functions 合稱為 Stored routines。Stored procedures 通常會簡稱為「procedures」，Stored functions 通常會簡稱為「functions」。

13.1.1　Stored Procedures 介紹

　　Stored procedures 元件是一種可以建立、維護與刪除的資料庫元件。表格元件是用來儲存資料用的，索引元件是儲存索引與增加效率用的，而 Stored procedures 元件是用來「儲存程序」用的。程序表示一組特定的工作，如果在使用資料庫的過程中，經常需要執行一組同樣的工作，你就可以考慮把執行工作需要的敘述建立為 Stored procedures 元件。下列是建立 Stored procedures 元件的基本語法：

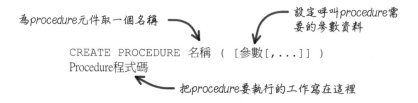

下列是刪除 Stored procedures 元件的基本語法：

下列是呼叫 Stored procedures 元件的基本語法：

13.1.2　Stored Functions 介紹

　　如果 MySQL 提供的函式無法完成你的工作，或是想要改善一些比較複雜的工作，你可以自己建立需要的 Sotred functions 元件。跟 Stored procedures 一樣，它也是一種用來「儲存程序」的元件，不過建立好的 Stored procedures 元件要使用「CALL」來呼叫，也就是請資料庫執行儲存在 Stored procedures 中的工作。要使用建立好的 Stored functions 元件，就跟使用 MySQL 提供的函式一樣的用法。下列是建立 Stored functions 元件的基本語法：

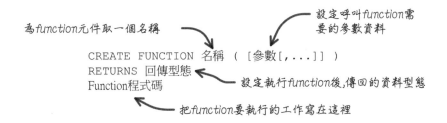

下列是刪除 Stored functions 元件的基本語法：

13.2　在 MySQL Workbench 管理 Stored routines

　　Stored routines 元件中可以包含許多要執行的 SQL 敘述，在後續的說明中，它也可以包含宣告與設定變數，還有控制執行流程的指令。所以 Stored routines 元件其實就有一點類似開發應用程式用的程式語言，不過它不會像程式語言那麼複雜，而且大部份都是跟資料庫相關的 SQL 敘述。

13.2.1　SQL Script、DELIMITER 與 Stored routines

建立需要的 Stored routines 元件使用「CREATE PROCEDURE」或「CREATE FUNCTION」敘述，雖然它們跟其它的 SQL 敘述一樣，也是請資料庫執行一件工作，不過 Stored routines 通常會包含許多需要的敘述，所以通常會使用「SQL script」來執行建立 Stored routines 的工作。

SQL script 是一個包含許多 SQL 敘述的檔案，你可以把想要執行的 SQL 敘述都集中在一個檔案。以建立範例資料庫的「cmdev.sql」檔案來說，它的內容會像這樣：

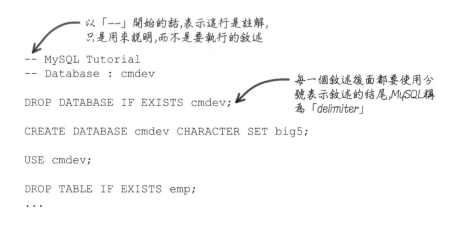

```
                    以「--」開始的話,表示這行是註解,
                    只是用來說明,而不是要執行的敘述

-- MySQL Tutorial
-- Database : cmdev
                              每一個敘述後面都要使用分
DROP DATABASE IF EXISTS cmdev;     號表示敘述的結尾,MySQL稱
                                   為「delimiter」
CREATE DATABASE cmdev CHARACTER SET big5;

USE cmdev;

DROP TABLE IF EXISTS emp;
...
```

MySQL 使用分號作為預設的「delimiter」，MySQL 在執行檔案中的敘述時，以 delimiter 來分辨一個 SQL 敘述的範圍。MySQL 提供的「DELIMITER」指令，可以修改預設的 delimiter 符號：

```
DELIMITER $$              使用「DELIMITER」把delimiter從「;」
                         設定為「$$」
-- MySQL Tutorial
-- Database : cmdev
                              每一個敘述後面
DROP DATABASE IF EXISTS cmdev$$    都要使用「$$」

CREATE DATABASE cmdev CHARACTER SET big5$$

USE cmdev$$

DROP TABLE IF EXISTS emp$$
...
DELIMITER ;          在結尾把delimiter設定為預設的「;」
```

　　一般的應用通常不會去修改預設的 delimiter 符號，可是在建立 Stored routines 元件的 SQL script 檔案就需要使用了。下列是建立 Stored procedure 元件的基本內容：

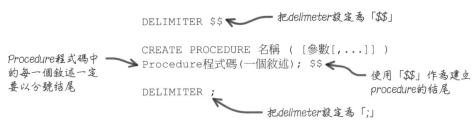

```
DELIMITER $$        ← 把delimiter設定為「$$」

CREATE PROCEDURE 名稱 ( [參數[,...]] )
Procedure程式碼(一個敘述); $$    ← 使用「$$」作為建立
                                   procedure的結尾
DELIMITER ;         ← 把delimiter設定為「;」
```

Procedure程式碼中的每一個敘述一定要以分號結尾

　　現在準備建立一個的 Stored procedure 元件，在「MySQL Workbench」中選擇功能表「File -> New Query Tab」，輸入下列建立 procedure 的敘述：

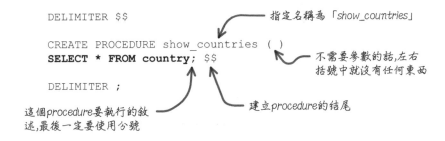

```
DELIMITER $$            ← 指定名稱為「show_countries」

CREATE PROCEDURE show_countries ( )
SELECT * FROM country; $$    ← 不需要參數的話,左右
                                括號中就沒有任何東西
DELIMITER ;
```

這個procedure要執行的敘述,最後一定要使用分號
建立procedure的結尾

　　完成建立 procedure 的敘述以後，選擇 MySQL Workbench 功能表「Query -> Execute (All or Selection)」，執行以後如果沒有發生任何錯誤，就可以在 Stored Procedures 目錄下看到新建立的 procedure 元件：

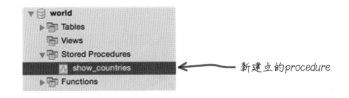

新建立的procedure

　　上列範例所建立的「show_countries」procedure 元件，只有包含一個查詢國家資料的敘述，如果一個 procedure 元件執行的工作只是這樣的話，就不需要建立 procedure 元件。所以 procedure 元件通常會包含許多要執行的敘述，這時候就一定要使用「BEGIN」與「END」。下列是建立包含多個敘述的 Stored procedure 元件基本架構：

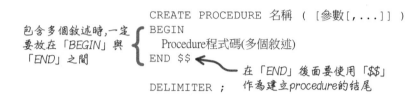

下列的「my_world_count」procedure 元件，它可以一次查詢國家、語言與城市三個表格的數量：

```
DELIMITER $$                         指定名稱為「my_world_count」

CREATE PROCEDURE my_world_count ( )
BEGIN
    SELECT COUNT(*) countrycount FROM country;
    SELECT COUNT(*) languagecount FROM countrylanguage;
    SELECT COUNT(*) citycount FROM city;
END $$

DELIMITER ;
```

包含多個敘述

使用 SQL script 建立 functions 元件，同樣要使用「DELIMITER」關鍵字設定 delimiter。「CREATE FUNCTION」的語法另外包含「RETURNS」與「RETURN」兩個關鍵字。下列是建立 Stored functions 元件的基本內架構：

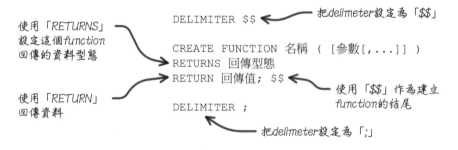

以下列的「my_date」Stored function 來說，它會傳回「年/月/日 時:分:秒 星期」格式的日期時間資料：

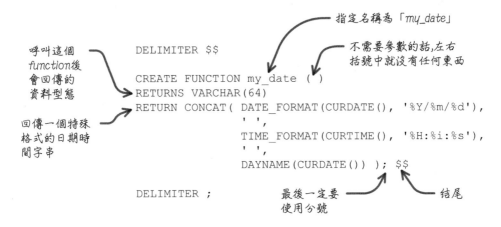

```
DELIMITER $$

CREATE FUNCTION my_date ( )
RETURNS VARCHAR(64)
RETURN CONCAT( DATE_FORMAT(CURDATE(), '%Y/%m/%d'),
                ' ',
               TIME_FORMAT(CURTIME(), '%H:%i:%s'),
                ' ',
               DAYNAME(CURDATE()) ); $$

DELIMITER ;
```

指定名稱為「my_date」

不需要參數的話,左右
括號中就沒有任何東西

呼叫這個
function後
會回傳的
資料型態

回傳一個特殊
格式的日期時
間字串

最後一定要
使用分號

結尾

如果 function 元件包含許多要執行的敘述,也一定要使用「BEGIN」與
「END」。下列是建立包含多個敘述的 Stored functions 元件基本架構:

```
DELIMITER $$

CREATE FUNCTION 名稱 ( [參數[,...]] )
RETURNS 回傳型態
BEGIN
    Function程式碼(多個敘述)
END $$

DELIMITER ;
```

包含多個敘述時,一定
要放在「BEGIN」與
「END」之間

在「END」後面要使用「$$」
作為建立function的結尾

下列的「my_date2」Stored function 元件,因為包含多個需要執行的敘述,
所以一定要使用「BEGIN」與「END」:

```
DELIMITER $$

CREATE FUNCTION my_date2 ( )
RETURNS VARCHAR(64)
BEGIN
    DECLARE d, t, w VARCHAR(24);

    SET d = DATE_FORMAT(CURDATE(), '%Y/%m/%d');
    SET t = TIME_FORMAT(CURTIME(), '%H:%i:%s');
    SET w = DAYNAME(CURDATE());

    RETURN CONCAT( d, ' ', t, ' ', w );
END $$

DELIMITER ;
```

指定名稱為「my_date2」

「DECLARE」目前還沒有討
論,它是執行「宣告變數」的
工作

包含多
個敘述

13.2.2 管理 Stored Procedures

除了使用 SQL script 建立需要的 Stored Procedures，你也可以使用 MySQL Workbench 提供的功能來管理 Stored Procedures。如果需要建立新的 procedure 元件：

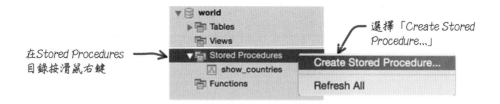

在 *Stored Procedures* 目錄按滑鼠右鍵

選擇「*Create Stored Procedure...*」

MySQL Workbench 會幫你建立一個基本的 procedure 樣版：

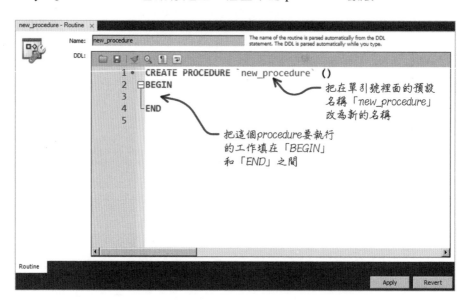

把在單引號裡面的預設名稱「*new_procedure*」改為新的名稱

把這個 procedure 要執行的工作填在「*BEGIN*」和「*END*」之間

完成這個 procedure 的內容以後，選擇「Apply」按鈕：

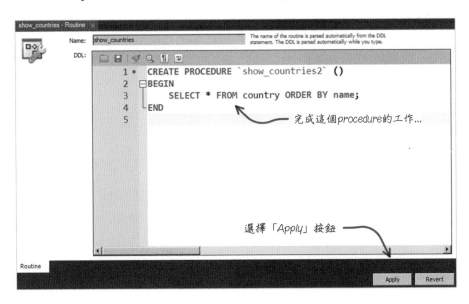

MySQL Workbench 顯示準備執行的內容，它會自動為你加入一些需要的敘述，例如 USE 與 DELIMITER 敘述。選擇「Apply」按鈕執行建立 procedure 的工作：

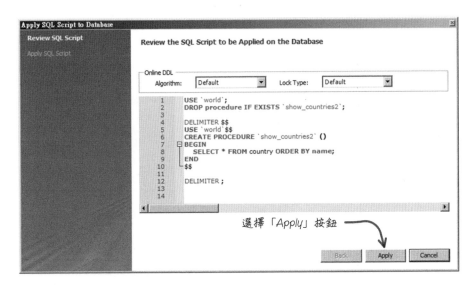

如果沒有任何錯誤，MySQL Workbench 已經建立好 procedure 元件，選擇「Finish」按鈕：

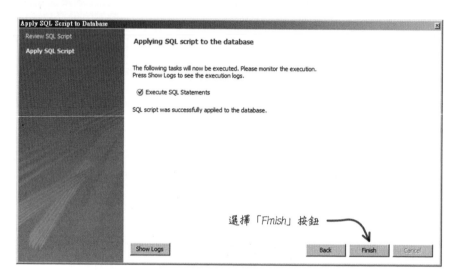

在 Stored Procedures 目錄下可以看到新建立的 procedure 元件：

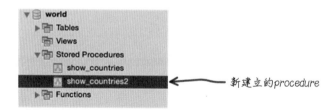

如果需要修改或刪除已經建立好的 procedure，同樣可以在 MySQL Workbench 執行需要的工作：

13.2.3　管理 Stored Functions

你也可以使用 MySQL Workbench 管理 Stored functions。如果需要建立新的 function 元件：

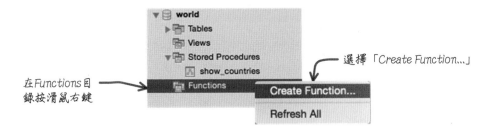

MySQL Workbench 會幫你建立一個基本的 function 樣版：

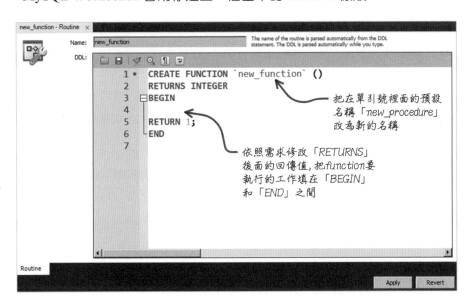

完成這個 function 的內容以後，選擇「Apply」按鈕：

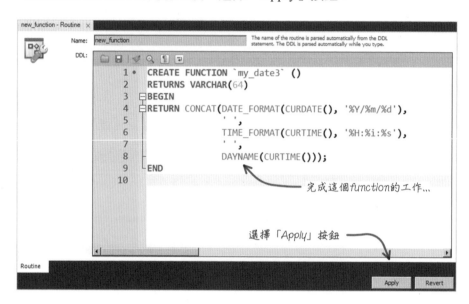

MySQL Workbench 顯示準備執行的內容，它會自動為你加入一些需要的敘述，例如 USE 與 DELIMITER 敘述。選擇「Apply」按鈕執行建立 function 的工作：

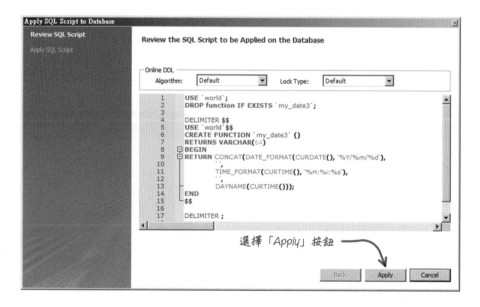

如果沒有任何錯誤，MySQL Workbench 已經建立好 function 元件，選擇
「Finish」按鈕：

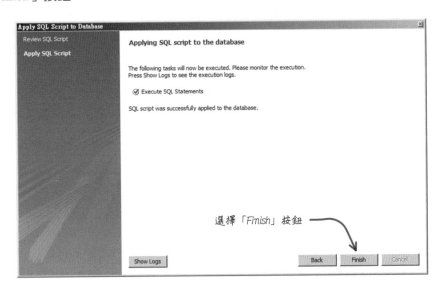

在 Functions 目錄下可以看到新建立的 function 元件：

如果需要修改或刪除已經建立好的 function，同樣可以在 MySQL
Workbench 執行需要的工作：

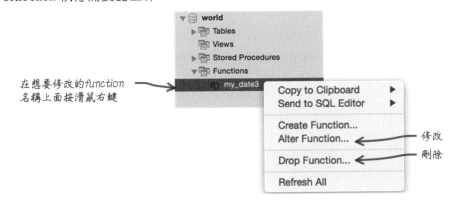

13.3 Stored Routines 的參數

Stored routines 可以使用參數(parameters)讓使用者傳送資料給它使用，procedures 與 functions 都可以依照需要決定參數的個數與型態。

13.3.1 Stored Functions 的參數

Function 參數的決定會比 procedure 簡單，function 的參數用來接收需要使用的資料。你必須決定每一個參數的名稱和型態，再依照自己決定的順序定義在 function 中：

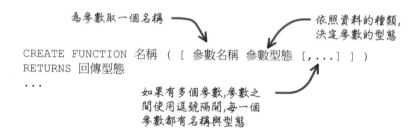

為參數取一個名稱

依照資料的種類，決定參數的型態

```
CREATE FUNCTION 名稱 ( [ 參數名稱 參數型態 [,...] ] )
RETURNS 回傳型態
...
```

如果有多個參數,參數之間使用逗號隔開,每一個參數都有名稱與型態

以下列一個提供合計功能的 function 來說，它需要兩個「INT」型態的整數參數：

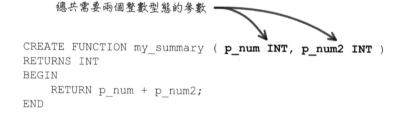

總共需要兩個整數型態的參數

```
CREATE FUNCTION my_summary ( p_num INT, p_num2 INT )
RETURNS INT
BEGIN
    RETURN p_num + p_num2;
END
```

在呼叫「my_summary」的時候，依照參數的定義，指定兩個要合計的整數數值，這個 function 會將兩個傳入的整數數值加起來後回傳給你：

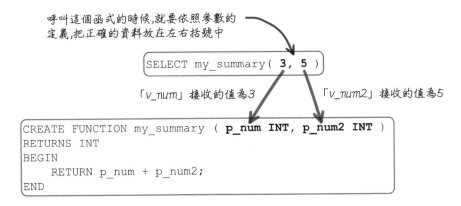

呼叫這個函式的時候,就要依照參數的
定義,把正確的資料放在左右括號中

```
SELECT my_summary( 3, 5 )
```

「v_num」接收的值為3　　　　　　「v_num2」接收的值為5

```
CREATE FUNCTION my_summary ( p_num INT, p_num2 INT )
RETURNS INT
BEGIN
    RETURN p_num + p_num2;
END
```

在呼叫 function 的時候,一定要依照參數的定義,傳送正確個數的參數資料:

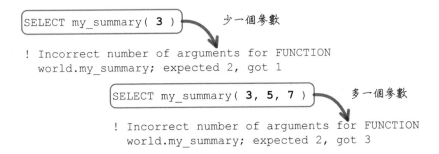

```
SELECT my_summary( 3 )
```
少一個參數

```
! Incorrect number of arguments for FUNCTION
  world.my_summary; expected 2, got 1
```

```
SELECT my_summary( 3, 5, 7 )
```
多一個參數

```
! Incorrect number of arguments for FUNCTION
  world.my_summary; expected 2, got 3
```

除了參數的個數外,你也要遵守參數型態的規定:

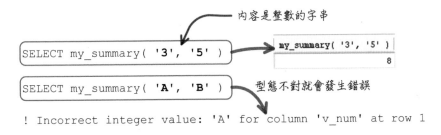

內容是整數的字串

```
SELECT my_summary( '3', '5' )
```

my_summary('3', '5')
8

```
SELECT my_summary( 'A', 'B' )
```
型態不對就會發生錯誤

```
! Incorrect integer value: 'A' for column 'v_num' at row 1
```

一個 function 的定義不一定需要參數，以下列的範例來說，呼叫「my_date」時並不需要傳送任何參數，不過無論是否需要參數，在呼叫 function 時，名稱後面的左右括號是不可以省略的：

13.3.2 Stored Procedures 的參數

Procedure 參數的定義與 function 大致上相同，除了必須決定每一個參數的名稱、型態與順序，你還需要決定每一個參數的用途：

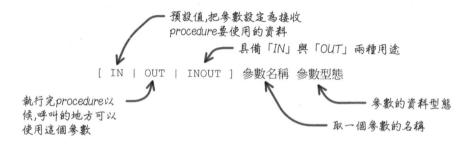

下列是 procedure 參數用途的說明：

- IN：「輸入、input」用的參數。這種參數與 function 中的參數完全一樣，在呼叫 procedure 時傳送資料給 procedure 使用。

- OUT：「輸出、output」用的參數。在呼叫 procedure 時，不能接收傳送的資料，不過 procedure 在執行的時候，可以設定這種參數的值，新的值在執行完成後，可以回傳給呼叫的地方使用。

- INOUT：「輸入與輸出、input 與 output」用的參數。同時具有「IN」與「OUT」兩種用途。

下列是說明這三種用途參數的範例：

```
CREATE PROCEDURE test_param ( IN pi_in INT,
                              OUT po_out INT,
                              INOUT pio_inout INT )
BEGIN
    SELECT pi_in, po_out, pio_inout;

    SET pi_in = 99, po_out = 99, pio_inout = 99;
END
```

設定為「IN」,「OUT」
與「INOUT」三種參數

顯示三個參數的值

設定三個參數的值

呼叫 procedure 時一定要依照定義的參數個數與型態來傳送資料：

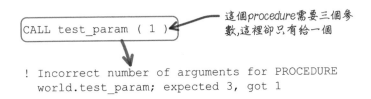

```
CALL test_param ( 1 )
```

這個procedure需要三個參
數,這裡卻只有給一個

```
! Incorrect number of arguments for PROCEDURE
  world.test_param; expected 3, got 1
```

呼叫 procedure 傳送的參數資料，會因為不同的用途而有不同的限制：

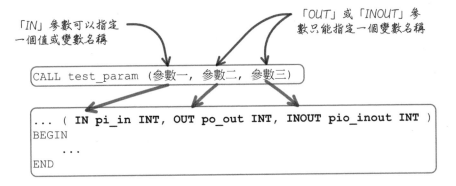

「IN」參數可以指定
一個值或變數名稱

「OUT」或「INOUT」參
數只能指定一個變數名稱

```
CALL test_param (參數一，參數二，參數三)
```

```
... ( IN pi_in INT, OUT po_out INT, INOUT pio_inout INT )
BEGIN
    ...
END
```

如果違反參數用途上的規定就會發生錯誤：

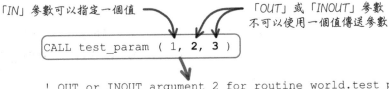

「IN」參數可以指定一個值

「OUT」或「INOUT」參數
不可以使用一個值傳送參數

```
CALL test_param ( 1, 2, 3 )
```

```
! OUT or INOUT argument 2 for routine world.test_param
  is not a variable or NEW pseudo-variable in BEFORE
  trigger
```

所以在呼叫 procedure 的時候，「OUT」與「INOUT」參數必須指定變數名稱，這是因為「OUT」與「INOUT」參數在執行完成後會回傳資料，使用變數名稱才可以接收 procedure 回傳的資料：

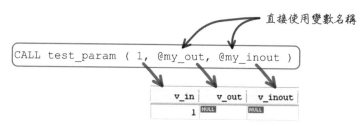

執行 procedure 以後，指定給「OUT」與「INOUT」的變數名稱，就會儲存在 procedure 中設定的值：

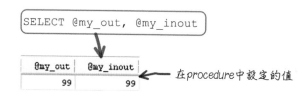

如果在呼叫 procedure 之前，先把參數資料設定為使用者變數，再把它們指定給參數使用：

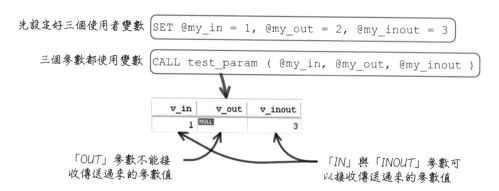

執行上列呼叫 procedure 的敘述後，你可以發現設定為 OUT 用途的參數是不能接收參數資料的。而下列查詢使用者變數的敘述，可以發現設定為 IN 用途的參數沒有回傳資料的功能：

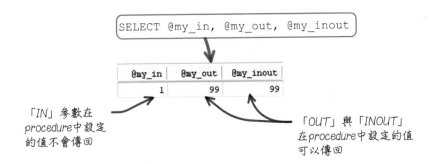

「IN」參數在
*procedure*中設定
的值不會傳回

「*OUT*」與「*INOUT*」
在*procedure*中設定的值
可以傳回

以下列的範例來說，呼叫「country_count」需要一個洲名的參數，執行以後，它會使用你的洲名執行查詢國家的數量。這個洲名參數的需求，只是用來設定查詢條件用的，並不需要回傳資料，所以這樣的參數適合設定為 IN：

這個*procedure*需要接收一
個洲名的參數,它會顯示指
定洲名的國家數量

洲名的參數用來設定條件
用的,所以設定為「IN」

使用接收到的參數設定查詢條件

下列的範例先設定好一個使用者變數儲存洲名，再呼叫「country_count」：

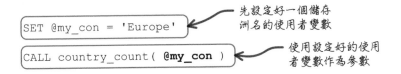

先設定好一個儲存
洲名的使用者變數

使用設定好的使用
者變數作為參數

在 procedure 與 function 中，MySQL 提供一種特別的查詢敘述。一般的查詢敘述是用來回傳需要的資料用的，而這種查詢敘述可以把「SELECT」子句中指定的資料設定給變數：

把運算式的值...

使用「*INTO*」關鍵字

指定給這些變數

以下列的範例來說，呼叫「country_count2」需要一個洲名的參數，它會使用你的洲名執行查詢國家的數量，執行以後回傳國家的數量給你。所以這個 procedure 需要第二個參數用來回傳國家的數量，這樣的參數需求，國家數量的參數適合設定為 OUT：

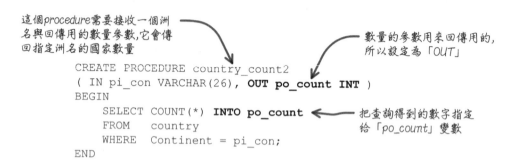

這個procedure需要接收一個洲名與回傳用的數量參數,它會傳回指定洲名的國家數量

數量的參數用來回傳用的,所以設定為「OUT」

```
CREATE PROCEDURE country_count2
( IN pi_con VARCHAR(26), OUT po_count INT )
BEGIN
    SELECT COUNT(*) INTO po_count
    FROM    country
    WHERE   Continent = pi_con;
END
```

把查詢得到的數字指定給「po_count」變數

呼叫「country_count2」時要提供洲名與接收國家數量的變數名稱，在 procedure 執行以後，使用者變數「my_count」就會儲存國家數量了：

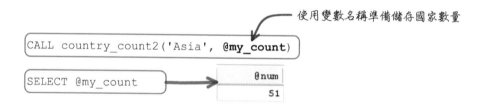

使用變數名稱準備儲存國家數量

```
CALL country_count2('Asia', @my_count)
```

```
SELECT @my_count
```

@num
51

Chapter 14

Stored Routines 的變數與流程

14.1 宣告與使用變數

在 Stored routines 中可以宣告需要的參數，如果需要處理比較複雜的資料，你也可以宣告「區域變數、local variables」。下列是宣告區域變數的語法與位置：

在左右括號中宣告的procedure或function需要的參數

```
CREATE {PROCEDURE | FUNCTION} 名稱 ( [參數[,...]] )
BEGIN
    [ DECLARE 變數名稱[,...] 變數型態 [DEFAULT 值] ]
    ...
END
```

宣告在procedure或function中需要的「區域變數」

所有宣告的敘述後面才可以開始寫要執行的敘述

下列是幾種宣告區域變數的範例：

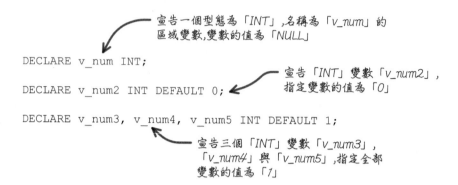

宣告一個型態為「INT」,名稱為「v_num」的
區域變數,變數的值為「NULL」

```
DECLARE v_num INT;
```

宣告「INT」變數「v_num2」,
指定變數的值為「0」

```
DECLARE v_num2 INT DEFAULT 0;
```

```
DECLARE v_num3, v_num4, v_num5 INT DEFAULT 1;
```

宣告三個「INT」變數「v_num3」,
「v_num4」與「v_num5」,指定全部
變數的值為「1」

宣告需要的區域變數以後，你就可以在 stored routines 使用它們，需要指定變數值的話，可以使用下列兩種語法：

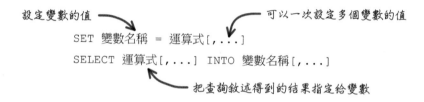

設定變數的值

可以一次設定多個變數的值

```
SET 變數名稱 = 運算式[,...]
SELECT 運算式[,...] INTO 變數名稱[,...]
```

把查詢敘述得到的結果指定給變數

下列是宣告與使用 SET 敘述設定變數的範例：

```
CREATE FUNCTION test_variable () RETURNS INT
BEGIN
    DECLARE v_num, v_num2, v_num3 INT;         宣告三個「INT」變數

    SET v_num = 3, v_num2 = 5;                 設定變數「v_num」與
    SET v_num3 = v_num + v_num2;               「v_num2」的值
    RETURN v_num3;                             設定變數「v_num3」的值
END
```

下列的範例使用 SELECT 敘述，把查詢敘述回傳的資料指定給變數：

```
CREATE FUNCTION world_rec_count ( ) RETURNS INT
BEGIN
    DECLARE v_country, v_city, v_countrylanguage INT;
    DECLARE v_total INT DEFAULT 0;

    SELECT COUNT(*) INTO v_country FROM country;
    SELECT COUNT(*) INTO v_city FROM city;
    SELECT COUNT(*) INTO v_countrylanguage FROM countrylanguage;

    SET v_total = v_country + v_city + v_countrylanguage;

    RETURN v_total;
END
```

設定紀錄數量
給三個變數

加總所有紀錄數量後設
定給變數「v_total」

回傳加總

在 Stored routines 中宣告區域變數，一定要放在 BEGIN 與 END 區塊中：

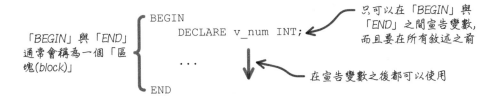

「BEGIN」與「END」
通常會稱為一個「區
塊(block)」

```
BEGIN
    DECLARE v_num INT;

    ...

END
```

只可以在「BEGIN」與
「END」之間宣告變數，
而且要在所有敘述之前

在宣告變數之後都可以使用

在一個 Stored routines 中，除了基本的 BEGIN 與 END 區塊，也可以再使用 BEGIN 與 END 設定額外的區塊，每一個區塊都可以宣告需要的區域變數：

```
CREATE {PROCEDURE | FUNCTION} 名稱 ( [參數[,...]] )
BEGIN
    DECLARE v_num INT;

    BEGIN
        DECLARE v_num2 INT;

        ...
    END;
    ...
END;
```

在「BEGIN」與
「END」之間,也可
以包含「BEGIN」
與「END」

有需要的話,在「BEGIN」與
「END」之間都可以宣告變數

在 BEGIN 與 END 區塊中宣告的區域變數，只有在宣告的區塊中有效，這也是它稱為區域變數的原因：

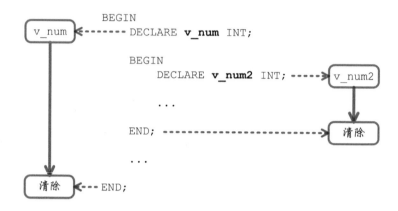

如果你使用一個已經被清除的區域變數，在建立 stored routines 時不會有問題，不過使用的時候就會發生錯誤：

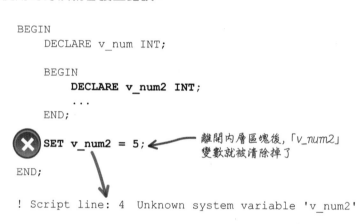

在同一個區塊宣告變數的時候，不可以使用同樣的變數名稱。不過你可以在內層區塊中，使用外層區塊已經使用過的變數名稱，可是要特別注意它們的有效範圍：

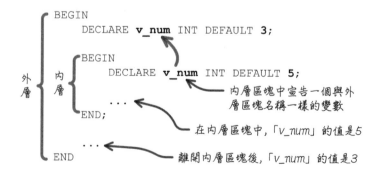

在撰寫 stored routines 的時候，如果在多個區塊中宣告變數，應該還是使用不同的變數名稱會好一些。

14.2　判斷

建立與使用 stored routines 可以幫你一次執行許多敘述，簡化資料庫的操作。除了這個好處外，stored routines 還提供許多判斷的語法，讓你可以執行需要的判斷，再根據判斷的結果執行不同的工作。

14.2.1　IF

MySQL 在 stored routines 提供「IF」敘述，你可以在 IF 敘述中設定判斷的條件，還有條件成立時要執行的工作。下列是 IF 敘述的語法：

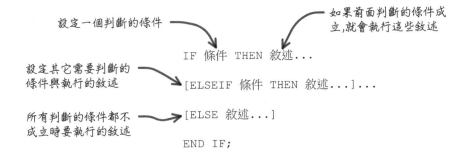

下列的 procedure 範例接收一個表示體重的整數參數，它會使用這個參數來判斷體重是否太重，如果超過 100 公斤的話，就會顯示「You are heavy!」：

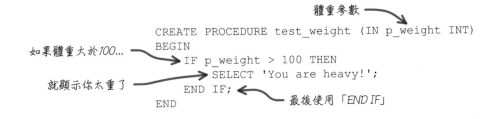

呼叫上列的「test_weight」procedure 範例會有下列的結果:

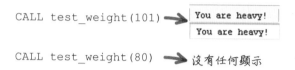

CALL test_weight(101) ➡ You are heavy!
                     You are heavy!

CALL test_weight(80) ➡ 沒有任何顯示

如果你希望體重超過 100 公斤時,顯示「You are heavy!」,體重沒有超過 100 公斤時,顯示「Good!」。這樣的需求可以在 IF 敘述中使用「ELSEIF」判斷其它需要的條件:

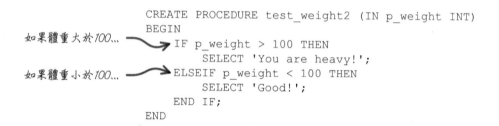

```
                    CREATE PROCEDURE test_weight2 (IN p_weight INT)
                    BEGIN
如果體重大於100... ➡     IF p_weight > 100 THEN
                            SELECT 'You are heavy!';
如果體重小於100... ➡     ELSEIF p_weight < 100 THEN
                            SELECT 'Good!';
                        END IF;
                    END
```

呼叫上列的「test_weight2」procedure 範例會有下列的結果:

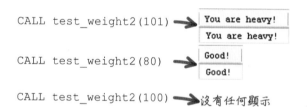

CALL test_weight2(101) ➡ You are heavy!
                       You are heavy!

CALL test_weight2(80) ➡ Good!
                      Good!

CALL test_weight2(100) ➡ 沒有任何顯示

你可以依照需求在 IF 敘述中使用多個 ELSEIF 來判斷不同的條件,也可以使用一個「ELSE」來處理所有條件都不成立時要執行的工作:

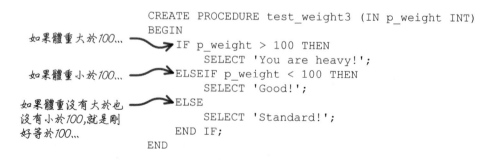

```
                    CREATE PROCEDURE test_weight3 (IN p_weight INT)
                    BEGIN
如果體重大於100... ➡     IF p_weight > 100 THEN
                            SELECT 'You are heavy!';
如果體重小於100... ➡     ELSEIF p_weight < 100 THEN
                            SELECT 'Good!';
如果體重沒有大於也 ➡     ELSE
沒有小於100,就是剛           SELECT 'Standard!';
好等於100...                END IF;
                    END
```

呼叫上列的「test_weight3」procedure 範例會有下列的結果：

標準體重會依照身高與性別而不同，所以會有類似下列這樣的表格：

身高範圍	性別	標準體重
160~164	男	58
	女	52
165~169	男	60
	女	56
170~174	男	64
	女	60

下列是一個依照上列表格所完成的標準體重函式：

身高參數

性別參數,「M」是
男生,「F」是女生

```
CREATE FUNCTION std_weight (p_height INT, p_gender CHAR(1))
RETURNS INT
BEGIN
    DECLARE standard INT DEFAULT 0;          準備用來儲存標準體重的變數

                                             如果身高在160到164之間,而且性別是男生...
    IF (p_height BETWEEN 160 AND 164) AND p_gender = 'M' THEN

        SET standard = 58;          把標準體重設定為58

    ELSEIF (p_height BETWEEN 160 AND 164) AND p_gender = 'F' THEN
        SET standard = 52;
    ELSEIF (p_height BETWEEN 165 AND 169) AND p_gender = 'M' THEN
        SET standard = 60;
    ELSEIF (p_height BETWEEN 165 AND 169) AND p_gender = 'F' THEN
        SET standard = 56;
    ELSEIF (p_height BETWEEN 170 AND 174) AND p_gender = 'M' THEN
        SET standard = 64;
    ELSEIF (p_height BETWEEN 170 AND 174) AND p_gender = 'F' THEN
        SET standard = 60;
    END IF;

    RETURN standard;
END
```

完成可以傳回標準體重的「std_weight」函式以後，就可以用在下列這個判斷體重的 procedure：

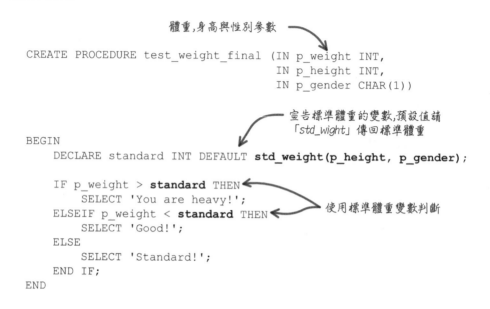

```
CREATE PROCEDURE test_weight_final (IN p_weight INT,
                                    IN p_height INT,
                                    IN p_gender CHAR(1))

BEGIN
    DECLARE standard INT DEFAULT std_weight(p_height, p_gender);

    IF p_weight > standard THEN
        SELECT 'You are heavy!';
    ELSEIF p_weight < standard THEN
        SELECT 'Good!';
    ELSE
        SELECT 'Standard!';
    END IF;
END
```

體重,身高與性別參數

宣告標準體重的變數,預設值請「std_wight」傳回標準體重

使用標準體重變數判斷

14.2.2 CASE

在 stored routines 中還可以使用「CASE」敘述執行條件判斷的工作。CASE 敘述有兩種語法，第一種語法跟 IF 敘述很類似：

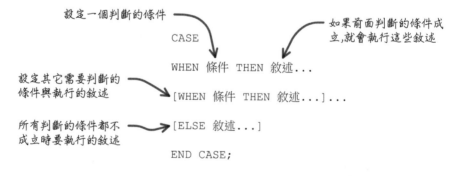

```
CASE

WHEN 條件 THEN 敘述...

[WHEN 條件 THEN 敘述...]...

[ELSE 敘述...]

END CASE;
```

設定一個判斷的條件

如果前面判斷的條件成立,就會執行這些敘述

設定其它需要判斷的條件與執行的敘述

所有判斷的條件都不成立時要執行的敘述

以判斷體重的需求來說，使用 CASE 敘述同樣可以完成：

```
CREATE PROCEDURE test_weight_case (IN p_weight INT,
                                   IN p_height INT,
                                   IN p_gender CHAR(1))
BEGIN
    DECLARE standard INT DEFAULT std_weight(p_height, p_gender);

    CASE
    WHEN p_weight > standard THEN
        SELECT 'You are heavy!';
    WHEN p_weight < standard THEN
        SELECT 'Good!';
    ELSE
        SELECT 'Standard!';
    END CASE;
END
```

宣告標準體重的變數,預設值請「std_wight」傳回標準體重

如果體重大於標準體重

如果體重小於標準體重

如果體重剛好等於標準體重

CASE 敘述還可以使用下列這種語法:

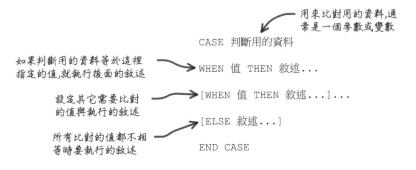

用來比對用的資料,通常是一個參數或變數

CASE 判斷用的資料

如果判斷用的資料等於這裡指定的值,就執行後面的敘述

WHEN 值 THEN 敘述...

設定其它需要比對的值與執行的敘述

[WHEN 值 THEN 敘述...]...

所有比對的值都不相等時要執行的敘述

[ELSE 敘述...]

END CASE

這樣的語法很適合使用在「ENUM」這類資料型態的判斷,例如下列這個判斷季節的 procedure:

接收的數字參數從1到4表示春,夏,秋,冬

```
CREATE FUNCTION get_season (p_num INT)
RETURNS VARCHAR(7)
BEGIN
    DECLARE season VARCHAR(7);

    CASE p_num

    WHEN 1 THEN SET season = 'Spring';
    WHEN 2 THEN SET season = 'Summer';
    WHEN 3 THEN SET season = 'Autumn';
    WHEN 4 THEN SET season = 'Winter';

    END CASE;

    RETURN season;
END
```

把參數放在這裡,準備使用它的值來比對...

參數「season」的值等於1到4的時候,設定季節名稱到變數

回傳季節名稱

使用這種 CASE 語法執行判斷工作時，要特別注意錯誤資料的處理：

```
SELECT get_season(2)
SELECT get_season(3)
SELECT get_season(5)
```

傳入的參數在「CASE」中沒
有對應的值會產生錯誤訊息

```
! Case not found for CASE statement
```

你應該加入「ELSE」來預防錯誤資料造成的問題：

```
CREATE FUNCTION get_season2 (p_num INT)
RETURNS VARCHAR(7)
BEGIN
    DECLARE season VARCHAR(7);

    CASE p_num

    WHEN 1 THEN SET season = 'Spring';
    WHEN 2 THEN SET season = 'Summer';
    WHEN 3 THEN SET season = 'Autumn';
    WHEN 4 THEN SET season = 'Winter';
    ELSE SET season = 'Unknown';

    END CASE;

    RETURN season;
END
```

參數「p_num」的值不等
於1到4的話,設定未知的季
節到變數

14.3 迴圈

如果在 stored routines 需要執行一個工作多次的時候，就可以使用「迴圈、loops」，搭配判斷與迴圈敘述，把一些固定又繁複的工作撰寫成 stored routines 儲存起來，可以大幅度簡化資料庫的操作。

14.3.1　WHILE

下列是用來執行一個工作多次的「WHILE」迴圈語法：

你必須依照需求設定 WHILE 迴圈語法中的判斷條件，由它來控制迴圈是否繼續執行：

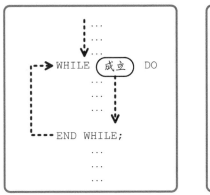 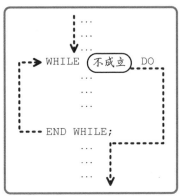

下列的「summary_while」範例可以為你從 1 開始加總到參數指定的數字：

```
CREATE FUNCTION summary_while (p_num INT) RETURNS INT
BEGIN
    DECLARE v_count INT DEFAULT 1;        遞增用的變數

    DECLARE v_total INT DEFAULT 0;        加總用的變數

                                          變數「v_count」的值小於等於
    WHILE v_count <= p_num DO             「p_num」時,迴圈都會執行

        SET v_total = v_total + v_count;
                                          把「v_count」的值加到
        SET v_count = v_count + 1;        「p_total」變數

    END WHILE;        「v_count」的值加1

    RETURN v_total;   最後回傳「p_total」變數的值
END
```

14.3.2 REPEAT

下列是用來執行一個工作多次的「REPEAT」迴圈語法：

```
REPEAT

    敘述...          ◄——— 需要重複執行的敘述

        UNTIL 條件  ◄——— 條件的結果不成立的話,繼續
                          執行;結果成立的話,就離開

END REPEAT;
```

你必須依照需求在 REPEAT 迴圈語法中的 UNTIL 設定判斷條件，由它來控制迴圈是否繼續執行：

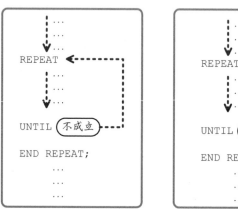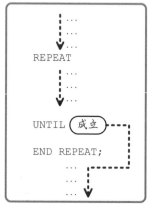

下列的「summary_repeat」範例可以為你從 1 開始加總到參數指定的數字：

```
CREATE FUNCTION summary_repeat (p_num INT) RETURNS INT
BEGIN
    DECLARE v_count INT DEFAULT 1;   ◄——— 遞增用的變數

    DECLARE v_total INT DEFAULT 0;   ◄——— 加總用的變數
                                          ◄——— 把「v_count」的值加到
    REPEAT                                    「p_total」變數
        SET v_total = v_total + v_count;

        SET v_count = v_count + 1;   ◄——— 「v_count」的值加1

        UNTIL v_count > p_num  ◄——— 變數「v_count」的值大於
                                    「p_num」時,迴圈就會離開
    END REPEAT;

    RETURN v_total;   ◄——— 最後回傳「p_total」變數的值
END
```

14.3.3　LOOP

下列是可以用來執行一個工作多次的「LOOP」迴圈語法：

```
LOOP
     敘述...          會不斷的重複執行這些
                      敘述,永遠不會停止
END LOOP;
```

如果只是單獨使用「LOOP」迴圈的話，只要進入迴圈，就會不斷重複執行迴圈中的敘述，永遠不會停止：

```
LOOP
     SELECT 'Hello!';       千萬不要執行這個迴圈!
END LOOP;
```

14.4　標籤

在使用「BEGIN-END」、「WHILE」、「REPEAT」與「LOOP」四種區塊的時候，都可以為它們設定「標籤、label」：

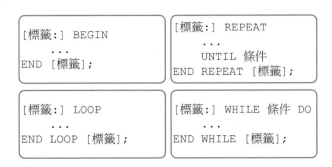

```
[標籤:] BEGIN
    ...
END [標籤];
```

```
[標籤:] REPEAT
    ...
     UNTIL 條件
END REPEAT [標籤];
```

```
[標籤:] LOOP
    ...
END LOOP [標籤];
```

```
[標籤:] WHILE 條件 DO
    ...
END WHILE [標籤];
```

標籤是由你自己為這些區塊取的名字，下列使用 LOOP 迴圈來說明標籤的設定規則，這個規則同樣適用在其它三種區塊：

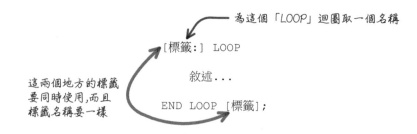

一般的應用通常不需要為區塊設定標籤。為了控制 stored routines 的執行流程，才需要特別設定區塊的標籤。設定標籤以後，就可以搭配使用「LEAVE」敘述來控制流程，下列是 LEAVE 敘述在 LOOP 迴圈中的效果：

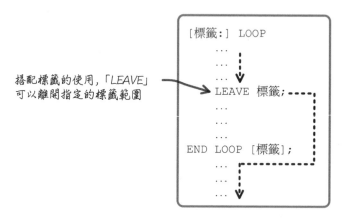

LEAVE 敘述在其它三種區塊中有同樣的效果：

搭配使用 LEAVE 敘述來控制流程，就可以控制 LOOP 迴圈在需要的時候離開。下列的「summary_loop」範例可以為你從 1 開始加總到參數指定的數字：

```
CREATE FUNCTION summary_loop (p_num INT) RETURNS INT
BEGIN
    DECLARE v_count INT DEFAULT 1;        ← 遞增用的變數

    DECLARE v_total INT DEFAULT 0;        ← 加總用的變數
                                             把「v_count」的值加到
                                             「p_total」變數
    my_label: LOOP
        SET v_total = v_total + v_count;

        SET v_count = v_count + 1;        ← 「v_count」的值加1

        IF v_count > p_num THEN           ← 如果變數「v_count」的值
            LEAVE my_label;                  大於「p_num」…
        END IF;
                                          離開「my_label」標籤區塊
    END LOOP my_label;

    RETURN v_total;                       ← 最後回傳「p_total」變數的值
END
```

　　設定標籤以後，也可以搭配使用「ITERATE」敘述來控制流程，下列是 ITERATE 敘述在 LOOP 迴圈中的效果：

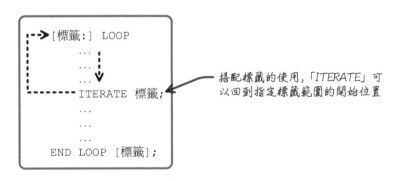

搭配標籤的使用，「ITERATE」可以回到指定標籤範圍的開始位置

　　ITERATE 敘述不可以使用在「BEGIN-END」區塊中，不過它在其它兩種區塊中有同樣的效果：

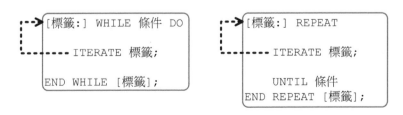

下列的「summary_iterate」範例可以為你從 1 開始加總到參數指定的數字，不過額外使用 ITERATE 敘述，讓這個 function 只會加總奇數：

```
CREATE FUNCTION summary_iterate (p_num INT) RETURNS INT
BEGIN
    DECLARE v_count INT DEFAULT 0;          遞增用的變數,從0開始

    DECLARE v_total INT DEFAULT 0;          加總用的變數

    my_label: WHILE v_count <= p_num DO     變數「v_count」的值小於
                                            等於「p_num」時,迴圈都
        SET v_count = v_count + 1;          會執行
                                            「v_count」的值加1
        IF v_count % 2 = 0 THEN             如果「v_count」是偶數的話...
            ITERATE my_label;
        END IF;                             回到「my_label」區塊的開始位置

        SET v_total = v_total + v_count;
                                            把「v_count」的值加到
    END WHILE my_label;                     「p_total」變數

    RETURN v_total;                         最後回傳「p_total」變數的值
END
```

Chapter 15

Stored Routines 進階

15.1　錯誤編號

　　使用 SQL 敘述請資料庫執行一些工作的時候，可能會因為輸入錯誤或其它的原因，造成資料庫產生錯誤訊息，下列的 SQL 敘述在 MySQL Workbench 執行以後，MySQL 會傳回一個錯誤編號與錯誤訊息，告訴你查詢的表格名稱不存在：

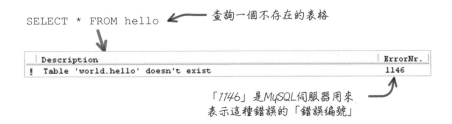

```
SELECT * FROM hello          查詢一個不存在的表格

  Description                                    ErrorNr.
! Table 'world.hello' doesn't exist              1146

             「1146」是MySQL伺服器用來
             表示這種錯誤的「錯誤編號」
```

　　MySQL 用來表示錯誤的編號有兩種，一種是 MySQL 資料庫伺服器用的錯誤編號，使用四位數的數字來表示各種不同的錯誤。另外一種是各種資料庫軟體都適用的「SQL state」編號，使用五個字元的字串，來表示執行一個敘述以後各種不同的狀況：

```
                              查詢一個不存在的表格
mysql> SELECT * FROM hello;
ERROR 1146 (42S02): Table 'world.hello' doesn't exist

MySQL錯誤編號           「42S02」是SQL標準錯誤編號,稱為「SQLSTATE」
```

MySQL 的錯誤編號稱為「Server Error Codes」，詳細的錯誤編號與對應的錯誤訊息可以參考 MySQL 參考手冊的附錄 B(MySQL 5.0 Reference Manual、Appendix B. Error Codes and Messages)。

15.2　Handlers

在撰寫 stored routines 時，MySQL 提供一種很特別的宣告語法，你可以使用它宣告「handler」。Handler 用來處理 stored routines 中可能會發生的錯誤，讓你可以針對發生的錯誤執行必要的補救工作，也可以防止 stored routines 因為發生錯誤而中止。首先要特別注意宣告 handler 的位置：

```
BEGIN
    [ DECLARE 變數名稱[,...] 變數型態 [DEFAULT 值] ]

    [ DECLARE ...CONDITION FOR ... ]

    [ DECLARE CURSOR名稱 CURSOR FOR 查詢敘述 ]

    [ DECLARE ... HANDLER FOR ... ]    ← Handler的宣告必須在所有
    ...                                   宣告的最後、敘述之前
END
```

Handler 是用來處理錯誤用的，所以在宣告的時候，要設定處理的錯誤種類和決定後續的流程。下列是宣告 handler 的語法：

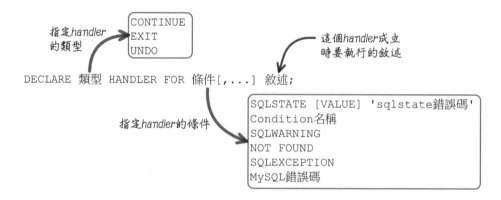

Handler 的宣告包含發生的錯誤時要執行的敘述，如果有多個敘述時，就一定要使用「BEGIN-END」區塊，把這些敘述放在區塊中：

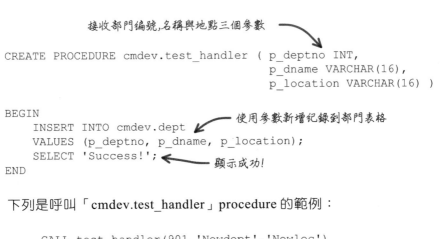

如果 handler 成立時需要執行
一個以上的敘述,就要使用
「BEGIN」與「END」

```
DECLARE 類型 HANDLER FOR 條件[,...]
BEGIN
    敘述[,...]
END;
```

下列是一個新增部門資料的 procedure,呼叫它的時候要提供部門編號、名稱與地點三個參數,這個 procedure 會使用你的參數新增一筆紀錄到「cmdev.dept」表格中,新增後會顯示「Success!」的訊息:

接收部門編號,名稱與地點三個參數

```
CREATE PROCEDURE cmdev.test_handler ( p_deptno INT,
                                      p_dname VARCHAR(16),
                                      p_location VARCHAR(16) )

BEGIN
    INSERT INTO cmdev.dept          使用參數新增紀錄到部門表格
    VALUES (p_deptno, p_dname, p_location);
    SELECT 'Success!';              顯示成功!
END
```

下列是呼叫「cmdev.test_handler」procedure 的範例:

```
CALL test_handler(901,'Newdept','Newloc')
```

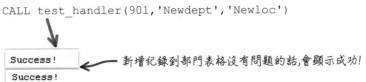

新增紀錄到部門表格沒有問題的話,會顯示成功!

因為在 cmdev.dept 表格的定義中,部門編號 deptno 欄位設定為 primary key,所以它的欄位值是不可以重複的。所以如果再執行一次上列呼叫「cmdev.test_handler」procedure 的範例:

再執行一次,因為部門編號 901 已經存在了...

```
CALL test_handler(901,'Newdept2','Newloc2')

! Duplicate entry '901' for key 'PRIMARY'
```

發生索引值重複的錯誤

在執行一個 stored routine 的過程中，如果發生任何錯誤，MySQL 都會停止繼續執行，再傳回錯誤編號與錯誤訊息，告訴呼叫的人發生了什麼狀況：

發生索引值重複的錯誤，流程在這裡就中止了，MySQL 會傳回錯誤狀況給呼叫這個 procedure 的人

```
CREATE PROCEDURE cmdev.test_handler ( ... )

BEGIN
    INSERT INTO cmdev.dept
    VALUES (p_deptno, p_dname, p_location);

    SELECT 'Success!';
END
```

這行敘述不會執行

撰寫 stored routines 處理資料庫的工作，除了之前已經說明過的許多好處外，使用 handler 來處理錯誤，讓執行工作的過程可以更加順利，也是使用 stored routines 的主要原因。

下列的範例同樣是提供新增部門資料功能的 procedure，不過為了希望在發生索引值重複的錯誤時，不要因為錯誤而中斷執行的工作，也不要傳回錯誤編號與錯誤訊息，而是自己顯示一個錯誤訊息，清楚的告訴使用者發生了什麼狀況。這樣的需求就必須在 procedure 中加入 handler 的宣告。索引值重複的 SQL state 是「23000」，這個編號會使用在 handler 的宣告中：

```
CREATE PROCEDURE cmdev.test_handler2( ... )
BEGIN
```

(3)然後離開   (1)如果發生這種錯誤...

```
    DECLARE EXIT HANDLER FOR SQLSTATE '23000'
    BEGIN
        SELECT 'Error!';
    END;
```

(2)就顯示一個簡單的錯誤訊息...

```
    INSERT INTO cmdev.dept
    VALUES (p_deptno, p_dname, p_location);
    SELECT 'Success!';
END
```

加入 handler 宣告的 stored routines，在執行過程中如果沒有發生任何問題，handler 是沒有任何作用的，stored routines 會正常執行完所有的敘述：

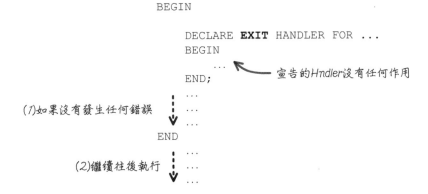

```
                    BEGIN

                        DECLARE EXIT HANDLER FOR ...
                        BEGIN
                            ...                  宣告的Hndler沒有任何作用
                        END;
                        ...
  (1)如果沒有發生任何錯誤    ...
                        ...
                    END
                        ...
     (2)繼續往後執行         ...
                        ...
```

呼叫加入 handler 宣告的「cmdev.test_handler2」，如果沒有發生任何問題，在新增部門紀錄後會顯示「Success!」的訊息：

```
          CREATE PROCEDURE cmdev.test_handler2( ... )
          BEGIN
              DECLARE EXIT HANDLER FOR SQLSTATE '23000'
              BEGIN
                  SELECT 'Error!';
              END;

執行新增敘述，   INSERT INTO cmdev.dept
沒有錯誤的話，   VALUES (p_deptno, p_dname, p_location);
接著顯示成功
              SELECT 'Success!';

          END                Procedure結束
```

如果在執行過程中發生任何問題了，MySQL 會使用發生的錯誤編號，與你在 handler 宣告中指定的錯誤執行比對的工作，如果一樣的話，接下來就交由 handler 來處理這個錯誤，MySQL 就不會中斷執行與回傳錯誤：

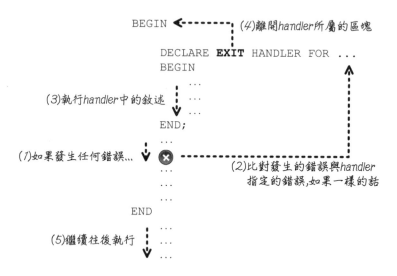

呼叫加入 handler 宣告的「cmdev.test_handler2」，如果指定的部門編號在資料表中已經存在，執行新增的敘述時就會發生索引值重複的錯誤。這種錯誤的 SQL state 是「23000」，MySQL 錯誤編號是「1062」：

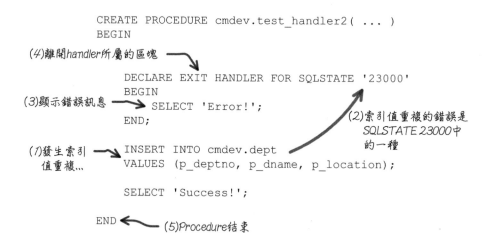

在宣告 handler 時，除了指定 handler 要處理哪一種錯誤外，還要根據自己的需求，決定處理錯誤以後的後續流程：

一個宣告為「EXIT」的 handler，在執行完 handler 包含的敘述以後，會離開 handler 所在的區塊。而宣告為「CONTINUE」的 handler，執行的流程會像這樣：

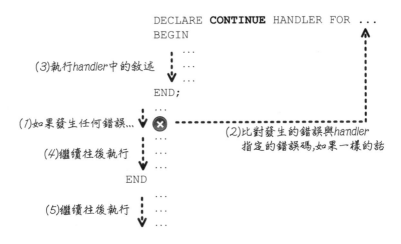

上列新增部門資料的 procedure 範例，根據新增紀錄的結果，會顯示「Success!」或「Error!」兩種結果。如果希望不論新增紀錄成功或發生問題，都要把結果儲存到下列的「cmdev.deptlog」表格中：

欄位名稱	型態	NULL	索引	預設值	其它資訊	說明
logno	bigint(20)	NO	PRI	NULL	auto_increment	紀錄編號
logdt	timestamp	NO		CURRENT_ TIMESTAMP		日期時間
message	varchar(64)	YES		NULL		訊息

下列的範例使用「CONTINUE HANDLER」來執行新增部門資料的工作，而且會記錄執行後的結果：

```
CREATE PROCEDURE cmdev.test_handler3( p_deptno INT,
                                      p_dname VARCHAR(16),
                                      p_location VARCHAR(16) )
BEGIN

                    宣告一個記錄訊息的字串變數,預設值為成功
    DECLARE v_message VARCHAR(64) DEFAULT 'Success!';

              (3)然後繼續往後執行          (1)如果發生這種錯誤
    DECLARE CONTINUE HANDLER FOR SQLSTATE '23000'
    BEGIN
        SET v_message = 'Error!';          (2)把訊息設定為「Error!」
    END;

    INSERT INTO cmdev.dept
    VALUES (p_deptno, p_dname, p_location);

    INSERT INTO cmdev.deptlog (message) VALUES (v_message);
                    最後把訊息新增到「deptlog」表格中
END
```

呼叫「test_handler3」procedure 後，如果沒有發生任何問題，除了新增部門紀錄外，還會新增一筆成功的訊息到「cmdev.deptlop」表格：

```
            CREATE PROCEDURE cmdev.test_handler3( ... )
            BEGIN
(1)預設值為成      DECLARE v_messgae VARCHAR(64) DEFAULT 'Success!';
  功的變數
            DECLARE CONTINUE HANDLER FOR SQLSTATE '23000'
            BEGIN
                SET v_messgae = 'Error!';
            END;

(2)執行新增敍述,沒   INSERT INTO cmdev.dept
  有錯誤的話,記錄    VALUES (p_deptno, p_dname, p_location);
  成功的訊息
                 INSERT INTO cmdev.deptlog (message) VALUES (v_messgae);
            END      Procedure結束
```

如果新增部門紀錄時發生錯誤，CONTINUE HANDLER 會把 v_message 變數值設定為 Error!，然後再新增一筆錯誤的訊息到「cmdev.deptlop」表格：

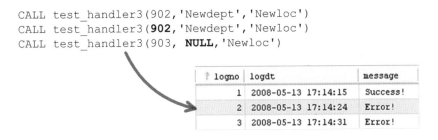

```
CREATE PROCEDURE cmdev.test_handler3( ... )
BEGIN
    DECLARE v_messgae VARCHAR(64) DEFAULT 'Success!';

    DECLARE CONTINUE HANDLER FOR SQLSTATE '23000'
    BEGIN
        SET v_messgae = 'Error!';
    END;

    INSERT INTO cmdev.dept
    VALUES (p_deptno, p_dname, p_location);

    INSERT INTO cmdev.deptlog (message) VALUES (v_messgae);
END
```

(1)預設值為成功的變數

(5)繼續往後執行

(4)設定錯誤訊息

(3)比對 handler

(2)執行新增敘述後發生錯誤了

(6)記錄錯誤的訊息

下列的範例是呼叫「test_handler3」procedure 以後，紀錄在「cmdev.deptlop」表格中的結果：

```
CALL test_handler3(902,'Newdept','Newloc')
CALL test_handler3(902,'Newdept','Newloc')
CALL test_handler3(903, NULL,'Newloc')
```

logno	logdt	message
1	2008-05-13 17:14:15	Success!
2	2008-05-13 17:14:24	Error!
3	2008-05-13 17:14:31	Error!

索引值重複與不允許 NULL 值的錯誤，都是屬於 SQL state 中的「23000」，如果你想要分別處理這兩種錯誤的話，你可以針對每一種錯誤，宣告不同的 handler 來處理，不過在指定錯誤時，就要使用 MySQL 錯誤編號：

```
CREATE PROCEDURE cmdev.test_handler4( p_deptno INT,
                                      p_dname VARCHAR(16),
                                      p_location VARCHAR(16) )
BEGIN

    DECLARE v_messgae VARCHAR(64) DEFAULT 'Success!';

    DECLARE CONTINUE HANDLER FOR 1048
    BEGIN
        SET v_messgae = 'Cannot be null!';
    END;

    DECLARE CONTINUE HANDLER FOR 1062
    BEGIN
        SET v_messgae = 'Duplicate key!';
    END;

    INSERT INTO cmdev.dept
    VALUES (p_deptno, p_dname, p_location);

    INSERT INTO deptlog (message) VALUES (v_messgae);

END
```

> 不允許NULL值的MySQL
> 錯誤編號是「1048」

> 索引值重複的MySQL
> 錯誤編號是「1062」

下列的範例是呼叫「test_handler4」procedure 以後，紀錄在「cmdev.deptlop」表格中的結果：

```
CALL test_handler4(905,'Newdept','Newloc')
CALL test_handler4(905,'Newdept','Newloc')
CALL test_handler4(906, NULL,'Newloc')
```

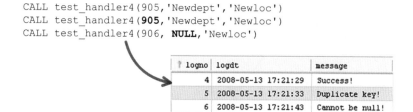

logno	logdt	message
4	2008-05-13 17:21:29	Success!
5	2008-05-13 17:21:33	Duplicate key!
6	2008-05-13 17:21:43	Cannot be null!

在宣告 handler 時指定的錯誤情況有下列幾種：

```
DECLARE 類型 HANDLER FOR 條件[,...] 敘述;
```

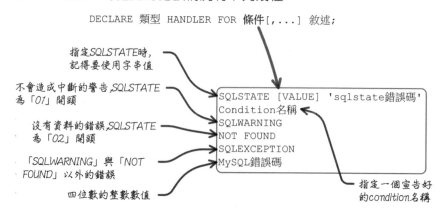

指定SQLSTATE時，記得要使用字串值

不會造成中斷的警告，SQLSTATE 為「01」開頭

沒有資料的錯誤，SQLSTATE 為「02」開頭

「SQLWARNING」與「NOT FOUND」以外的錯誤

四位數的整數數值

```
SQLSTATE [VALUE] 'sqlstate錯誤碼'
Condition名稱
SQLWARNING
NOT FOUND
SQLEXCEPTION
MySQL錯誤碼
```

指定一個宣告好的condition名稱

15.3　**Conditions**

如果在 stored routines 中需要宣告 handler 來處理錯誤的話，你還可以宣告「conditions」給 handler 使用，下列是區塊中 conditions 宣告的位置：

```
BEGIN

    [ DECLARE 變數名稱[,...] 變數型態 [DEFAULT 值] ]

    [ DECLARE ... CONDITION FOR ... ]    ← Condition的宣告必須在
                                            Cursors與Handlers之前
    [ DECLARE CURSOR名稱 CURSOR FOR 查詢敘述 ]

    [ DECLARE ... HANDLER FOR ... ]

    ...

END
```

你可以宣告 condition 用來代表某一種問題，下列是宣告 condition 的語法：

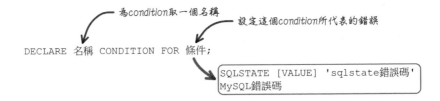

```
                     為condition取一個名稱          設定這個condition所代表的錯誤

  DECLARE 名稱 CONDITION FOR 條件;

                                    SQLSTATE [VALUE] 'sqlstate錯誤碼'
                                    MySQL錯誤碼
```

下列的範例宣告兩個 condition，分別代表不允許 NULL 值與索引值重複的錯誤，宣告好的 condition，就可以使用在 handler 的宣告中：

```
CREATE PROCEDURE cmdev.test_handler5( ... )
BEGIN
    ...                              宣告一個名稱為「c_null」的
                                     condition,代表不允許NULL值的
                                     MySQL錯誤編號「1048」
    DECLARE c_null CONDITION FOR 1048;
                                     宣告一個名稱為「c_dupkey」的
    DECLARE c_dupkey CONDITION FOR 1062;  condition,代表索引值重複的MySQL
                                          錯誤編號「1062」
    DECLARE CONTINUE HANDLER FOR c_null
    BEGIN
        SET v_messgae = 'Cannot be null!';
    END;
                                     使用condition名稱設定
    DECLARE CONTINUE HANDLER FOR c_dupkey ←  handler的條件
    BEGIN
        SET v_messgae = 'Duplicate key!';
    END;

    ...

END
```

15.4　Cursors

如果 stored routines 需要針對一個查詢結果的每一筆紀錄執行特定的工作，你可以宣告一個「cursor」來代表一個查詢的結果，然後使用 cursor 依序處理所有紀錄資料。下列是在區塊中宣告 cursor 的位置：

```
BEGIN
    [ DECLARE 變數名稱[,...] 變數型態 [DEFAULT 值] ]

    [ DECLARE ... CONDITION FOR ... ]

    [ DECLARE CURSOR名稱 CURSOR FOR 查詢敘述 ]

    [ DECLARE ... HANDLER FOR ... ]

    ...
END
```

Cursor的宣告必須在變數與 Condition之後，Handlers之前

宣告好 cursor 以後，可以使用「OPEN」敘述來開啟，接著使用「FETCH」敘述讀取資料，最後要使用「CLOSE」敘述關閉用完的 cursor：

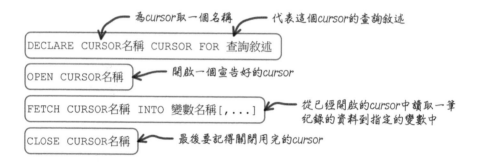

宣告 cursor 時所指定的查詢敘述，在使用「FETCH」讀取資料時，要特別注意相對的順序：

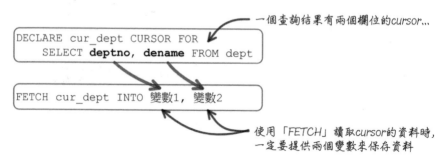

當你宣告好一個需要的 cursor 以後，接著使用「OPEN」敘述開啟 cursor，這時會有一個游標指向查詢結果的第一筆紀錄：

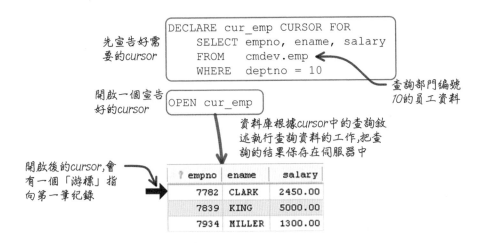

先宣告好需要的cursor

```
DECLARE cur_emp CURSOR FOR
    SELECT empno, ename, salary
    FROM    cmdev.emp
    WHERE   deptno = 10
```

查詢部門編號10的員工資料

開啟一個宣告好的cursor

`OPEN cur_emp`

資料庫根據cursor中的查詢敘述執行查詢資料的工作,把查詢的結果保存在伺服器中

開啟後的cursor,會有一個「游標」指向第一筆紀錄

empno	ename	salary
7782	CLARK	2450.00
7839	KING	5000.00
7934	MILLER	1300.00

當你使用「FETCH」敘述時，除了讀取目前游標的紀錄資料外，還會將游表指向下一筆紀錄：

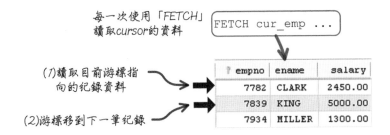

每一次使用「FETCH」讀取cursor的資料

`FETCH cur_emp ...`

(1)讀取目前游標指向的紀錄資料

(2)游標移到下一筆紀錄

empno	ename	salary
7782	CLARK	2450.00
7839	KING	5000.00
7934	MILLER	1300.00

以上列宣告的 cursor 來說，從開啟到讀取所有紀錄資料的游標狀況會像這樣：

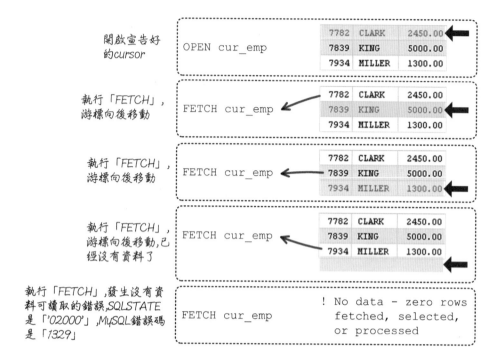

在 stored routines 中使用 cursor，通常需要下列的流程：

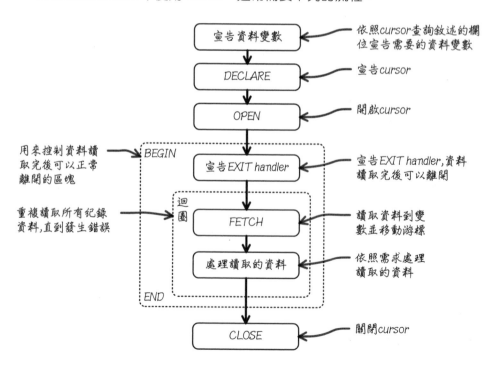

下列是流程與對應的敘述：

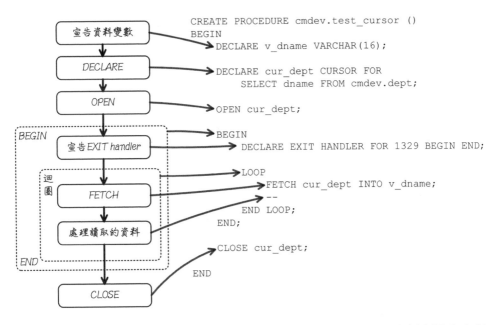

為了讀取 cursor 中所有的紀錄資料，要另外宣告 handler 來控制在沒有資料讀取時可以離開迴圈：

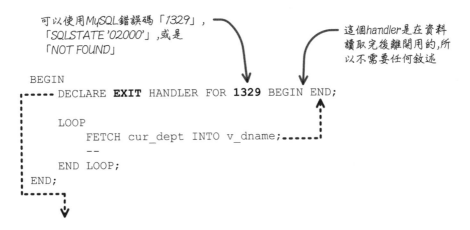

除了使用 EXIT HANDLER 外，也可以使用 CONTINUE HANDLER 來控制在沒有資料讀取時可以離開迴圈：

```
CREATE PROCEDURE cmdev.test_cursor2 ()
BEGIN
    DECLARE v_dname VARCHAR(16);
    DECLARE v_exit INT DEFAULT 0;              用來控制迴圈的變數,預設
                                               值為0,表示不離開迴圈
    DECLARE cur_dept CURSOR FOR
        SELECT dname FROM cmdev.dept;

    DECLARE CONTINUE HANDLER FOR 1329 SET v_exit = 1;

                                        使用CONTINUE handler,發生錯誤
    OPEN cur_dept;                      時把變數「v_exit」設定為1,表示
                                        離開迴圈,然後繼續執行
    my_fetch: LOOP
        FETCH cur_dept INTO v_dname;

        IF v_exit THEN              判斷是否要離開迴圈
            LEAVE my_fetch;        離開讀取資料的迴圈「my_fetch」
        END IF;

        --
    END LOOP my_fetch;

    CLOSE cur_dept;

END
```

下列的說明表示沒有資料可以讀取時的流程:

```
CREATE PROCEDURE cmdev.test_cursor2 ()
BEGIN
    ...
    DECLARE v_exit INT DEFAULT 0;
    ...                                    (2)把變數「v_exit」設定為1
    DECLARE CONTINUE HANDLER FOR 1329 SET v_exit = 1;
    ...
    my_fetch: LOOP
        FETCH cur_dept INTO v_dname;
                                         (1)發生沒有資料可讀取的錯誤
(3)CONTINUE   IF v_exit THEN
                LEAVE my_fetch;
            END IF;

    END LOOP my_fetch;                (4)離開「my_fetch」迴圈區塊

    ...
END
```

在資料庫的應用中，通常是在需要針對一個查詢的結果執行比較複雜的工作時，才會在 sotred routines 中宣告與使用 cursor。如果你常常需要查詢月薪在某個金額以上的員工資料，而且要把這些員工資料儲存到一個表格中。這樣的需求包含執行查詢與處理新表格的工作，你就可以考慮使用包含 cursor 的 procedure 來完成這些工作。

下列的範例可以將月薪在指定金額以上的員工資料儲存到「cmdev.topemp」表格中：

```
CREATE cmdev.gen_top_emp( IN p_salary FLOAT(7, 2) )    ← 月薪參數
BEGIN
    DECLARE v_empno INT;
    DECLARE v_ename VARCHAR(16);                        } 員工編號,姓名與月薪
    DECLARE v_salary FLOAT(7, 2);

    DECLARE cur_emp CURSOR FOR
        SELECT    empno, ename, salary
        FROM      cmdev.emp                             } 大於等於月薪
        WHERE     salary >= p_salary                      參數的員工
        ORDER BY salary DESC;

    BEGIN
        DECLARE EXIT HANDLER FOR 1146    ← 如果發生表格不存在的錯誤
        BEGIN
            CREATE TABLE cmdev.topemp (
                empno INT,
                ename VARCHAR(16),
                salary FLOAT(7, 2)
            );
        END;

        DELETE FROM cmdev.topemp;    ← 刪除「cmdev.topemp」表
                                       格所有紀錄
    END;
    OPEN cur_emp;
    BEGIN
        DECLARE EXIT HANDLER FOR SQLSTATE '02000' BEGIN END;

        LOOP                                           ← 讀取資料
            FETCH cur_emp INTO v_empno, v_ename, v_salary;
            INSERT INTO cmdev.topemp
            VALUES (v_empno, v_ename, v_salary);
        END LOOP;                       ← 新增紀錄到「cmdev.topemp」表格
    END;
    CLOSE cur_emp;
    SELECT * FROM topemp;    ← 查詢「cmdev.topemp」表格
END
```

15.5　設定、修改與刪除 Stored routines

15.5.1　建立 Stored routines 時的設定

建立 stored routines 時，也可以加入一些額外的設定：

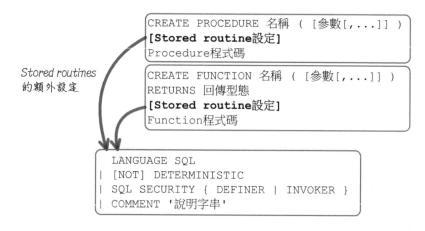

```
CREATE PROCEDURE 名稱 ( [參數[,...]] )
[Stored routine設定]
Procedure程式碼
```

```
CREATE FUNCTION 名稱 ( [參數[,...]] )
RETURNS 回傳型態
[Stored routine設定]
Function程式碼
```

Stored routines 的額外設定

```
LANGUAGE SQL
| [NOT] DETERMINISTIC
| SQL SECURITY { DEFINER | INVOKER }
| COMMENT '說明字串'
```

下列是這些額外設定的說明：

- LANGUAGE {SQL}：設定 Stored routine 中用來撰寫敘述的語言，目前只有支援 SQL，所以只能在 LANGUAGE 後面指定 SQL。

- [NOT] DETERMINISTIC：如果傳送相同的參數給 Stored routine，每次執行它以後都會產生同樣的結果，這個 Stored routine 就應該設定為「DETERMINISTIC」；否則就要設定為「NOT DETERMINISTIC」。預設值為「NOT DETERMINISTIC」。

- SQL SECURITY { DEFINER | INVOKER }：設定 Stored routine 要以建立者或執行者的權限執行。

- COMMENT '說明字串'：設定 Stored routine 的說明。

15.5.2　修改 Stored routines 設定

使用「ALTER PROCEDURE」與「ALTER FUNCTION」可以修改 Stored routines 的額外設定，如果要修改參數或裡面的敘述，必須刪除後再重新建立。下列是修改 stored routines 設定的語法：

```
ALTER PROCEDURE 名稱 [Stored routine設定]
```

```
ALTER FUNCTION 名稱 [Stored routine設定]
```

下列的範例執行修改「cmdev.gen_top_emp」的設定：

修改為以呼叫者的權限執行 ⟶
修改stored routines的說明 ⟶

```
ALTER PROCEDURE cmdev.gen_top_emp
SQL SECURITY INVOKER
COMMENT 'This is my first stored routin'
```

15.5.3　刪除 Stored routines

如果不再需要一個已經建立好的 stored routines，你可以使用下列的語法刪除它們：

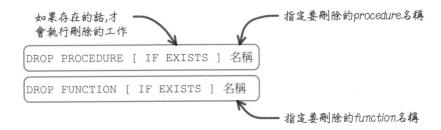

如果存在的話,才
會執行刪除的工作
指定要刪除的procedure名稱

```
DROP PROCEDURE [ IF EXISTS ] 名稱
```

```
DROP FUNCTION [ IF EXISTS ] 名稱
```

指定要刪除的function名稱

15.6　查詢 Stored routines 的相關資訊

如果想要查詢 stored routines 的相關資訊，可以查詢「information_schema.ROUTINES」表格，下列是它的主要欄位：

欄位名稱	型態	說明
ROUTINE_SCHEMA	varchar(64)	資料庫
ROUTINE_NAME	varchar(64)	名稱
ROUTINE_TYPE	varchar(9)	procedure 或 function
DTD_IDENTIFIER	varchar(64)	procedure 固定為「NULL」；function 為回傳值型態
ROUTINE_DEFINITION	longtext	Stored routine 的內容
IS_DETERMINISTIC	varchar(3)	DETERMINISTIC 的設定
SECURITY_TYPE	varchar(7)	DEFINER 或 INVOKER
CREATED	datetime	建立的日期時間
LAST_ALTERED	datetime	最後修改的日期時間
ROUTINE_COMMENT	varchar(64)	說明
DEFINER	varchar(77)	建立 Stored routine 的資料庫使用者

你也可以使用 MySQL 提供的「SHOW」指令來查詢 stored routines 的相關資訊：

```
SHOW PROCEDURE STATUS [LIKE '樣版字串']
```

```
SHOW FUNCTION STATUS [LIKE '樣版字串']
```

使用「LIKE」設定想要查詢的名稱樣版字串

如果你想要查詢建立某個 stored routines 的詳細資訊，可以使用下列的語法：

```
SHOW CREATE PROCEDURE 名稱
```

```
SHOW CREATE FUNCTION 名稱
```

Chapter 16

Triggers

16.1 Triggers 的應用

在「cmdev」資料庫中有一個「emplog」表格，如果有人執行任何修改 cmdev.emp 表格資料的動作，都要新增一筆訊息到 cmdev.emplog 表格中。查詢這個表格的資料，就可以知道在什麼時候曾經修改過 cmdev.emp 表格中的資料。下列是 cmdev.emplog 表格的結構：

欄位名稱	型態	NULL	索引	預設值	其它資訊	說明
logno	bigint(20)	NO	PRI	NULL	auto_increment	紀錄編號
logdt	timestamp	NO		CURRENT_TIMESTAMP		日期時間
message	varchar(64)	YES		NULL		訊息

要完成這樣的需求，每一次修改 cmdev.emp 表格資料時，你都必需執行下列的工作：

```
UPDATE cmdev.emp SET ...          ← 使用「UPDATE」敘述修改員工資料
INSERT INTO emplog (message) VALUES ('UPDATE!')
```
新增一筆記錄到「cmdev.emplog」表格中

　　這類的需求可以使用 stored routines 來處理修改與新增紀錄的工作，或是在應用程式中撰寫程式來解決。不過都會是一件很麻煩的事情，而且比較容易造成遺漏紀錄的情況。MySQL 資料庫提供一種特別的資料庫元件，稱為「triggers」，一般會把它稱為「觸發器」。Triggers 可以讓你先把一些在特定狀況要執行的敘述儲存起來，MySQL 資料庫會在正確的時機自動幫你執行這些敘述：

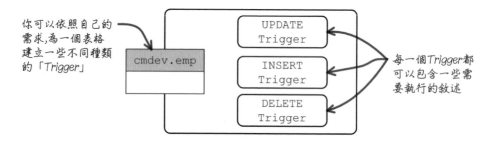

　　以上列討論的需求來說，每一次修改 cmdev.emp 表格資料，都必須新增一筆紀錄到 cmdev.emplog 表格中。這個需求的主角是 cmdev.emp 表格，所以你可以為這個表格建立一個 trigger 元件。因為是在發生修改資料的情況時才需要執行特定的工作，所以你要選擇「UPDATE trigger」。新增一筆紀錄到 cmdev.emplog 表格中的敘述就是儲存在 cmdev.emp 表格的 UPDATE trigger 中。

　　在建立好需要的 trigger 元件以後，MySQL 資料庫就會自動幫你執行這些工作：

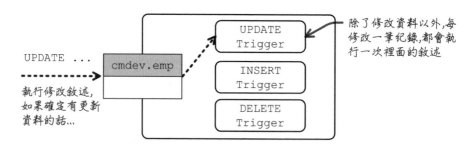

16.2　建立 Triggers

下列是建立 trigger 元件的基本語法：

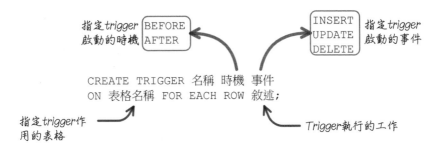

如果 trigger 元件執行的工作比較複雜，需要撰寫多個敘述的時候，就要把這些敘述放在 BEGIN 與 END 區塊中：

你可以依照需求為一個表格建立不同的 trigger 元件：

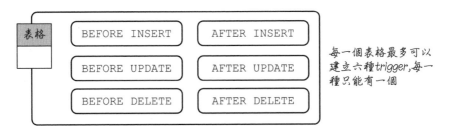

以上列討論的需求來說，每一次修改 cmdev.emp 表格資料，都必須新增一筆紀錄到 cmdev.emplog 表格中，所以為 cmdev.emp 表格建立一個 UPDATE TRIGGER。而 BEFORE 與 AFTER 就是「之前」與「之後」的意思。如果建立「BEFORE UPDATE TRIGGER」，那就表示在修改資料前會執行 trigger。如果建立「AFTER UPDATE TRIGGER」，那就表示在修改資料後會執行 trigger。以這個需求來說，BEFORE 或 AFTER 都是一樣的。

建立 trigger 元件與建立 stored routines 的方式一樣，同樣使用 SQL script 來執行建立 trigger 的工作。下列的範例建立一個名稱為「emp_before_update」的 tigger 元件：

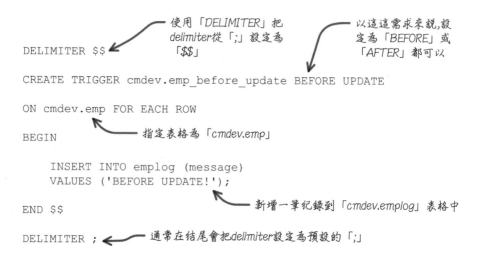

執行上列的敘述後，MySQL 資料庫會儲存你建立的 trigger 元件，可是它並不像 stored routines 可以用來呼叫與執行，MySQL 資料庫會自動幫你執行這些儲存在 trigger 中的敘述。在 cmdev.emp 表格下的 Triggers 目錄可以看到新增的 trigger 元件：

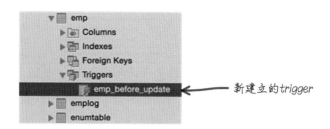

為 cmdev.emp 表格建立一個 BEFORE UPDATE TRIGGER 以後，只要發生修改 cmdev.emp 表格資料的情況，MySQL 資料庫會自動執行這個 trigger 中的敘述：

修改某一個員工的月薪

UPDATE emp SET comm = 100 WHERE empno = 7844

logno	logdt	message
1	2008-05-22 18:00:25	BEFORE UPDATE!

自動執行「emp_before_update」trigger後,在「cmdev.emplog」表格新增的紀錄

不論是 UPDATE 或是其它兩種 Trigger 元件,MySQL 資料庫都是以「紀錄」來執行 trigger。以下列的範例來說, 一個會修改三筆紀錄的 UPDATE 敘述,MySQL 資料庫會執行 trigger 三次:

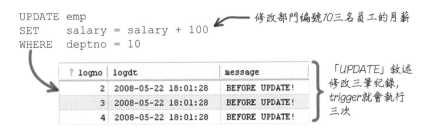

```
UPDATE  emp
SET     salary = salary + 100
WHERE   deptno = 10
```

修改部門編號10三名員工的月薪

logno	logdt	message
2	2008-05-22 18:01:28	BEFORE UPDATE!
3	2008-05-22 18:01:28	BEFORE UPDATE!
4	2008-05-22 18:01:28	BEFORE UPDATE!

「UPDATE」敘述修改三筆紀錄,trigger就會執行三次

如果在執行修改 cmdev.emp 表格敘述以後,實際上並沒有修改任何紀錄資料,那 MySQL 資料庫也不會執行 trigger:

修改一個不存在的員工...

UPDATE emp SET comm = 100 **WHERE empno = 9999**

不會啟動「emp_before_update」trigger,所以不會新增任何紀錄到「cmdev.emplog」表格

在建立 trigger 元件的時候,要特別注意下列的限制:

- 同一個資料庫不可以有相同名稱的 Trigger。

- TEMPORARY 表格與 View 不可以建立 Trigger。

- 不可以使用「SELECT」敘述。

- 不可以使用「CALL」敘述。

- 不可以使用與交易 (transactions) 相關的敘述,包含「START TRANSACTION」、「COMMIT」與「ROLLBACK」。

16.3 刪除 Triggers

你可以使用下列的語法刪除不再需要的 trigger 元件：

如果想要修改 trigger 元件中的敘述，你要先刪除原來的 trigger 元件，再建立新的 trigger 元件。所以通常會在建立 trigger 元件的敘述中，加入刪除 trigger 元件的敘述：

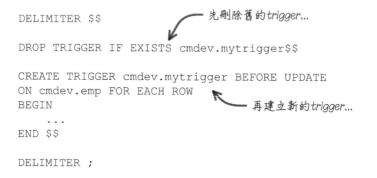

16.4 OLD 與 NEW 關鍵字

在 triggers 元件中可以使用一般的 SQL 敘述完成需要執行的工作，也可以使用在 stored routines 中討論過的變數與流程控制，讓 triggers 元件可以處理比較複雜的需求。MySQL 資料庫在 triggers 元件額外提供「OLD」與「NEW」兩個關鍵字：

因為「OLD」與「NEW」兩個關鍵字的特性，所以它們可以使用的 triggers 種類有下列限制：

Trigger 種類	OLD	NEW
INSERT	不能使用	新增的欄位資料
UPDATE	修改前的欄位資料	修改後的欄位資料
DELETE	刪除前的欄位資料	不能使用

以「cmdev.emp」表格的「UPDATE TRIGGER」來說，下列是使用「OLD」與「NEW」關鍵字取得的欄位值：

以上列為更新 cmdev.emp 表格執行紀錄工作的 trigger 來說，如果想要讓紀錄的訊息更加詳細，包含修改前與修改後的部門編號：

logno	logdt	message
7	2008-05-22 18:52:54	BEFORE UPDATE: 20 -> 10

紀錄部門編號從20改為10

要完成上列的需求，就必須使用 OLD 與 NEW 關鍵字取得欄位值：

```
DELIMITER $$

DROP TRIGGER IF EXISTS cmdev.emp_before_update$$

CREATE TRIGGER cmdev.emp_before_update BEFORE UPDATE
ON cmdev.emp FOR EACH ROW
BEGIN                              ┌── 儲存訊息的變數

    DECLARE v_message VARCHAR(64) DEFAULT 'BEFORE UPDATE: ';

    SET v_message = CONCAT( v_message,
                       OLD.deptno, ' -> ', NEW.deptno);
         修改前的部門編號                         └── 修改後的部門編號
    INSERT INTO emplog (message) VALUES (v_message);
END $$

DELIMITER ;
```

為表格建立 UPDATE TRIGGER 以後，就表示執行這個表格的修改動作，都會執行這個 trigger 元件：

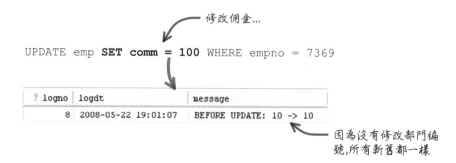

修改佣金...

```
UPDATE emp SET comm = 100 WHERE empno = 7369
```

logno	logdt	message
8	2008-05-22 19:01:07	BEFORE UPDATE: 10 -> 10

因為沒有修改部門編號,所有新舊都一樣

如果要將「emp_before_update」的需求，修改為「只有在修改員工的部門編號時，才需要新增修改紀錄」，你就可以使用在 sotred routines 說明過的「IF」敘述來完成這個需求：

```
DELIMITER $$

DROP TRIGGER IF EXISTS cmdev.emp_before_update$$

CREATE TRIGGER cmdev.emp_before_update BEFORE UPDATE
ON cmdev.emp FOR EACH ROW
BEGIN
    DECLARE v_message VARCHAR(64) DEFAULT 'BEFORE UPDATE: ';
    SET v_message = CONCAT( v_message,
                           OLD.deptno, ' -> ', NEW.deptno);
```

如果新舊部門編號不一樣,才執行新增紀錄的工作

```
    IF OLD.deptno <> NEW.deptno THEN
        INSERT INTO emplog (message) VALUES (v_message);
    END IF;

END $$

DELIMITER ;
```

在 INSERT TRIGGER 中使用「NEW」關鍵字的時候，要特別注意「AUTO_INCREMENT」欄位型態：

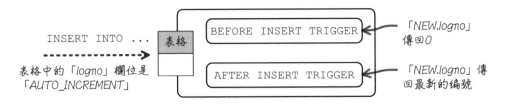

如果有需要的話，你也可以使用「SET」敘述設定「NEW」關鍵字指定的欄位值。以下列的情況來說：

要解決上列的問題，你可以要求在新增資料的時候，不要使用小寫的文字。不過使用下列的「BEFORE INSERT TRIGGER」來處理的話，會更方便一些：

```
DELIMITER $$

DROP TRIGGER IF EXISTS cmdev.emp_before_insert$$

CREATE TRIGGER cmdev.emp_before_insert BEFORE INSERT
ON cmdev.emp FOR EACH ROW
BEGIN
    SET NEW.ename = UPPER(NEW.ename);
    SET NEW.job = UPPER(NEW.job);
END $$

DELIMITER ;
```

建立好這個 BEFORE INSERT TRIGGER 以後，就算新增的員工資料包含小寫的名稱與職務，這個 trigger 元件都會在新增紀錄之前，把它們轉換為大寫：

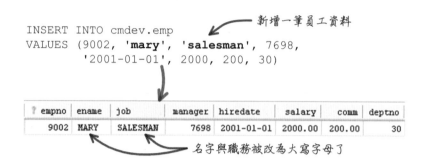

16.5 查詢 Triggers 的相關資訊

如果想要查詢 triggers 的相關資訊，可以查詢「information_schema.TRIGGERS」表格，下列是它的主要欄位：

欄位名稱	型態	範圍
TRIGGER_SCHEMA	varchar(64)	資料庫
TRIGGER_NAME	varchar(64)	名稱
EVENT_MANIPULATION	varchar(6)	啟動的事件，有 INSERT、UPDATE 與 DELETE
EVENT_OBJECT_SCHEMA	varchar(64)	作用的資料庫
EVENT_OBJECT_TABLE	varchar(64)	作用的表格
ACTION_STATEMENT	longtext	執行的工作
ACTION_TIMING	varchar(6)	啟動的時機，有 BEFORE 與 AFTER

如果你想要查詢建立某個 trigger 的詳細資訊，可以使用下列的語法：

```
SHOW CREATE TRIGGER 名稱
```
← 指定一個要查詢的 trigger元件名稱

Chapter 17

資料庫資訊

17.1　information_schema 資料庫

　　一個建立好與運作中的資料庫，通常會包含表格、欄位與索引基本的元件，為了擴充資料庫的功能，也可能會加入 stored routines 與 triggers 元件。MySQL 把這些資料庫的資訊放在「information_schema」資料庫，下列是這個資料庫中主要的表格：

表格名稱	說明
CHARACTER_SETS	MySQL 資料庫支援的字元集
COLLATIONS	MySQL 資料庫支援的 collation
COLLATION_CHARACTER_SET_APPLICABILITY	字元集與 collation 對應資訊
COLUMNS	欄位資訊
COLUMN_PRIVILEGES	欄位授權資訊
KEY_COLUMN_USAGE	索引欄位的限制資訊
ENGINES	MySQL 資料庫支援的儲存引擎
GLOBAL_STATUS	MySQL 資料庫伺服器狀態資訊
GLOBAL_VARIABLES	MySQL 資料庫伺服器變數資訊
KEY_COLUMN_USAGE	索引鍵資訊
ROUTINES	Stored routines 資訊
SCHEMATA	資料庫資訊
SESSION_STATUS	用戶端連線狀態資訊

表格名稱	說明
SESSION_VARIABLES	用戶端連線變數資訊
STATISTICS	表格索引資訊
TABLES	表格資訊
TABLE_CONSTRAINTS	表格限制資訊

「information_schema」資料庫稱為「database metadata」，資料庫元件與伺服器運作的完整資訊都儲存在這個資料庫中。你不須要自己建立與維護「information_schema」資料庫，它是由 MySQL 資料庫伺服器負責建立與維護的。你只能夠在需要的時候，使用「SELECT」敘述來查詢儲存在裡面的資料。

下列的查詢敘述可以傳回 MySQL 資料庫伺服器中所有的 stored routines 資訊：

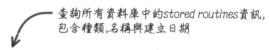
查詢所有資料庫中的stored routines資訊，包含種類,名稱與建立日期

```
SELECT  ROUTINE_TYPE, ROUTINE_NAME, CREATED
FROM    information_schema.ROUTINES
```

「ROUTINES」表格

之前說明過的查詢敘述用法，都可以用來查詢「information_schema」資料庫：

統計表格中的欄位數量
「COLUMNS」表格
「world」資料庫
以表格名稱為分組

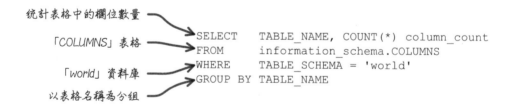

```
SELECT    TABLE_NAME, COUNT(*) column_count
FROM      information_schema.COLUMNS
WHERE     TABLE_SCHEMA = 'world'
GROUP BY  TABLE_NAME
```

17.1.1　資料庫元件資訊

下列的「SHOW」指令語法可以查詢 MySQL 資料庫伺服器中的資料庫資訊：

SHOW DATABASES 指令也可以搭配使用「LIKE」關鍵字：

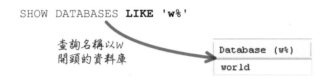

下列的 SHOW 指令語法可以查詢 MySQL 資料庫伺服器中的表格資訊：

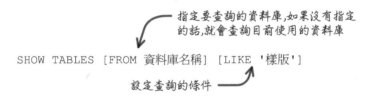

SHOW TABLES 敘述會傳回目前使用中資料庫的所有表格名稱，你可以搭配「FROM」與「LIKE」關鍵字查詢需要的表格資訊：

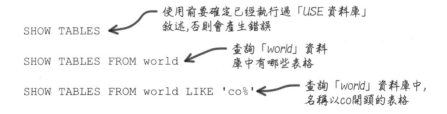

SHOW TABLES 敘述只會傳回表格名稱，如果需要詳細的表格資訊，可以使用下列的「SHOW TABLE STATUS」敘述：

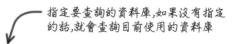
指定要查詢的資料庫,如果沒有指定
的話,就會查詢目前使用的資料庫

```
SHOW TABLE STATUS [FROM 資料庫名稱] [LIKE '樣版' | WHERE 條件]
```

設定查詢的條件 ——

SHOW TABLE STATUS 敘述可以搭配「LIKE」或「WHERE」關鍵字:

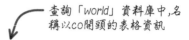
查詢「world」資料庫中,名
稱以co開頭的表格資訊

```
SHOW TABLE STATUS FROM world LIKE 'co%'

SHOW TABLE STATUS FROM world WHERE Rows > 500
```

查詢「world」資料庫中,紀錄
數量超過500的表格資訊

下列的 SHOW 指令語法可以查詢 MySQL 資料庫伺服器中的欄位資訊:

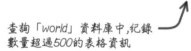
顯示完整資訊　　指定查詢的表格　　指定查詢的資料庫

```
SHOW [FULL] COLUMNS FROM 表格名稱 [FROM 資料庫名稱]
[LIKE '樣版' | WHERE 條件]
```

—— 設定查詢的條件

「SHOW COLUMNS FROM 表格」敘述會傳回目前使用中資料庫,指定表
格名稱的欄位資訊,你可以搭配第二個「FROM」關鍵字指定資料庫:

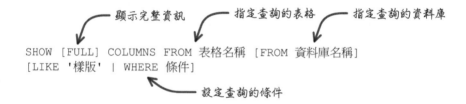
查詢目前資料庫中的country表格

```
SHOW COLUMNS FROM country

SHOW COLUMNS FROM world.country

SHOW COLUMNS FROM country FROM world
```
這兩種寫法都是查
詢world資料庫中的
country表格

下列的 SHOW 指令語法可以查詢 MySQL 資料庫伺服器中的索引資訊:

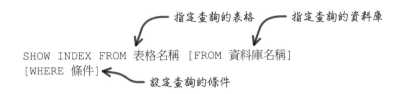

「SHOW INDEX FROM 表格」敘述會傳回目前使用中資料庫，指定表格名稱的索引資訊，你可以搭配第二個「FROM」關鍵字指定資料庫：

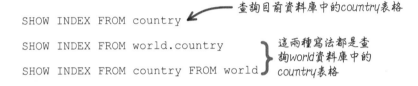

下列的 SHOW 指令語法可以查詢 MySQL 資料庫伺服器中的 trigger 資訊：

SHOW TRIGGERS 敘述會傳回目前使用中資料庫的所有 trigger 資訊，你可以搭配「FROM」關鍵字指定資料庫。搭配「LIKE」或「WHERE」關鍵字可以設定查詢條件：

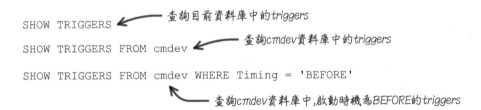

17.1.2　建立元件資訊

下列的 SHOW 指令語法，可以查詢 MySQL 資料庫伺服器中建立各種元件的詳細資訊：

指令	說明
SHOW CREATE DATABASE 資料庫名稱	查詢建立資料庫的詳細資訊
SHOW CREATE TABLE 表格名稱	查詢建立表格的詳細資訊
SHOW CREATE FUNCTION 名稱	查詢建立 Function 的詳細資訊
SHOW CREATE PROCEDURE 名稱	查詢建立 Procedure 的詳細資訊
SHOW CREATE VIEW 名稱	查詢建立 View 的詳細資訊

下列的敘述可以查詢建立 world.city 表格的敘述：

```
SHOW CREATE TABLE world.city
```

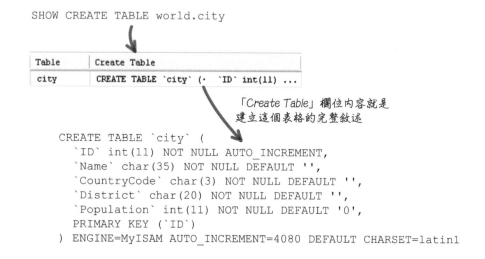

Table	Create Table
city	CREATE TABLE `city` (· `ID` int(11) ...

「Create Table」欄位內容就是
建立這個表格的完整敘述

```
CREATE TABLE `city` (
  `ID` int(11) NOT NULL AUTO_INCREMENT,
  `Name` char(35) NOT NULL DEFAULT '',
  `CountryCode` char(3) NOT NULL DEFAULT '',
  `District` char(20) NOT NULL DEFAULT '',
  `Population` int(11) NOT NULL DEFAULT '0',
  PRIMARY KEY (`ID`)
) ENGINE=MyISAM AUTO_INCREMENT=4080 DEFAULT CHARSET=latin1
```

17.1.3　字元集與 collation

下列的 SHOW 指令語法可以查詢 MySQL 資料庫伺服器中的字元集與 collation 資訊：

設定字元集名稱條件　　　　　　　　設定查詢條件

```
SHOW CHARACTER SET [LIKE '樣版' | WHERE 條件]
SHOW COLLATION [LIKE '樣版' | WHERE 條件]
```

設定collation名稱條件　　　　　　設定查詢條件

　　　　SHOW CHARACTER SET 與 SHOW COLLATION 敘述都可以搭配「LIKE」
或「WHERE」關鍵字設定查詢條件：

```
SHOW CHARACTER SET LIKE 'b%'        ← 字元集名稱為b開頭
SHOW CHARACTER SET WHERE Maxlen = 2  ← 字元的byte數為2
```

17.1.4　其它資訊

　　　　下列的 SHOW 指令語法，可以查詢 MySQL 資料庫伺服器支援的儲存引擎
資訊：

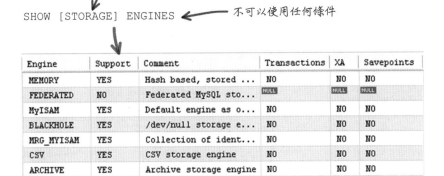

```
可以省略
SHOW [STORAGE] ENGINES  ← 不可以使用任何條件
```

Engine	Support	Comment	Transactions	XA	Savepoints
MEMORY	YES	Hash based, stored ...	NO	NO	NO
FEDERATED	NO	Federated MySQL sto...	NULL	NULL	NULL
MyISAM	YES	Default engine as o...	NO	NO	NO
BLACKHOLE	YES	/dev/null storage e...	NO	NO	NO
MRG_MYISAM	YES	Collection of ident...	NO	NO	NO
CSV	YES	CSV storage engine	NO	NO	NO
ARCHIVE	YES	Archive storage engine	NO	NO	NO
InnoDB	DEFAULT	Supports transactio...	YES	YES	YES

　　　　下列的 SHOW 指令語法可以查詢 MySQL 資料庫伺服器狀態與系統變數
資訊：

```
使用「GLOBAL」查詢伺服器資訊,使用
「SESSION」查詢用戶端連線資訊
SHOW [GLOBAL | SESSION] STATUS [LIKE '樣版' | WHERE 條件]
SHOW [GLOBAL | SESSION] VARIABLES [LIKE '樣版' | WHERE 條件]
          設定變數名稱條件 ─        設定條件 ─
```

下列的敘述可以查詢 MySQL 資料庫伺服器中與字元集相關的變數資訊：

```
SHOW GLOBAL VARIABLES LIKE 'character%'
```

查詢伺服器使
用的字元集

Variable_name	Value
character_set_client	latin1
character_set_connection	latin1
character_set_database	latin1
character_set_filesystem	binary
character_set_results	latin1
character_set_server	latin1
character_set_system	utf8
character_sets_dir	C:\Program Files\MySQL\MyS...

17.2　DESCRIBE 指令

DESCRIBE 是 MySQL 資料庫伺服器提供的特殊指令，並不是標準的 SQL
敘述。它可以查詢指定表格的欄位資訊：

使用「DESCRIBE」
或「DESC」都可以

指定表格名稱

{DESCRIBE | DESC} 表格名稱 [欄位名稱 | '樣版']

指定欄位名稱

指定欄位名稱樣版

DESCRIBE 敘述可以指定要查詢的欄位名稱，或是使用樣版字串設定查詢
條件：

DESC country ← 查詢country表格的欄位資訊

DESC country　Name ← 查詢country表格中的Name欄位資訊

DESC country 'GNP%' ← 查詢country表格中，以GNP開
頭的欄位名稱資訊

17.3　mysqlshow

MySQL 資料庫伺服器提供一個可以在命令提示字元下執行的工具程式「mysqlshow」：

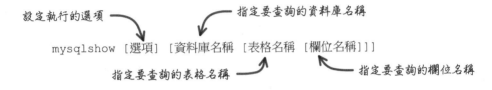

指定要登入的資料庫伺服器,沒有指定的話,使用預設值「localhost」

指定登入時使用的帳號

指定登入時使用的密碼,密碼跟「-p」之間不能有空格

mysqlshow -h 資料庫伺服器 -u 帳號 -p密碼

下列是 mysqlshow 的基本語法：

設定執行的選項

指定要查詢的資料庫名稱

mysqlshow [選項] [資料庫名稱 [表格名稱 [欄位名稱]]]

指定要查詢的表格名稱

指定要查詢的欄位名稱

mysqlshow 工具程式有下列幾種不同的用法：

mysqlshow -u root　←　查詢資料庫

mysqlshow -u root world　←　查詢world資料庫中的表格

mysqlshow -u root world country　←　查詢world資料庫中的country表格有哪些欄位

Chapter 18

錯誤處理與查詢

18.1　錯誤的資料

　　在規劃與設計一個資料庫的時候，你會針對儲存資料的需求，定義每一個表格中的欄位，包含欄位的資料型態與其它設定，這些定義都會影響資料的查詢與維護。資料庫中儲存的資料應該是正確而且沒有誤差的，如果你嘗試儲存一個錯誤的資料，資料庫應該要發現問題並告訴你不可以這樣做。不過在不同的需求下，你可能會希望資料庫允許不太嚴重的錯誤，不要每次都產生錯誤訊息。

　　MySQL 資料庫可以使用「sql_mode」系統變數設定資料庫對於檢查錯誤資料的「嚴格」程度，分為「strict」與「non-strict」兩種模式。在 strict 模式下，資料庫會嚴格的檢查與發現錯誤的資料，而且不會儲存錯誤的資料。在 non-strict 模式下，資料庫同樣會檢查與發現錯誤的資料，不過它會儘量試著處理這些錯誤的資料，再把資料儲存起來。

　　你可以依照自己的需求設定 sql_mode 系統變數，下列的指令可以把 MySQL 資料庫伺服器設定為「non-strict」模式：

```
SET sql_mode = ''
```
← 設定為「non-strict」模式

下列的敘述可以把 MySQL 伺服器設定為「strict」模式：

```
SET sql_mode = 'STRICT_TRANS_TABLES'
SET sql_mode = 'STRICT_ALL_TABLES'
```
} 設定為「strict」模式

STRICT_TRANS_TABLES 與 STRICT_ALL_TABLES 同樣可以設定為「strict」模式，在使用支援交易（transaction）的資料庫，應該要設定為 STRICT_TRANS_TABLES，這樣可以確定資料的完整性。

設定為 strict 與 non-strict 兩種不同的模式，對於錯誤資料的處理會有很大的差異。下列是一個用來測試的表格「cmdev.debug」，它包含許多不同資料型態與設定的欄位：

欄位名稱	型態	NULL	索引	預設值	其它資訊
fint	tinyint(4)	NO		NULL	
fchar	varchar(3)	YES		NULL	
fdouble	double(5, 2)	YES		NULL	
fdate	date	YES		NULL	
ftime	time	YES		NULL	
fenum	enum('A','B','C')	YES		NULL	
fset	set('A','B','C')	YES		NULL	

18.2 Non-Strict 模式

下列是使用 SET 設定 sql_mode 變數的語法：

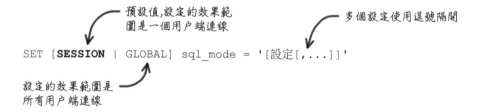

預設值,設定的效果範圍是一個用戶端連線

多個設定使用逗號隔開

```
SET [SESSION | GLOBAL] sql_mode = '[設定[,...]]'
```

設定的效果範圍是所有用戶端連線

如果沒有指定 SESSION 或 GLOBAL，MySQL 會把這個設定當成 SESSION，設定的效果只有一個用戶端的連線，並不會影響其它用戶端連線的設定。下列的範例在設定為 non-strict 模式後，使用 SHOW 或 SELECT 敘述查詢設定後的結果：

```
SET sql_mode = ''          ← 設定為「non-strict」模式
SHOW VARIABLES LIKE 'sql_mode'   ← 查詢系統變數
SELECT @@sql_mode          ← 查詢使用者變數
```

如果你希望將所有用戶端都設定為 non-strict 模式，那就要使用 GLOBAL 關鍵字：

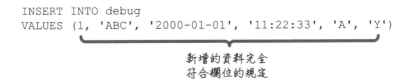

```
SET GLOBAL sql_mode = ''        ← 設定為「non-strict」模式
SHOW GLOBAL VARIABLES LIKE 'sql_mode'   ← 查詢全域系統變數
```

Variable_name	Value
sql_mode	

設定為 non-strict 模式以後，在執行資料維護的時候，如果資料完全符合欄位資料型態的規定，那就不會發生任何警告或錯誤：

```
INSERT INTO debug
VALUES (1, 'ABC', '2000-01-01', '11:22:33', 'A', 'Y')
```

新增的資料完全
符合欄位的規定

如果資料庫發現不符合欄位規定的資料，它會儘量試著處理這些錯誤的資料，再把資料儲存起來。以下列的範例來說，想要儲存到字串型態欄位的值有六個字元，可是「fchar」欄位只能儲存三個字元，資料庫在 non-strict 模式下，會忽略多餘的字元後再儲存起來，然後使用警告訊息通知你：

Field	Type
fint	tinyint(4)
fchar	varchar(3)

```
INSERT INTO debug (fint, fchar) VALUES (2, 'ABCDEF')
```

```
! Data truncated for column 'fchar' at row 1
```

只會產生警告訊息,還是會新增一筆紀錄

在 non-strict 模式運作時,下列幾種情形都有可能會啟動自動修正資料的功能:

- 執行新增或修改敘述,包含 INSERT、REPLACE、UPDATE 與 LOAD DATA INFILE。

- 使用 ALTER TABLE 修改表格的欄位定義。

- 在欄位定義中使用「DEFAULT」指定欄位的預設值。

18.2.1 數值

資料庫在 non-strict 模式下,處理數值資料型態會使用比較寬鬆的方式。以整數型態 TINYINT 來說,如果儲存的數值超過規定的範圍,資料庫會依照下列的方式來處理錯誤的數值資料:

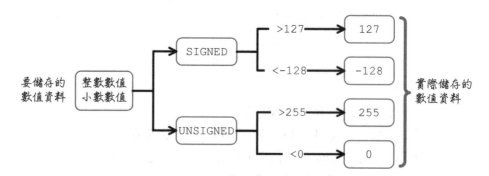

浮點數型態與整數型態一樣有規定的範圍，如果你在定義浮點數型態欄位時，也設定了長度與小數位數，那就只能儲存設定的範圍：

Field	Type
fdouble	double(5,2)

← 長度5,小數2,整數部份只有3位,範圍-999到999

儲存小數到整數型態的欄位，或是小數位數超過浮點數型態定義的位數，MySQL 會針對小數的部份執行四捨五入，並不會有任何錯誤或警告。

18.2.2　列舉(ENUM)與集合(SET)

ENUM 型態只能儲存一個規定好的成員資料，以 fenum 欄位來說，它設定了 A、B、C 三個成員，你也可以使用數值 1、2、3 表示。在 non-strict 模式下，如果你嘗試儲存錯誤的資料，資料庫都會儲存空的字串「"」，數值為 0：

Field	Type
fenum	enum('A','B','C')

由左到右從「1」開始編號

SET 型態可以儲存一組規定好的成員資料，以 fset 欄位來說，它設定了 X、Y、Z 三個成員。在 non-strict 模式下，如果你嘗試儲存錯誤的資料，資料庫都會儲存空的字串「"」，數值為 0。如果指定的成員不正確的話，資料庫也會自動忽略它們：

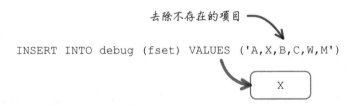

去除不存在的項目

```
INSERT INTO debug (fset) VALUES ('A,X,B,C,W,M')
```

X

重複的集合成員不會造成任何錯誤或警告。例如儲存「'X,X,Y,Y,Z,Z'」的值到「fset」欄位，實際儲存的是「'X,Y,Z'」。

18.2.3 字串轉換為其它型態

資料庫設定為 non-strict 模式的時候，如果你想要儲存字串資料到非字串型態的欄位，資料庫都會幫你轉換為欄位的型態後再儲存。如果字串的內容不能轉換為欄位的型態，例如想要儲存字串「Hello!」到數值型態欄位，資料庫會儲存下列的預設值，然後產生警告訊息：

欄位型態	預設值	欄位型態	預設值
數值	0	TIMESTAMP	'0000-00-00 00:00:00'
DATE	'0000-00-00'	YEAR	0000 或 00
TIME	'00:00:00'	ENUM	''
DATETIME	'0000-00-00 00:00:00'	SET	''

在執行字串轉換型態的時候，資料庫會使用很寬鬆的方式，盡量把你的資料儲存起來，尤其是字串轉換為數值與日期型態：

字串值	fint	fdate
'10-10-10'	10	'2010-10-10'
'007'	7	'0000-00-00'
'SAM36'	0	'0000-00-00'
'36SAM'	36	'0000-00-00'
'25-SAM'	25	'0000-00-00'
'12 SAM'	12	'0000-00-00'
'SAM'	0	'0000-00-00'

18.2.4 NULL 與 NOT NULL

在規劃表格欄位的時候，你會根據需求設定欄位是否可以儲存 NULL 值。如果你設定某一個欄位不可以儲存 NULL 值，不論在 non-strict 或 strict 模式下，儲存 NULL 值的敘述都會發生錯誤訊息：

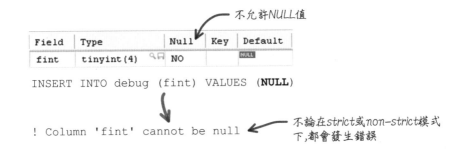

資料庫設定為 non-strict 模式的時候，下列的情況只會產生警告訊息：

18.2.5　Strict 模式與 IGNORE 關鍵字

你也可以將資料庫設定為 strict 模式，在這個模式下，只有在儲存字串資料到非字串型態的欄位時，資料庫會嘗試幫你指定的字串轉換為欄位型態。其它任何違反資料型態的問題，資料庫不會儲存錯誤的資料，而且會產生錯誤訊息。

在 strict 模式模式下執行新增與修改時，可以依照需求加入「IGNORE」關鍵字：

18.3 其它設定

sql_mode 變數設定為 non-strict 或 strict 模式後,還可以依照自己的需求加入額外的設定:

設定值	說明
ALLOW_INVALID_DATES	允許錯誤的日期資料
NO_ZERO_DATE	不允許全部是 0 的日期資料
NO_ZERO_IN_DATE	日期資料中不可以有 0
ERROR_FOR_DIVISION_BY_ZERO	除以 0 時產生錯誤,而不是產生 NULL 值

如果你希望資料庫設定為 strict 模式,可是對於日期資料的檢查又可以寬鬆一些,可以執行下列的設定:

```
SET sql_mode = 'STRICT_ALL_TABLES,ALLOW_INVALID_DATES'
```

加入 **ALLOW_INVALID_DATES** 的設定以後,就算是「2000-02-31」這樣一個錯誤的日期資料,資料庫也會儲存它,不會有任何警告或錯誤訊息:

```
INSERT INTO debug (fint, fdate)
VALUES (0, '2000-02-31')
```

日期型態的欄位,不論在 non-strict 或 strict 模式下,你都可以儲存年月日為 0 的日期資料,不會產生任何警告或錯誤訊息。如果不希望儲存這樣的日期資料,你可以加入「NO_ZERO_DATE」與「NO_ZERO_IN_DATE」的設定:

```
SET sql_mode = 'STRICT_ALL_TABLES,NO_ZERO_DATE,NO_ZERO_IN_DATE'
```

如果在你執行的敘述中出現除以零的運算式，資料庫會產生 NULL 值，並不會產生任何警告或錯誤訊息。你可以加入「ERROR_FOR_DIVISION_BY_ZERO」設定：

除以0時產生錯誤

```
SET sql_mode = 'STRICT_ALL_TABLES,ERROR_FOR_DIVISION_BY_ZERO'
```

在敘述中出現除以零的運算式時，資料庫會產生除以零的錯誤訊息：

```
INSERT INTO debug (fint, fdouble) VALUES (0, 1/0)
```

! Division by 0 ← 產生除以0的錯誤訊息

你可以使用不同的設定項目，讓資料庫中的資料更符合自己的需求。MySQL 也為你準備了許多不同的設定組合：

設定值	設定項目
ANSI	REAL_AS_FLOAT、PIPES_AS_CONCAT、ANSI_QUOTES、IGNORE_SPACE
DB2	PIPES_AS_CONCAT、ANSI_QUOTES、IGNORE_SPACE、NO_KEY_OPTIONS、NO_TABLE_OPTIONS、NO_FIELD_OPTIONS
MAXDB	PIPES_AS_CONCAT、ANSI_QUOTES、IGNORE_SPACE、NO_KEY_OPTIONS、NO_TABLE_OPTIONS、NO_FIELD_OPTIONS、NO_AUTO_CREATE_USER
MSSQL	PIPES_AS_CONCAT、ANSI_QUOTES、IGNORE_SPACE、NO_KEY_OPTIONS、NO_TABLE_OPTIONS、NO_FIELD_OPTIONS
MYSQL323	NO_FIELD_OPTIONS、HIGH_NOT_PRECEDENCE
MYSQL40	NO_FIELD_OPTIONS、HIGH_NOT_PRECEDENCE
ORACLE	PIPES_AS_CONCAT、ANSI_QUOTES、IGNORE_SPACE、NO_KEY_OPTIONS、NO_TABLE_OPTIONS、NO_FIELD_OPTIONS、NO_AUTO_CREATE_USER

設定值	設定項目
POSTGRESQL	PIPES_AS_CONCAT、ANSI_QUOTES、IGNORE_SPACE、NO_KEY_OPTIONS、NO_TABLE_OPTIONS、NO_FIELD_OPTIONS
TRADITIONAL	STRICT_TRANS_TABLES、STRICT_ALL_TABLES、NO_ZERO_IN_DATE、NO_ZERO_DATE、ERROR_FOR_DIVISION_BY_ZERO、NO_AUTO_CREATE_USER

「sql_mode」的完整設定可以參考 MySQL 參考手冊中的「5.2.6. SQL Modes」。

18.4　查詢錯誤與警告

在執行 SQL 敘述以後，如果發生警告或錯誤，你可能需要根據這些訊息來執行一些補救工作。MySQL 提供的 SHOW 指令可以查詢這些訊息：

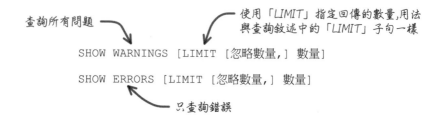

```
SHOW WARNINGS [LIMIT [忽略數量,] 數量]
SHOW ERRORS [LIMIT [忽略數量,] 數量]
```

查詢所有問題

使用「LIMIT」指定回傳的數量，用法與查詢敘述中的「LIMIT」子句一樣

只查詢錯誤

以下列的新增敘述來說，在 non-strict 模式下，雖然會新增一筆紀錄到 debug 表格中，不過想要儲存的三個資料都是有問題的：

```
SET sql_mode = ''
INSERT INTO debug (fint, fchar, fdate)
VALUES (255, 'Hello!', '99999-01-01')
```

設定為「non-strict」模式

儲存三個有問題的資料

執行上列的新增敘述後，你可以使用 SHOW WARNINGS 查詢所有的問題：

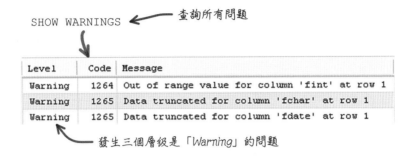

SHOW WARNINGS ← 查詢所有問題

Level	Code	Message
Warning	1264	Out of range value for column 'fint' at row 1
Warning	1265	Data truncated for column 'fchar' at row 1
Warning	1265	Data truncated for column 'fdate' at row 1

← 發生三個層級是「*Warning*」的問題

下列這個刪除表格的敘述，因為使用了「IF EXISTS」，可以預防因為要刪除的表格不存在而產生錯誤，所以執行敘述以後，只會產生一個「Note」告訴你要刪除的表格不存在：

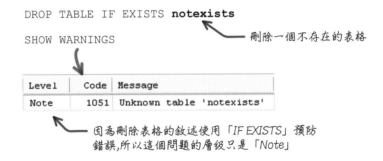

DROP TABLE IF EXISTS **notexists**

SHOW WARNINGS ← 刪除一個不存在的表格

Level	Code	Message
Note	1051	Unknown table 'notexists'

← 因為刪除表格的敘述使用「*IF EXISTS*」預防
錯誤，所以這個問題的層級只是「*Note*」

如果查詢敘述中指定的欄位不存在的話，就會產生錯誤訊息，在執行敘述以後，可以使用「SHOW ERRORS」查詢發生了哪些錯誤：

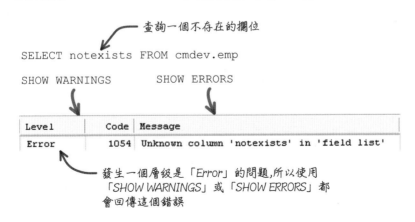

← 查詢一個不存在的欄位

SELECT notexists FROM cmdev.emp

SHOW WARNINGS   SHOW ERRORS

Level	Code	Message
Error	1054	Unknown column 'notexists' in 'field list'

← 發生一個層級是「*Error*」的問題，所以使用
「*SHOW WARNINGS*」或「*SHOW ERRORS*」都
會回傳這個錯誤

如果是因為執行 SQL 敘述，導致資料庫產生的警告或錯誤，都可以使用 SHOW WARNINGS 或 SHOW ERRORS 查詢。不過也有可能是因為作業系統發生問題，例如下列執行匯出資料的敘述，在執行敘述以後，資料庫應該建立一個「C:\hello\mydata.sql」檔案，不過因為指定的資料夾並不存在，所以會產生錯誤訊息：

```
SELECT * INTO OUTFILE 'C:/hello/mydata.sql'
FROM cmdev.emp

! Can't create/write to file 'C:\hello\mydata.sql' (Errcode: 2)
```

錯誤訊息中包含「ErrCode」的話,表示發生的錯誤原因來自於作業系統

如果發生這類的錯誤，資料庫只會告訴你不能儲存檔案，詳細的錯誤訊息要在命令提示字元下，使用「perror」程式來查詢：

在命令提示字元下執行「perror」程式　　在後面指定「ErrCode」的錯誤編號

```
shell> perror 2
OS error code    2:  No such file or directory
Win32 error code 2: 系統找不到指定的檔案。
```

顯示作業系統的錯誤原因

如果需要知道警告或錯誤的數量，可以使用下列的查詢敘述：

```
SELECT COUNT(*) WARNINGS
SELECT @@warning_count
```
查詢所有問題的數量

```
SELECT COUNT(*) ERRORS
SELECT @@error_count
```
查詢錯誤的數量

Chapter **19**

匯入與匯出資料

在開始使用 MySQL 資料庫以後，MySQL 會幫你儲存與管理所有的資料，依照不同的設定，會有許多的資料檔案儲存在檔案系統中，如果這些檔案不小心遺失或損壞，儲存的資料可能就全部不見了。為了預防這類的情況發生，MySQL 提供許多備份資料的功能，讓你可以依照自己的需求，匯出資料庫中儲存的資料，另外保存起來。如果資料庫發生嚴重的問題，而且儲存的資料不見了，你就可以把之前備份的資料回復到資料庫中。備份資料的工作稱為「匯出資料、exporting data」，回復資料的工作稱為「匯入資料、importing data」。

你可以使用 SQL 敘述或 MySQL 提供的用戶端程式，執行匯出與匯入的工作。匯出資料可以使用「SELECT INTO OUTFILE」敘述，或是「mysqldump」用戶端程式，它們都可以將指定的資料儲存為檔案保存起來。匯入資料可以使用「LOAD DATA INFILE」敘述，或是「mysqlimport」用戶端程式，它們都可以將指定檔案中的資料新增到資料庫中。

19.1　使用 SQL 敘述匯出資料

MySQL 提供 SELECT INTO OUTFILE 敘述匯出資料，用法與一般查詢敘述一樣，另外使用 INTO OUTFILE 子句指定一個檔案名稱，執行敘述以後回傳的資料會儲存為檔案。下列是它的語法：

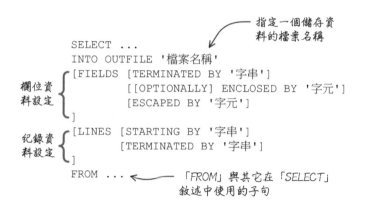

使用 INTO OUTFILE 子句指定檔案名稱的時候，要特別注意資料夾的符號，不論是 UNIX 或 WINDOWS 作業系統，都要使用「/」。下列的敘述會將查詢後的結果儲存到「C:\Masoloa\dept.txt」：

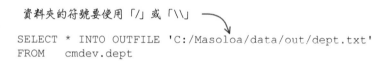

```
SELECT * INTO OUTFILE 'C:/Masoloa/data/out/dept.txt'
FROM    cmdev.dept
```

使用文字編輯軟體開啟上列範例匯入的檔案，它的內容會像這樣：

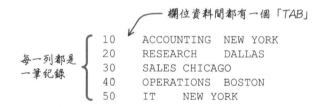

MySQL 預設的分隔字元使用「TAB」，你可以在匯出檔案的敘述，使用「FIELDS TERMINATED BY」子句設定新的分隔字元：

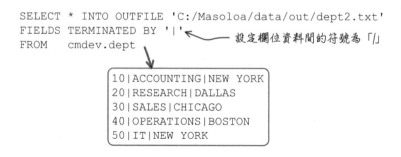

使用「FIELDS ENCLOSED BY」子句可以設定包圍欄位資料的字元符號：

```
SELECT * INTO OUTFILE 'C:/Masoloa/data/out/dept3.txt'
FIELDS ENCLOSED BY '*'
FROM    cmdev.dept
```

設定每一個欄位資料
的前後字元為「*」

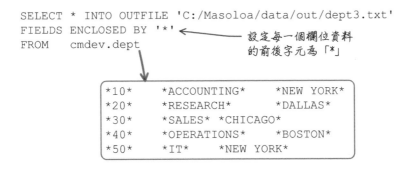

```
*10*    *ACCOUNTING*    *NEW YORK*
*20*    *RESEARCH*      *DALLAS*
*30*    *SALES* *CHICAGO*
*40*    *OPERATIONS*    *BOSTON*
*50*    *IT*    *NEW YORK*
```

匯出的資料如果遇到 NULL 值的時候，MySQL 會使用「\N」儲存在檔案中：

```
SELECT empno, ename, salary, deptno
INTO OUTFILE 'C:/Masoloa/data/out/emp.txt'
FROM    cmdev.emp
WHERE   salary < 1500
```

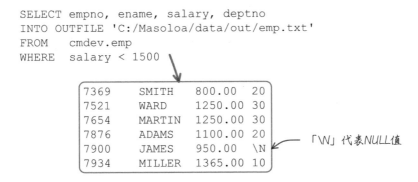

```
7369    SMITH    800.00   20
7521    WARD     1250.00  30
7654    MARTIN   1250.00  30
7876    ADAMS    1100.00  20
7900    JAMES    950.00   \N
7934    MILLER   1365.00  10
```

「\N」代表NULL值

MySQL 預設的跳脫字元符號是「\」，你可以在匯出檔案的敘述使用
「FIELDS ESCAPED BY」子句，設定新的跳脫字元符號：

```
SELECT empno, ename, salary, deptno
INTO OUTFILE 'C:/Masoloa/data/out/emp2.txt'
FIELDS ESCAPED BY '$'
FROM    cmdev.emp
WHERE   salary < 1500
```

把跳脫字元的符號
從「\」改為「$」

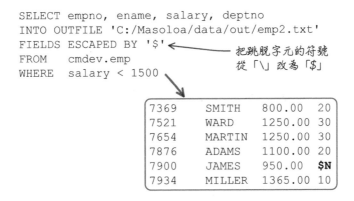

```
7369    SMITH    800.00   20
7521    WARD     1250.00  30
7654    MARTIN   1250.00  30
7876    ADAMS    1100.00  20
7900    JAMES    950.00   $N
7934    MILLER   1365.00  10
```

使用「LINES STARTING BY」與「TERMINATED BY」子句可以設定每一列資料開始與結束字串：

```
SELECT empno, ename, salary, deptno
INTO OUTFILE 'C:/Masoloa/data/out/emp3.txt'
LINES STARTING BY '>>>' TERMINATED BY '\n'
FROM    cmdev.emp
WHERE   salary < 1500
```

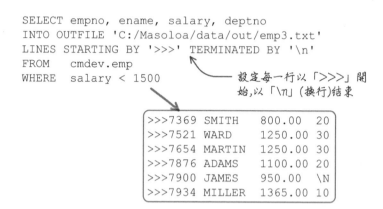

設定每一行以「>>>」開始,以「\n」(換行)結束

```
>>>7369 SMITH    800.00   20
>>>7521 WARD    1250.00   30
>>>7654 MARTIN  1250.00   30
>>>7876 ADAMS   1100.00   20
>>>7900 JAMES    950.00   \N
>>>7934 MILLER  1365.00   10
```

使用文字儲存資料有許多不同的格式，有一種很常見的格式稱為「Comma-Separated Values、CSV」，每一筆資料的結尾使用換行字元，每一個資料之間都使用逗號隔開，而且前後使用雙引號包圍起來。許多應用程式都認識這種資料的格式，你可以使用下列的設定輸出一個 CSV 格式的資料檔案：

```
SELECT * INTO OUTFILE 'C:/Masoloa/data/out/deptcsv.txt'
FIELDS TERMINATED BY ',' ENCLOSED BY '"'
LINES TERMINATED BY '\r'
FROM    cmdev.dept
```

```
"10","ACCOUNTING","NEW YORK"
"20","RESEARCH","DALLAS"
"30","SALES","CHICAGO"
"40","OPERATIONS","BOSTON"
"50","IT","NEW YORK"
```

19.2　使用 SQL 敘述匯入資料

「LOAD DATA」敘述可以匯入資料到資料庫的某個表格中，LOAD DATA 敘述提供許多子句，可以讓你設定資料檔案、檔案的格式，或是匯入資料的處理。下列是它的語法：

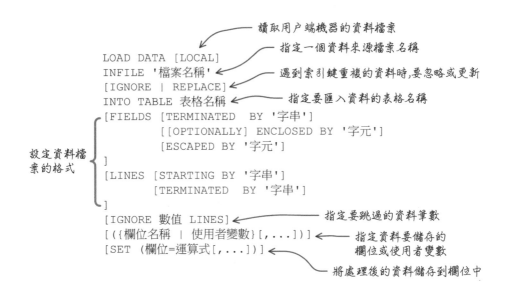

19.2.1　指定資料檔案

LOAD DATA 敘述可以將一個包含資料的檔案，匯入到一個指定的表格中，下列是它的基本語法：

使用 LOAD DATA 敘述匯入資料前，要明確的指定資料庫：

```
USE  資料庫名稱；
LOAD DATA [LOCAL]  INFILE  '檔案名稱'
INTO  TABLE  資料庫名稱.表格名稱
```
先使用「USE」敘述設定使用中資料庫後，再執行匯入敘述...

```
LOAD DATA [LOCAL]  INFILE  '檔案名稱'
INTO  TABLE  資料庫名稱.表格名稱
```
或是在匯入敘述中指定資料庫名稱

如果你的資料檔案放在用戶端的電腦中，在使用 LOAD DATA 敘述的時候要加入「LOCAL」關鍵字。指定資料檔案時，可以包含磁碟機代號、資料夾與檔案名稱：

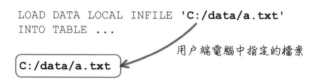

指定的資料檔案如果沒有磁碟機代號，可是包含資料夾與檔案名稱，MySQL 會使用目前工作中的磁碟機：

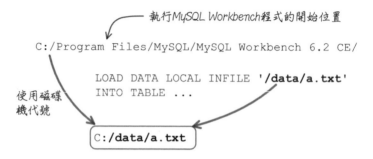

指定的資料檔案沒有磁碟機代號，只有資料夾與檔案名稱，可是最前面沒有資料夾符號，MySQL 會使用目前工作中的資料夾：

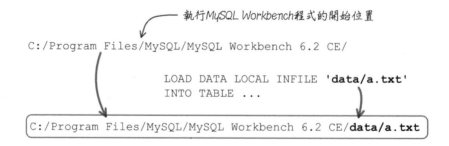

指定的資料檔案只有檔案名稱，MySQL 會使用目前工作中的資料夾：

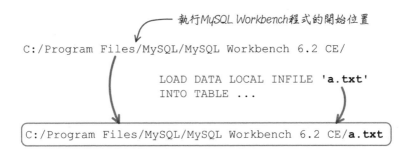

如果你的資料檔案放在 MySQL 伺服器的電腦中，使用 LOAD DATA 敘述的時候就不要使用 LOCAL 關鍵字。指定資料檔案時，可以包含磁碟機代號、資料夾與檔案名稱：

指定的資料檔案如果沒有磁碟機代號，可是包含資料夾與檔案名稱，MySQL 會使用伺服器的磁碟機：

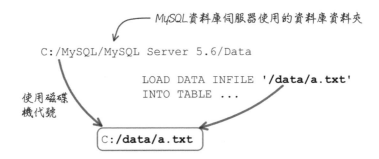

指定的資料檔案沒有磁碟機代號，只有資料夾與檔案名稱，可是最前面沒有資料夾符號，MySQL 會使用資料庫資料夾：

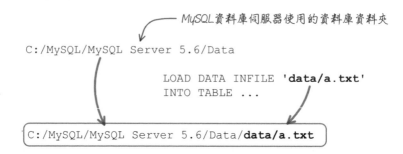

指定的資料檔案只有檔案名稱，而且在「INTO TABLE」中指定資料庫名稱，MySQL 會使用資料庫資料夾的資料庫名稱：

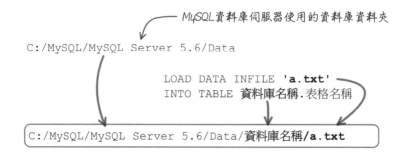

指定的資料檔案只有檔案名稱，在執行 LOAD DATA INFILE 敘述前，先使用 USE 敘述指定資料庫，而且在 INTO TABLE 中沒有指定資料庫名稱，MySQL 會使用資料庫資料夾的目前使用中資料庫名稱：

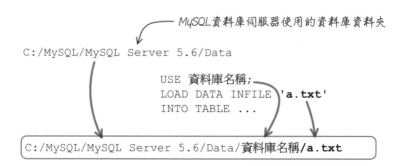

使用「SHOW VARIABLES LIKE 'datadir'」敘述，可以查詢 MySQL 資料庫伺服器使用的資料庫資料夾。

19.2.2　設定資料格式

如果沒有另外設定的話，使用 LOAD DATA INFILE 敘述匯入的資料檔案，MySQL 會使用下列的格式：

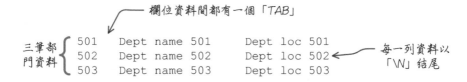

如果你的資料檔案格式跟上列的檔案一樣的話，使用下列的敘述就可以匯入資料：

如果要匯入資料的檔案是 CSV 格式的話，就要使用「FIELDS」與「LINES」子句設定格式：

```
"601","Dept name 601","Dept loc 601"
"602","Dept name 602","Dept loc 602"
"603","Dept name 603","Dept loc 603"
```
一個「CSV」格式的資料檔案

```
LOAD DATA LOCAL INFILE 'C:/Masoloa/data/in/newdeptcsv.txt'
INTO TABLE cmdev.dept
FIELDS TERMINATED BY ','
        ENCLOSED BY '"'
LINES TERMINATED  BY '\r'
```
設定資料檔案為「CSV」格式

19.2.3　處理匯入的資料

如果匯入的資料檔案與表格完全對應的話，LOAD DATA INFILE 敘述都可以把資料正確的匯入到資料庫中。可是以下列儲存在資料檔案中的部門資料來說：

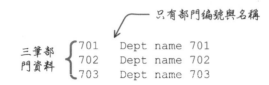

只有部門編號與名稱

```
三筆部    ⎰ 701    Dept name 701
門資料   ⎱ 702    Dept name 702
          703    Dept name 703
```

因為 cmdev.dept 表格有 deptno、dname 與 location 三個欄位，所以執行下列的 LOAD DATA INFILE 敘述就會產生錯誤：

```
LOAD DATA LOCAL INFILE 'C:/Masoloa/data/in/newdept2.txt'
INTO TABLE cmdev.dept
```

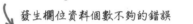

發生欄位資料個數不夠的錯誤

```
! Row 1 doesn't contain data for all columns
```

你可以在 LOAD DATA INFILE 敘述中，指定匯入資料的數量和欄位：

```
                        LOAD DATA [LOCAL] INFILE '檔案名稱'
指定要跳過的資料筆數 ——  INTO TABLE 表格名稱
                      ►[IGNORE 數值 LINES]
指定匯入的資料要儲存 ——►[({欄位名稱 | 使用者變數}[,...])]
的欄位或使用者變數
```

下列的 LOAD DATA INFILE 敘述指定匯入資料時會跳過第一筆，而且指定匯入的欄位只有 deptno 與 dname 兩個欄位：

```
LOAD DATA LOCAL INFILE 'C:/Masoloa/data/in/newdept2.txt'
INTO TABLE cmdev.dept
IGNORE 1 LINES (deptno, dname)
```

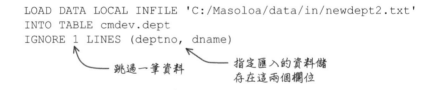

跳過一筆資料　　　　指定匯入的資料儲存在這兩個欄位

你也可以在 LOAD DATA INFILE 敘述中加入使用者變數：

```
LOAD DATA [LOCAL] INFILE '檔案名稱'
INTO TABLE 表格名稱
[({欄位名稱 | 使用者變數}[,...])]
[SET (欄位=運算式[,...])]
```

　　指定匯入的資料要儲存
　　的欄位或使用者變數

　　將處理後的資料儲存到欄位中

　　下列的敘述將 ename 與 job 兩個欄位的資料先轉換大寫後，再匯入到資料庫中：

第一個資料儲存在「empno」欄位

```
LOAD DATA LOCAL INFILE 'C:/Masoloa/data/in/newemp.txt'
INTO TABLE cmdev.emp
(empno, @v_ename, @v_job)
SET ename = UPPER(@v_ename),
    job = UPPER(@v_job)
```

員工名稱和職務先儲
存在使用者變數中

把使用者變數轉換為大寫後，再儲
存到「ename」與「job」欄位

19.2.4 索引鍵重複

　　在新增、修改或匯入資料到資料庫的時候，都有可能發生索引值重複的錯誤。在使用 LOAD DATA INFILE 匯入資料的時候，如果發生索引值重複的情況，可以使用「IGNORE」或「REPLACE」來決定資料庫該作什麼處理：

沒有使用「LOCAL」

沒有使用「IGNORE」或
「REPLACE」，發生索引
值重複時，MySQL 產生錯
誤訊息，而且馬上停止匯
入的工作

```
LOAD DATA INFILE '檔案名稱'
[IGNORE | REPLACE]
INTO TABLE 表格名稱
```

以部門資料表來說，部門編號已經設定為主索引鍵，所以它是不可以重複的：

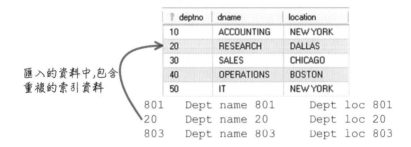

匯入的資料中,包含
重複的索引資料

如果資料檔儲存在 MySQL 伺服器的電腦中，在匯入資料時沒有使用「IGNORE」或「REPLACE」，發生索引重複的情況時，資料庫會產生錯誤訊息，而且不會匯入任何資料：

沒有使用「LOCAL」

```
LOAD DATA INFILE 'C:/Masoloa/data/in/newdept3.txt'
INTO TABLE cmdev.dept
```

發生索引重複的錯誤

```
! Duplicate entry '20' for key 'PRIMARY'
```

資料檔儲存在 MySQL 伺服器的電腦的時候，你可以使用「IGNORE」關鍵字忽略錯誤的資料，正確的資料還是匯入到資料庫中。使用「REPLACE」關鍵字請資料庫會幫你執行修改資料的動作：

沒有使用「LOCAL」

使用「IGNORE」時,
發生索引值重複的
話,MySQL 忽略錯誤
的資料,而且繼續執
行匯入的工作

```
LOAD DATA INFILE '檔案名稱'
[IGNORE | REPLACE]
INTO TABLE 表格名稱
```

使用「REPLACE」時,
發生索引值重複的
話,MySQL 會更新資
料,而且繼續執行匯
入的工作

下列的 LOAD DATA INFILE 敘述中使用 IGNORE 關鍵字，說明在匯入資料時處理發生索引重複的處理效果：

```
801    Dept name 801     Dept loc 801
20     Dept name 20      Dept loc 20
803    Dept name 803     Dept loc 803
```

```
LOAD DATA INFILE 'C:/Masoloa/data/in/newdept3.txt'
IGNORE INTO TABLE cmdev.dept
```

⚷ deptno	dname	location
10	ACCOUNTING	NEW YORK
20	RESEARCH	DALLAS
30	SALES	CHICAGO
40	OPERATIONS	BOSTON
50	IT	NEW YORK
801	Dept name 801	Dept loc 801
803	Dept name 803	Dept loc 803

忽略索引重複的資料，
匯入正確的資料

下列的 LOAD DATA INFILE 敘述中使用 REPLACE 關鍵字，說明在匯入資料時處理發生索引重複的處理效果：

```
901    Dept name 901     Dept loc 901
20     Dept name 20      Dept loc 20
903    Dept name 903     Dept loc 903
```

```
LOAD DATA INFILE 'C:/Masoloa/data/in/newdept4.txt'
REPLACE INTO TABLE cmdev.dept
```

⚷ deptno	dname	location
10	ACCOUNTING	NEW YORK
20	Dept name 20	Dept loc 20
30	SALES	CHICAGO
40	OPERATIONS	BOSTON
50	IT	NEW YORK
901	Dept name 901	Dept loc 901
903	Dept name 903	Dept loc 903

更新索引值重複的資料

匯入正確的資料

資料檔儲存在用戶端的電腦的時候，處理匯入資料發生索引重複的作法會不太一樣：

使用「LOCAL」

雖然沒有使用「IGNORE」，效果跟使用「IGNORE」一樣

```
LOAD DATA LOCAL INFILE '檔案名稱'
INTO TABLE 表格名稱
```

使用 REPLACE 關鍵字的時候,效果就跟資料檔儲存在 MySQL 伺服器的電腦中時一樣:

使用「REPLACE」時,效果
跟資料檔案在伺服器一樣

使用「LOCAL」

```
LOAD DATA LOCAL INFILE '檔案名稱'
REPLACE INTO TABLE 表格名稱
```

19.2.5　匯入資訊

在執行匯入資料的敘述以後,你應該會想要知道有多少資料匯入到資料庫中。如果你在 MySQL Workbench 工具中執行 LOAD DATA INFILE 敘述,它會告訴你總共影響了幾筆資料,包含新增與修改的數量:

只會告訴你影響幾筆資料記錄

```
3 rows affected by the last command, ...
```

如果你在命令提示字元中執行 LOAD DATA INFILE 敘述,除了影響的資料數量以外,還會告訴你比較完整的匯入資訊:

除了告訴你影響幾筆資料記錄....

```
Query OK, 3 rows affected (0.11 sec)
Records: 3  Deleted: 0  Skipped: 0  Warnings: 0
```

還會提供匯入資料的詳細資訊

在上列的資訊中:

- Records:從資料檔案中讀取的資料數量。

- Deleted:在發生索引重複的情況下更新資料的數量。

- Skipped:在發生索引重複的情況下被忽略的資料數量。

- Warnings:資料檔案中有問題的資料數量,例如轉換 Hello 字串為數值。

19.3　使用 **mysqldump** 程式匯出資料

MySQL 提供許多不同應用的工具程式，讓你可以在命令提示字元中執行一些需要的工作，這些工具程式都是 MySQL 才有的，而且它們並不是 SQL 敘述。你可以使用「mysqldump」工具程式匯出資料，下列是它的用法：

匯出資料的選項　　　　　　　指定要匯出的資料庫名稱

```
mysqldump [選項] 資料庫名稱 [表格名稱...]
```

包含匯出資料的表格

下列是 mysqldump 工具程式的基本選項：

選項	說明
--host=資料庫伺服器 -h 資料庫伺服器	指定要連線的的資料庫伺服器名稱，「-h」後面必須有空格；沒有使用這個選項的話，表示連線到本機
--user=使用者帳號 -u 使用者帳號	指定連線的使用者帳號，「-u」後面必須有空格
--password[=密碼] -p[密碼]	指定連線的密碼，「-p」後面不可以有空格；沒有提供密碼的話，執行程式以後會提示你輸入密碼；沒有使用這個選項的話，表示密碼為空白

下列的命令為 mysqldump 加入指定資料庫伺服器、使用者帳號與資料庫名稱的資訊。在命令提示字元執行下列的命令以後，會在畫面顯示 cmdev 資料庫的資訊：

沒有使用「-host」表示連線到「localhost」

```
mysqldump -u root cmdev
```

使用「-u」指定　　　　　　　指定「cmdev」資料庫中所有表格
帳號為「root」

這些選項都有兩種設定方式，以使用者帳號來說：

```
mysqldump -u root cmdev
        ↓
mysqldump --user=root cmdev
```

換成這樣的設定也可以

下列是與匯出資料相關的選項：

選項	說明
--result-file=檔案名稱	指定匯出資料的檔案名稱，資料夾符號必須使用「/」
--all-databases	匯出資料庫伺服器中所有資料庫的資料
--tab=資料夾	指定匯出資料檔案存放的資料夾

　　下列的命令使用「--result-file」指定匯出的檔案名稱。執行後儲存檔案的位置就是你執行 mysqldump 的位置，如果在「C:/Masoloa/data/out」資料夾下執行 mysqldump，你就可以在「C:/Masoloa/data/out」資料夾下找到「cmdev.sql」檔案：

將輸出的內容儲存為指定的檔案

```
mysqldump --user=root --result-file=cmdev.sql cmdev
```

cmdev.sql

　　執行上列的命令以後，開啟「C:/Masoloa/data/out/cmdev.sql」檔案，裡面的內容只有建立表格的敘述，並不包含儲存在表格裡面的資料紀錄。如果想要 mysqldump 工具程式也幫你匯出資料紀錄的話，就要使用下列的作法：

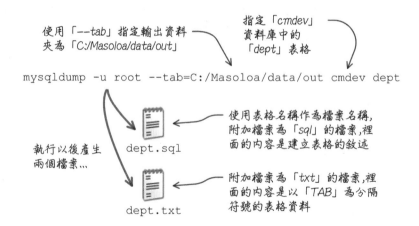

使用「--tab」指定輸出資料夾為「C:/Masoloa/data/out」

指定「cmdev」資料庫中的「dept」表格

```
mysqldump -u root --tab=C:/Masoloa/data/out cmdev dept
```

執行以後產生兩個檔案…

dept.sql

使用表格名稱作為檔案名稱，附加檔案為「sql」的檔案，裡面的內容是建立表格的敘述

dept.txt

附加檔案為「txt」的檔案，裡面的內容是以「TAB」為分隔符號的表格資料

mysqldump 工具程式匯出資料紀錄檔案的格式，欄位資料間使用「TAB」隔開，每一列資料以「\N」結尾。如果要控制資料檔案格式的話，可以使用下列的選項：

選項	說明
--fields-terminated-by=字串	設定欄位資料間的分隔符號
--fields-enclosed-by=字元	設定每一個欄位資料的前後字元
--fields-optionally-enclosed-by=字元	
--fields-escaped-by=字元	設定跳脫字元的符號
--lines-terminated-by=字串	設定每一行的結尾

19.4　使用 mysqlimport 程式匯入資料

你可以使用「mysqlimport」工具程式匯入資料。下列是它的用法：

在指定資料檔案的名稱時，要特別注意下列兩個重點：

- 資料檔案中不可以包含 SQL 敘述。

- 檔案名稱會決定匯入資料庫中的哪個表格，MySQL 會使用去除附加檔名後的名稱。例如「dept.dat」為「dept」表格，「dept.txt.dat」同樣為「dept」表格。

下列是 mysqlimport 工具程式的基本選項，它們的用法與 mysqldump 工具程式一樣，大部份的 MySQL 工具程式都有這些選項：

選項	說明
--host=資料庫伺服器 -h 資料庫伺服器	指定要連線的的資料庫伺服器名稱，「-h」後面必須有空格；沒有使用這個選項的話，表示連線到本機
--user=使用者帳號 -u 使用者帳號	指定連線的使用者帳號，「-u」後面必須有空格

選項	說明
--password[=密碼] -p[密碼]	指定連線的密碼,「-p」後面不可以有空格;沒有提供密碼的話,執行程式以後會提示你輸入密碼;沒有使用這個選項的話,表示密碼為空白

如果你的資料檔案是下列格式的話:

```
997     Dept name 997      Dept loc 997
998     Dept name 998      Dept loc 998
999     Dept name 999      Dept loc 999
```
預設的資料格式為欄位資料間使用「TAB」隔開,每一列資料以「\\N」結尾

下列的命令可以把資料檔案匯入到 cmdev.dept 表格:

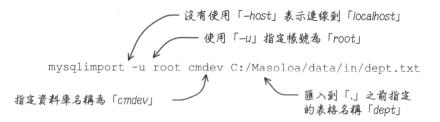

沒有使用「-host」表示連線到「localhost」

使用「-u」指定帳號為「root」

```
mysqlimport -u root cmdev C:/Masoloa/data/in/dept.txt
```

指定資料庫名稱為「cmdev」

匯入到「.」之前指定的表格名稱「dept」

下列的選項可以設定資料檔案的格式:

選項	說明
--fields-terminated-by=字串	設定欄位資料間的分隔符號
--fields-enclosed-by=字元	設定每一個欄位資料的前後字元
--fields-optionally-enclosed-by=字元	
--fields-escaped-by=字元	設定跳脫字元的符號
--lines-terminated-by=字串	設定每一行的結尾

下列的選項可以決定發生索引值重複的錯誤時,資料庫該作什麼處理:

選項	說明
--ignore	忽略索引鍵重複的匯入資料
--replace	索引鍵重複時,以匯入的資料更新資料庫中的資料
--local	指定匯入的資料檔案來源為用戶端

Chapter **20**

效率

　　資料庫主要的功能是儲存資料，而且要可以很方便的讓你隨時查詢或維護資料。但是在資料庫運作一段時間，尤其是儲存大量資料以後，你會發現在查詢或維護資料的時候，會花費比較長的時間。所以資料庫除了儲存資料外，效率的問題也是很重要的。資料庫在關於效率上的問題會比較複雜一些，跟軟、硬體還有網路都有關，這裡只會說明跟資料庫相關的部份。

　　查詢資料是資料庫最常執行的工作，想要讓查詢資料的效率可以好一點，查詢敘述本身就很重要。另外也可以依照需求建立增加效率的索引，建立正確的索引可以明顯提高查詢工作的效率。索引也可以在某些修改與刪除工作上看到效果。

　　儲存引擎在效率上也是一個很重要的因素，你會考慮資料庫的大小與種類，還有使用者的數量，選擇一個適合的儲存引擎。

20.1　索引

20.1.1　索引的種類

　　主索引鍵的應用很常見，一個表格通常會有一個，而且只能有一個。在一個表格中，設定為主索引鍵的欄位值不可以重複，而且不可以儲存 NULL 值。因為這樣的限制，所以很適合使用在類似編碼、代號或身份證字號這類欄位。

唯一索引也稱為「不可重複索引」，在一個表格中，設定為唯一索引的欄位值不可以重複，但是可以儲存 NULL 值。這種索引適合用在員工資料表格中儲存電子郵件帳號的欄位，因為員工不一定有電子郵件帳號，所以允許儲存 NULL 值，可是每一個員工的電子郵件帳號都不可以重複。

非唯一索引是用來增加查詢與維護資料效率的索引。設定為非唯一索引的欄位值可以重複，也可以儲存 NULL 值。

FULLTEXT 索引只能用在 CHAR、VARCHAR 與 TEXT 型態的欄位，而且表格使用的儲存引擎必須是 MyISAM，一般會稱為「全文檢索」，可以提高搜尋大量文字的效率。

SPATIAL 索引是「SPATIAL」型態欄位專用的，而且表格使用的儲存引擎必須是 MyISAM。FULLTEXT 與 SPATIAL 這兩種索引不會在這裡說明。

20.1.2　建立需要的索引

索引有兩個主要的用途，主索引鍵與唯一索引可以避免重複的資料，主索引鍵、唯一索引與非唯一索引都可以增加資料庫的效率。如果需要為了增加效率而建立索引的話，你可以使用下列最基本的原則：

```
SELECT ... FROM 表格 ... WHERE 欄位 ...

DELETE FROM 表格 WHERE 欄位 ...

UPDATE 表格 ... WHERE 欄位 ...
```

如果很常使用這個欄位執行條件的判斷,就應該為它建立索引

除了使用在 WHERE 子句中判斷條件的欄位，還有 ORDER BY 與 GROUP BY 子句中指定的欄位，也都可以建立索引來增加效率。不過建立這類索引的前提，還是你的表格會儲存比較大量的資料，如果表格的資料量不大的話，建立索引反而會浪費儲存的空間，效率也增加不多，而且還會讓執行新增或修改時的效率變差。

如果想要為了增加效率而建立索引的話，你應該要考慮下列幾點：

- 最重要的，當然是不要建立沒有必要的索引，例如上列討論的情況。
- 索引的欄位儘量不要有「NULL」值。

- 雖然某個欄位很常使用在 WHERE、ORDER BY 或 GROUP BY 子句中，也不一定要建立索引。例如性別欄位的值只有兩種（使用 ENUM 型態），建立索引所增加的效率也不多。

- 主索引鍵與唯一索引的效率會比非唯一索引好。

20.1.3 建立部份內容的索引

下列是一個用來示範用的表格，它可以儲存一般的個人資料，在建立表格的時候，就先把身份證字號的欄位設定為主索引鍵：

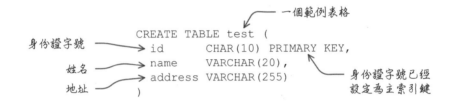

```
                              一個範例表格
            CREATE TABLE test (
身份證字號 ──► id       CHAR(10) PRIMARY KEY,
姓名     ──► name     VARCHAR(20),
地址     ──► address  VARCHAR(255)                身份證字號已經
            )                                      設定為主索引鍵
```

在使用這個表格一段時間以後，如果儲存的資料量很大，而且又很常使用姓名與地址欄位執行條件的判斷，你應該會幫它們建立下列的索引：

```
                          建立一個名稱欄位的非唯一索引
CREATE INDEX name_index ON test (name)

CREATE INDEX addr_index ON test (address)
                          建立一個地址欄位的非唯一索引
```

為姓名欄位建立索引是比較沒有問題的，不過地址欄位的長度有 255 個字元，這樣的索引是比較沒有效率的，而且你應該比較不會執行所有地址內容的條件判斷。如果比較經常執行的條件判斷，是類似「某某縣某某市」的話，其實你只要建立部份內容的索引就好了：

```
                 使用地址欄位的前六個
                 字元建立非唯一索引
CREATE INDEX addr_index ON test ( address (6) )
```

雖然建立部份內容的索引可以減少索引的大小，不過還是要注意之前討論的原則，就是建立索引的欄位值不應該有太多重複的值。以上列建立的索引來說，為地址欄位的前六個字元建立索引的話，應該就會有很多重複的值。所以你應該先分析表格中的資料：

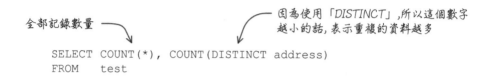

全部記錄數量

因為使用「DISTINCT」,所以這個數字越小的話,表示重複的資料越多

```
SELECT  COUNT(*), COUNT(DISTINCT address)
FROM    test
```

上列的敘述可以知道地址欄位是不是有很多重複的資料，在建立部份內容的索引前，你也可以先使用下列的查詢敘述來確認：

全部記錄數量

只有截取前六個字元

```
SELECT  COUNT(*), COUNT( DISTINCT LEFT(address, 6) )
FROM    test
```

如果上列的查詢結果，確認地址欄位的前六個字元有很多重複的資料，你可以增加字元的數量後再查詢，直到發現你可以接受的數量後，再使用這個字元數量來建立部份內容的索引。

20.2　判斷條件的設定

如果想要查詢一個表格所有的資料，你就不會使用 WHERE 設定查詢條件，資料庫讀取表格中所有的資料後傳回來，有沒有索引就不會有效率上的影響。不過如果使用 WHERE 子句設定查詢條件的話，就要儘量使用索引來增加查詢的效率。以下列的表格來說：

生日

建立一個生日欄位的非唯一索引

```
CREATE TABLE test2 (
  birthdate DATE,
  INDEX (birthdate)
)
```

雖然為生日欄位建立了索引，如果你在索引欄位使用函式或運算式的話：

```
SELECT *
FROM   test2
WHERE  YEAR(birthdate) = 1990
```

雖然它是索引欄位,不過因為它放在
函式中處理,所以還是沒有使用索引

下列的敘述就會使用索引，雖然比較長一些，不過它執行的效率會比上列的敘述好一些：

```
SELECT *
FROM   test2
WHERE  birthdate >= '1990-1-1' AND birthdate <= '1990-12-31'
```

寫成這樣雖然比較長一些,不過這
個條件的設定會使用索引來搜尋

MySQL 資料庫在下列的情況下，都會自動幫你執行轉換的工作：

在算術運算中使用字串值,MySQL會自動幫你轉換為數字

```
SELECT Name, '2000' - IndepYear
FROM   country
WHERE  GNP < '10000'
```

在這樣的條件判斷中也會自動幫你轉換為數字

雖然上列的查詢敘述在執行後也可以傳回你想要的資料，不過 MySQL 在處理每一筆資料的時候，都要幫你執行一次轉換的工作，這樣的寫法是很沒有效率的。所以你要儘可能避免這樣的情形：

```
SELECT Name, 2000 - IndepYear
FROM   country
WHERE  GNP < 10000
```

直接使用數字來運算與判斷

另外在關聯式資料庫的設計架構下，你應該會很常執行類似下列敘述的結合查詢：

```
SELECT  country.Name, city.Name
FROM    country, city
WHERE   country.Code = city.CountryCode
```

結合條件中設定國家的「Code」欄位值
要等於城市的「CountryCode」欄位值

結合查詢是一種很沒有效率的查詢，因為資料庫要比對兩個表格中結合條件所設定的欄位值，如果資料數量很多的話，這樣的比對工作就會花很多時間。所以你通常會幫結合條件中的欄位建立索引。以上列的查詢來說，國家表格的 Code 欄位已經是主索引鍵，而城市表格的 CountryCode 並沒有建立索引，為了增加結合查詢的效率，你可以建立下列的索引：

為城市表格的「CountryCode」欄位建立一個索引

```
CREATE INDEX countrycode_index ON city ( CountryCode )
```

如果經常使用國家名稱執行條件判斷的話，你可能會幫它建立一個索引：

為國家表格的「name」欄位建立一個索引

```
CREATE INDEX name_index ON country ( name )
```

使用完整的國家名稱執行條件判斷的話，因為使用索引執行搜尋，所以效率會比較好一些。可是如果使用字串樣式執行條件判斷的話，就不一定會使用索引了：

字串樣式中前面是明確的值,就會使用索引搜尋

```
SELECT * FROM country WHERE name LIKE 'ta%'

SELECT * FROM country WHERE name LIKE '%ta'

SELECT * FROM country WHERE name LIKE '_ta'
```

這兩個敘述都
不會使用索引

有一些索引可能會包含多個欄位：

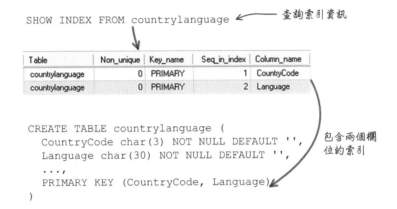

SHOW INDEX FROM countrylanguage ← 查詢索引資訊

Table	Non_unique	Key_name	Seq_in_index	Column_name
countrylanguage	0	PRIMARY	1	CountryCode
countrylanguage	0	PRIMARY	2	Language

```
CREATE TABLE countrylanguage (
    CountryCode char(3) NOT NULL DEFAULT '',
    Language char(30) NOT NULL DEFAULT '',
    ...,
    PRIMARY KEY (CountryCode, Language)
)
```

包含兩個欄位的索引

在查詢的條件設定中，如果跟多個欄位的索引有關的話，MySQL 會依照索引欄位的順序來決定是否使用索引。以上列的例子來說，主索引鍵的順序是 CountryCode 欄位在前面，Language 欄位在後面，如果你的查詢條件只有使用 Language 欄位的話，這個索引就不會生效：

```
SELECT *
FROM    countrylanguage
WHERE   CountryCode = 'TWN'
```
這兩個條件設定都會使用索引

```
SELECT *
FROM    countrylanguage
WHERE   CountryCode = 'TWN' AND Language = 'Paiwan'
```

```
SELECT *
FROM    countrylanguage
WHERE   Language = 'Paiwan'
```
這個條件設定不會使用索引

20.3　EXPLAIN 與查詢敘述

MySQL 資料庫提供「EXMPLIN」指令，可以讓你分析一個查詢敘述。以下列的查詢來說，你可以清楚的知道資料庫在執行這個查詢時後發生「full table scan」：

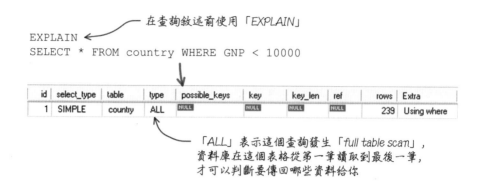

```
            在查詢敘述前使用「EXPLAIN」
EXPLAIN
SELECT * FROM country WHERE GNP < 10000
```

id	select_type	table	type	possible_keys	key	key_len	ref	rows	Extra
1	SIMPLE	country	ALL	NULL	NULL	NULL	NULL	239	Using where

「ALL」表示這個查詢發生「full table scan」,
資料庫在這個表格從第一筆讀取到最後一筆,
才可以判斷要傳回哪些資料給你

下列的查詢敘述可以看出資料庫使用索引來傳回資料:

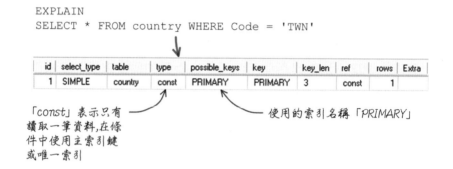

```
EXPLAIN
SELECT * FROM country WHERE Code = 'TWN'
```

id	select_type	table	type	possible_keys	key	key_len	ref	rows	Extra
1	SIMPLE	country	const	PRIMARY	PRIMARY	3	const	1	

「const」表示只有
讀取一筆資料,在條
件中使用主索引鍵
或唯一索引

使用的索引名稱「PRIMARY」

如果是包含子查詢的查詢敘述,EXPLAIN 也會分別幫你執行分析的工作:

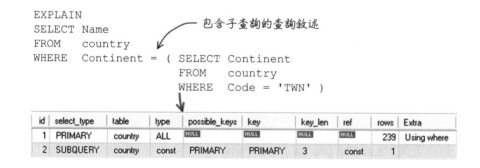

```
EXPLAIN
SELECT Name                    包含子查詢的查詢敘述
FROM    country
WHERE   Continent = ( SELECT Continent
                      FROM    country
                      WHERE   Code = 'TWN' )
```

id	select_type	table	type	possible_keys	key	key_len	ref	rows	Extra
1	PRIMARY	country	ALL	NULL	NULL	NULL	NULL	239	Using where
2	SUBQUERY	country	const	PRIMARY	PRIMARY	3	const	1	

使用 EXPLAIN 來檢查在這一章說明索引的查詢敘述:

```
EXPLAIN
SELECT *
FROM    test2
WHERE   YEAR(birthdate) = 1990
```

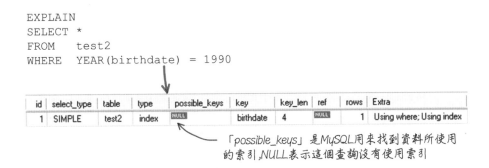

「*possible_keys*」是 *MySQL* 用來找到資料所使用
的索引,*NULL* 表示這個查詢沒有使用索引

換成下列的查詢敘述後,EXPLAIN 會告訴你資料庫使用索引來傳回資料:

```
EXPLAIN
SELECT *
FROM    test2
WHERE   birthdate >= '1990-1-1' AND birthdate <= '1990-12-31'
```

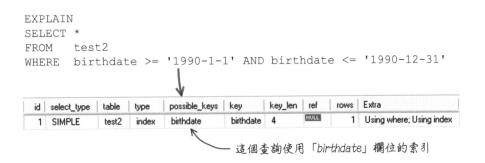

這個查詢使用「*birthdate*」欄位的索引

20.4　資料維護

使用 INSERT、UPDATE 或 DELETE 敘述執行資料維護工作的時候,也要
注意效率上的問題。在執行修改或刪除資料的時候,除了要修改或刪除表格中
所有的資料外,都需要加入條件的設定,指定要修改或刪除哪一些資料。在
UPDATE 和 DELETE 敘述中使用 WHERE 子句設定條件時,跟查詢該注意的地
方都一樣,除了儘量使用索引來增加執行的效率,也要避免不必要的資料轉換。

MySQL 提供的 EXPLAIN 敘述,只可以為你分析一個查詢敘述,它不可以
使用在 SELECT 以外的敘述。不過你也可以這樣作:

你想要執行一個這樣的刪除敘述

```
DELETE FROM country WHERE Code = 'YES'
```

把它轉換為查詢敘述後再使用「EXPLAIN」

```
EXPLAIN
SELECT * FROM country WHERE Code = 'YES'
```

MySQL 提供使用一個 INSERT 敘述新增多筆資料的語法，如果你一次要新增多筆資料的話，使用這樣的方式新增資料會是比較有效率的：

```
INSERT INTO cmdev.emp VALUES
(8001, 'SIMON', 'MANAGER', 7369, '2001-02-03', 3300, NULL, 50)
INSERT INTO cmdev.emp VALUES
(8002, 'JOHN', 'PROGRAMMER', 8001, '2002-01-01', 2300, NULL, 50)
INSERT INTO cmdev.emp VALUES
(8003, 'GREEN', 'ENGINEER', 8001, '2003-05-01', 2000, NULL, 50)
```

改為使用一個「INSERT」敘述新增三筆資料

```
INSERT INTO cmdev.emp VALUES
(8001, 'SIMON', 'MANAGER', 7369, '2001-02-03', 3300, NULL, 50),
(8002, 'JOHN', 'PROGRAMMER', 8001, '2002-01-01', 2300, NULL, 50),
(8003, 'GREEN', 'ENGINEER', 8001, '2003-05-01', 2000, NULL, 50)
```

20.5　LIMIT 子句

在查詢和維護資料的時候，都有可能會使用 LIMIT 子句設定查詢或維護資料的數量。LIMIT 子句在某些應用上是非常方便的，不過要特別注意在效率上的問題。以下列的例子來說：

跳過前一百筆…　　　　　　　傳回五筆資料

```
SELECT * FROM country LIMIT 100, 5
```

雖然這個查詢敘述只有傳回五筆資料，可以資料庫總共讀取了 105 筆資料，這樣的查詢會是比較沒有效率的。你可以使用索引與 ORDER BY 子句來增加效率：

依照國家代碼排序,因為它是
主索引鍵,MySQL資料庫可以比
較快速找到需要的五筆資料

```
SELECT * FROM country ORDER BY Code LIMIT 100, 5
```

20.6　使用暫時表格

在執行比較複雜的查詢工作時,在一個查詢敘述中,可能會有結合查詢、子查詢和其它複雜的判斷條件。一個看起來比較長而且比較複雜的查詢,效率並不一定比較不好。你可以使用一些比較特別的方式,進一步改善查詢的複雜度與效率。以下列的查詢來說:

```
SELECT    Continent, co.Code, co.Name CountryName,
          ci.Name CapitalName, ci.Population CapitalPop
FROM      country co, city ci
WHERE     co.Capital = ci.ID
ORDER BY Continent, CountryName
```

Continent	Code	CountryName	CapitalName	CapitalPop
Asia	AFG	Afghanistan	Kabul	1780000
Asia	ARM	Armenia	Yerevan	1248700
Asia	AZE	Azerbaijan	Baku	1787800
Asia	BHR	Bahrain	al-Manama	148000
Asia	BGD	Bangladesh	Dhaka	3612850

. . . . . .

上列的查詢是一個不算太複雜的結合查詢,如果再加上其它條件判斷的話,看起來就會更長一些:

```
SELECT    Continent, co.Code, co.Name CountryName,
          ci.Name CapitalName, ci.Population CapitalPop
FROM      country co, city ci
WHERE     co.Capital = ci.ID AND ci.Population < 50000
ORDER BY Continent, CountryName
```

　　　　　　　　　　　　　　　　　　加入人口數的條件

如果還要再結合另外一個表格的話，這個查詢看起來就真的很複雜了：

```
SELECT    Continent, co.Code, co.Name CountryName,
          ci.Name CapitalName, ci.Population CapitalPop,
加入欄位 → cola.Language OfficalLanguage
FROM      country co, city ci, countrylanguage cola ← 加入表格
WHERE     co.Capital = ci.ID AND co.Code = cola.CountryCode
          AND ci.Population < 50000 AND IsOfficial = 'T'
ORDER BY Continent, CountryName
                                          加入結合與新條件
```

上列的查詢看起來雖然複雜，不過如果都可以使用索引，它執行的效率也會是不錯的。如果在查詢工作中，很常使用第一個查詢的結果，再加上不同的條件或結合，你就可以考慮使用下列的敘述，先建立好一個暫時的表格：

```
                                    把這個查詢的結果儲存為
                                    「countrycapital」表格
CREATE TABLE countrycapital ←
SELECT    Continent, co.Code, co.Name CountryName,
          ci.Name CapitalName, ci.Population CapitalPop
FROM      country co, city ci
WHERE     co.Capital = ci.ID
ORDER BY Continent, CountryName
```

因為查詢的結果已經儲存在 countrycapital 表格中，所以要加入其它的條件就變得簡單多了：

```
SELECT  *
FROM    countrycapital
WHERE   CapitalPop < 5000 ← 加入人口數的條件
```

如果要再結合另外一個表格的話，也會比較容易：

```
SELECT cc.*, cola.Language OfficalLanguage ← 加入欄位
FROM   countrycapital cc, countrylanguage cola ← 加入表格
WHERE  cc.Code = cola.CountryCode AND
       CapitalPop < 5000 AND IsOfficial = 'T'

       加入結合與新條件
```

在一些特殊的情況下，有可能在 FROM 子句中放一個子查詢：

不要另外建立表格,直接把這
個查詢放在「FROM」子句中

```
SELECT cc.*, cola.Language OfficalLanguage
FROM    (SELECT    Continent, co.Code, co.Name CountryName,
                   ci.Name CapitalName, ci.Population CapitalPop
        FROM       country co, city ci
        WHERE      co.Capital = ci.ID
        ORDER BY Continent, CountryName) cc, countrylanguage cola
WHERE   cc.Code = cola.CountryCode AND
        CapitalPop < 5000 AND IsOfficial = 'T'
```

使用這樣的方式雖然可以得到一樣的查詢結果，不過在你很常使用上列子查詢來增加條件的情況下，每次執行不同條件的查詢，資料庫都要重新執行子查詢敘述。先建立暫時的表格，再使用暫時表格執行查詢的作法會是比較有效率的。

20.7　儲存引擎

MySQL 資料庫是一種允許多個用戶端同時使用的資料庫管理系統，在多用戶端的的運作環境下，資料庫就使用「鎖定、Locking」來避免資料的混亂：

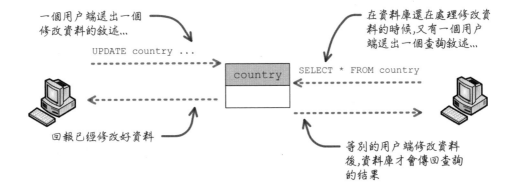

一個用戶端送出一個
修改資料的敘述...

UPDATE country ...

country

回報已經修改好資料

在資料庫還在處理修改資料的時候,又有一個用戶端送出一個查詢敘述...

SELECT * FROM country

等別的用戶端修改資料後,資料庫才會傳回查詢的結果

MySQL 提供的 MyISAM 和 InnoDB 兩種儲存引擎，使用不同的鎖定方式來處理上列的情況。MyISAM 使用的是「table-level」的鎖定方式：

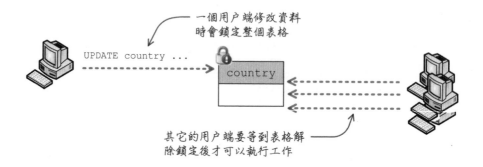

MyISAM 儲存引擎使用的 table-level 鎖定方式，適合使用在查詢工作非常多，資料維護比較少的資料庫，這樣資料庫運作的效率會比較好。

InnoDB 儲存引擎使用的是「row-level」的鎖定方式：

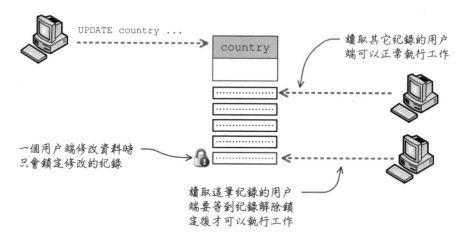

InnoDB 儲存引擎使用的 row-level 鎖定方式，適合使用在查詢與資料維護工作都差不多的資料庫，這樣資料庫運作的效率會比較好。

Chapter 21

Python 與 MySQL

21.1　Python driver 介紹

　　Python 程式設計師使用資料庫廠商提供的 Python driver，執行下列與資料庫相關的工作：

- 建立應用程式與資料庫的連線

- 傳送 SQL 敘述到資料庫執行

- 處理執行 SQL 敘述後回應的結果

　　有許多不同的廠商提供關聯式資料庫產品，不同的資料庫都有各自的特性，例如與資料庫建立連線的作法。資料庫廠商根據產品的特性，使用 Python 程式語言提供與資料庫相關的程式庫，稱為 Python Driver：

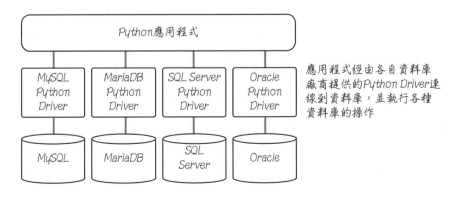

應用程式經由各自資料庫廠商提供的Python Driver連線到資料庫，並執行各種資料庫的操作

以 MySQL 或 MariaDB 來說，Python 應用程式必須根據使用的資料庫，加入廠商提供的 Python Driver，應用程式才可以正確的運作。MySQL 提供的 Python Driver 稱為「Connector/Python」，目前（2022 年 1 月）的版本為「Connector/Python 8.0.27」，支援 Python 3.9、3.8、3.7。Connector/Python 8.0.24 支援 Python 2.7 與 3.5。

如果你的 Python 版本是 3.9、3.8 或 3.7，依照下列的步驟，在 MySQL 官方網站下載 Connector/Python 安裝程式（其它 Python 版本後面會說明）：

1. 開啟瀏覽器，在網址列輸入「 https://dev.mysql.com/downloads/connector/python/」（實際下載的版本編號可能會不一樣）

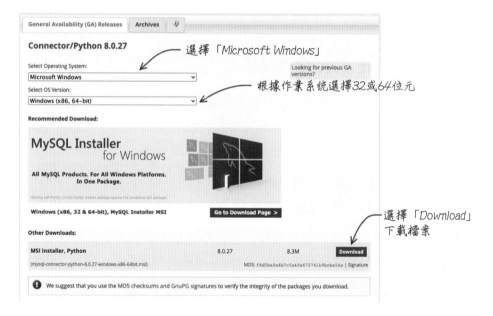

2. 在「Login Now or Sign Up for a free account.」網頁，可以忽略註冊或登入的步驟，直接選擇「No thanks, just start my download.」連結，儲存下載的檔案

3. 執行下載的檔案，安裝過程全部採用預設的選項，完成安裝 MySQL Connector/Python 的工作

如果你的 Python 版本不是 3.7~3.9，可以使用下列的步驟安裝 MySQL Python driver（Python 3.7~3.9 也可以使用這個安裝方式）：

1. 確認電腦已經安裝 Python 與設定好環境變數，並確認電腦已經連線到網際網路

2. 啟動「命令提示字元」

3. 在命令提示字元執行「pip install mysql-connector-python」

4. 顯示下列畫面表示已經安裝成功：

```
Collecting mysql-connector-python
  Downloading mysql_connector_python-8.0.27-py2.py3-none-any.whl
(341 kB)
     |████████████████████████████████| 341 kB 819 kB/s
Collecting protobuf>=3.0.0
  Downloading protobuf-3.19.1-py2.py3-none-any.whl (162 kB)
     |████████████████████████████████| 162 kB 2.2 MB/s
Installing collected packages: protobuf, mysql-connector-python
Successfully installed mysql-connector-python-8.0.27 protobuf-3.19.1
```

21.2　建立資料庫連線

如果你依照本書的內容建立「world」與「cmdev」資料庫，後續的範例會使用 cmdev 資料庫中的「dept」表格。如果你的資料庫中還沒有 cmdev 資料庫，可以使用下面的說明建立需要的資料庫與表格：

```
CREATE DATABASE cmdev;          ← 建立「cmdev」資料庫

CREATE TABLE dept (             ← 建立「dept」表格
  deptno INT NOT NULL,          ← 有部門編號、名稱與地點三個欄位
  dname VARCHAR(16) NOT NULL,
  location VARCHAR(16),
  PRIMARY KEY (deptno)          ← 「deptno」是主索引鍵
);
```

為了資料查詢與維護應用的範例，使用下面的敘述為表格新增一些範例資料：

```
INSERT INTO dept VALUES (10,'ACCOUNTING','NEW YORK');
INSERT INTO dept VALUES (20,'RESEARCH','DALLAS');
INSERT INTO dept VALUES (30,'SALES','CHICAGO');
INSERT INTO dept VALUES (40,'OPERATIONS','BOSTON');
INSERT INTO dept VALUES (50,'IT','NEW YORK');
```

應用程式要執行任何資料庫的工作，首先要建立資料庫連線，使用 MySQL Connector/Python 提供的程式庫，呼叫「mysql.connector.connect」執行連線並取得 MySQLConnection 連線變數，這個方法包含下列主要的參數：

- host：資料庫主機

- port：MySQL 提供服務的埠號，預設為 3306

- user（或 username）：資料庫的使用者名稱

- password（或 passwd）：資料庫的密碼

- database（或 db）：資料庫名稱

執行資料庫連線與其它工作，最好在程式碼中執行錯誤的處理，這樣可以防止因為錯誤讓程式的運作中斷。下面是使用 MySQL Connector/Python 程式庫建立資料庫連線的範例：

```python
import mysql.connector          ← 使用「import」匯入 MySQL Python driver

connection = None          ← 宣告連線變數

try:                                         呼叫「connect」執行連線
    connection = mysql.connector.connect(host="localhost",
                                          port="3306",
   設定連線到資料庫需要        user="root",
   的主機、埠號、帳號、       password="password",
   密碼與資料庫名稱           database="cmdev")
    print("Connection successed!")
except mysql.connector.Error as error:          ← 宣告錯誤處理變數
    print("Error code:{}".format(error.errno))
    print("SQL state:{}".format(error.sqlstate))
    print("Message:{}".format(error.msg))          ← 如果發生任何錯誤，
    print("Error:{}".format(error))                    顯示錯誤訊息與代碼
finally:
    if connection is not None and connection.is_connected():
        connection.close()          ← 最後記得關閉資料庫連線
```

　　執行資料庫的工作時，可能因為許多不同的情況造成錯誤，例如執行資料庫連線的時候，提供錯誤的帳號或密碼。發生錯誤的時候，你可以使用上面範例顯示的錯誤代碼與訊息，判斷是哪一種錯誤。如果你需要針對不同的錯誤執行對應的處理，可以使用下面範例程式說明的作法：

```python
import mysql.connector
from mysql.connector import errorcode        匯入 MySQL Python driver 錯誤代碼

connection = None
try:
    connection = mysql.connector.connect(host="localhost",
                                         port="3306",
                                         user="root",
                                         password="password",
                                         database="notexist")
    print("Connection successed!")
except mysql.connector.Error as error:        判斷是否為登入錯誤
    if error.errno == errorcode.ER_ACCESS_DENIED_ERROR:
        print("Something is wrong with user name or
password")
    elif error.errno == errorcode.ER_BAD_DB_ERROR:
        print("Database does not exist")        判斷是否為資料庫錯誤
    else:
        print("Error code:{}".format(error.errno))
        print("SQL state:{}".format(error.sqlstate))
        print("Message:{}".format(error.msg))
        print("Error:{}".format(error))
finally:
    if connection is not None and connection.is_connected():
        connection.close()
```

21.3　執行查詢敘述與讀取資料

　　完成資料庫連線取得 MySQLConnection 之後，一般的資料查詢應用經由 MySQLConnection 建立 MySQLCursor，使用 MySQLCursor 執行查詢敘述後，查詢的結果包裝在 MySQLCursor 中，應用程式就可以依序處理每一筆資料：

```
import mysql.connector
connection = None

try:
    connection = mysql.connector.connect(...)
    cursor = connection.cursor()

    sql = "SELECT * FROM dept"

    cursor.execute(sql)

    for (deptno, dname, location) in cursor:
        print("No:{}, Name:{}, Location:{}".format(deptno,
dname, location))

except mysql.connector.Error as error:
    print(error)
finally:
    if connection is not None and connection.is_connected():
        connection.close()
```

從這裡開始，連線資訊的部份就省略了，請參考前面的範例

使用連線物件取得cursor

先準備好一個SELECT查詢敘述

使用cursor呼叫「execute」方法執行查詢敘述

根據查詢的欄位設定讀取資料的變數

如果應用程式需要讀取指定數量的紀錄，可以使用下列 MySQLCursor 提供的方法：

- fetchmany(size)：讀取參數指定數量的紀錄

- fetchall：讀取所有紀錄，或是剩下的所有紀錄

下面的範例程式在呼叫「fetchmany」讀取指定的兩筆紀錄後，再呼叫「fetchall」讀取剩下的紀錄：

```
import mysql.connector
connection = None
try:
    connection = mysql.connector.connect(...)
    cursor = connection.cursor()
    sql = "SELECT * FROM dept"
    cursor.execute(sql)

    rows = cursor.fetchmany(size = 2)

    for (deptno, dname, location) in rows:
        print("No:{}, Name:{}, Location:{}".format(
        deptno, dname, location))
```

使用cursor呼叫「fetchmany」讀取兩筆紀錄

```
        rows = cursor.fetchall()
```
使用cursor呼叫「fetchall」讀取剩下的所有紀錄

```
        for (deptno, dname, location) in rows:
            print("No:{}, Name:{}, Location:{}".format(
            deptno, dname, location))
    except mysql.connector.Error as error:
        print(error)
    finally:
        if connection is not None and connection.is_connected():
            connection.close()
```

如果應用程式需要執行多次資料查詢，可以把多個查詢敘述一起執行，因為包含多個查詢敘述的查詢結果，所以使用巢狀迴圈處理所有查詢的資料：

```
import mysql.connector
connection = None
try:
    connection = mysql.connector.connect(...)
    cursor = connection.cursor()
```
裡面有多個SELECT敘述，每一個敘述之間使用「;」隔開

```
    sql = """SELECT * FROM dept WHERE deptno=20;
            SELECT * FROM dept WHERE location='NEW YORK'"""
```
設定多個敘述為「True」

```
    result = cursor.execute(sql, multi=True)
```
使用迴圈處理多個查詢結果

再使用迴圈處理一個查詢結果

```
    for rows in result:
        for (deptno, dname, location) in rows.fetchall():
            print("No:{}, Name:{},
Location:{}".format(deptno, dname, location))

except mysql.connector.Error as error:
    print(error)
finally:
    if connection is not None and connection.is_connected():
        connection.close()
```

21.4　執行資料維護敘述

資料庫在資料維護的部份有新增、修改與刪除，執行這些敘述以後，必須呼叫連線物件的「commit」方法，異動的資料才回寫入到資料庫。寫入資料庫以後，cursor 的 rowcount 變數表示異動的紀錄數量。例如執行修改敘述後

傳回「3」，表示修改三筆紀錄。下面的程式片段示範執行 INSERT 新增敘述的作法：

```
import mysql.connector
connection = None
try:
    connection = mysql.connector.connect(...)
    cursor = connection.cursor()

    sql = """INSERT INTO cmdev.dept (deptno, dname, location)
             VALUES (96, 'MARKETING', 'BOSTON')"""

    cursor.execute(sql)

    connection.commit()

    if cursor.rowcount > 0:
        print("Insert sucessful!")
except mysql.connector.Error as error:
    print(error)
finally:
    if connection is not None and connection.is_connected():
        connection.close()
```

先準備好一個INSERT新增資料的敘述

執行新增敘述

將新增的紀錄儲存到資料庫

判斷新增紀錄的數量

下面的程式片段示範執行 UPDATE 修改敘述的作法：

```
import mysql.connector
connection = None
try:
    connection = mysql.connector.connect(...)
    cursor = connection.cursor()

    sql = """UPDATE cmdev.dept
             SET    location='NEW YORK'
             WHERE  deptno=96"""

    cursor.execute(sql)

    connection.commit()

    if cursor.rowcount > 0:
        print("Update sucessful!")
except mysql.connector.Error as error:
    print(error)
finally:
    if connection is not None and connection.is_connected():
        connection.close()
```

先準備好一個UPDATE修改資料的敘述

執行修改敘述

將修改的紀錄儲存到資料庫

判斷修改紀錄的數量

下面的程式片段示範執行 DELETE 刪除敘述的作法：

```python
import mysql.connector
connection = None
try:
    connection = mysql.connector.connect(...)
    cursor = connection.cursor()

    sql = "DELETE FROM cmdev.dept WHERE deptno=96"

    cursor.execute(sql)

    connection.commit()

    if cursor.rowcount > 0:
        print("Delete sucessful!")
except mysql.connector.Error as error:
    print(error)
finally:
    if connection is not None and connection.is_connected():
        connection.close()
```

先準備好一個*DELETE*刪除資料的敘述

執行刪除敘述

將刪除的紀錄從資料庫移除

判斷刪除紀錄的數量

21.5　執行 Prepared Statement

使用上面說明的作法執行 SQL 敘述，資料庫在每次接收到 SQL 敘述後，都要執行編譯 SQL 敘述的工作，就算接收到的 SQL 敘述只有一點差異也是一樣的。資料庫提供的 Prepared Statement 可以在建立的時候先把一個 SQL 敘述傳送給資料庫，資料庫接收到以後會編譯 SQL 敘述並儲存在資料庫。資料庫的新增、修改、刪除或查詢都可以使用 Prepared Statement，通常會在 SQL 敘述中包含「？」，例如下面這個新增的敘述，把新增紀錄的資料使用「？」代替：

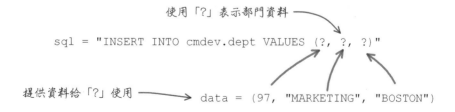

使用「?」表示部門資料

```python
sql = "INSERT INTO cmdev.dept VALUES (?, ?, ?)"
```

提供資料給「?」使用

```python
data = (97, "MARKETING", "BOSTON")
```

如果應用程式經常需要查詢不同編號的部門資料，可以採用 prepared statement 的作法，把查詢敘述的部門編號條件設定為「？」。取得執行 prepared

statement 的 cursor 時，必須指定參數「prepared=True」，執行過的 prepared
statement，可以替換參數資料後重新執行：

```
import mysql.connector
connection = None
try:
    connection = mysql.connector.connect(...)        取得cursor時加入
                                                     「prepared=True」
                                                     設定
    cursor = connection.cursor(prepared=True)
                                                     部門編號的
                                                     條件改為
    sql = "SELECT * FROM cmdev.dept WHERE deptno=?"   「?」

    deptno = (20,)          提供設定部門編號的資料，敘述中只
                            有一個「?」，編號後面要加一個逗號

    cursor.execute(sql, deptno)        執行敘述

    row = cursor.fetchone()        因為使用主索引件執行查詢，所以
                                   呼叫「fetchone」讀取一筆紀錄

                               判斷是否讀取指定編號的部門資料
    if row is not None:
        print("No:{}, Name:{}, Location:{}".format(
        row[0], row[1], row[2]))
    else:
        print("Record not found: deptno {}".format(deptno))

    cursor.execute(sql, (999,))        使用新的部門編號執行敘述
    row = cursor.fetchone()

    if row is not None:
        print("No:{}, Name:{}, Location:{}".format(
        row[0], row[1], row[2]))
    else:
        print("Record not found: deptno 999")
except mysql.connector.Error as error:
    print(error)
finally:
    if connection is not None and connection.is_connected():
        connection.close()
```

　　資料維護也可以使用 prepared statement 的作法，例如下面新增部門資料的範例：

```
import mysql.connector
connection = None
try:
    connection = mysql.connector.connect(...)

    cursor = connection.cursor(prepared=True)

    sql = "INSERT INTO cmdev.dept VALUES (?, ?, ?)"

    data = (97, "MARKETING", "BOSTON")

    cursor.execute(sql, data)

    connection.commit()
except mysql.connector.Error as error:
    print(error)
finally:
    if connection is not None and connection.is_connected():
        connection.close()
```

取得cursor時加入「prepared=True」的設定

新增紀錄的資料改為「?」

提供設定部門紀錄的資料，敘述中有三個「?」，所以提供對應的三個資料

執行敘述

21.6　呼叫 Stored Procedure

　　MySQL 資料庫系統可以把一組資料庫的工作包裝為 Stored procedure，例如在員工資料中查詢指定部門編號最高與最低月薪的應用，可以設計一個保存在資料庫中的 stored procedure：

```
CREATE PROCEDURE empsalaryinfo(
    IN dno INT, OUT max DECIMAL, OUT min DECIMAL)


BEGIN
    SELECT MAX(salary) max, MIN(salary) min INTO max, min
    FROM    emp
    WHERE   deptno=dno;
END
```

一個輸入的參數，指定要查詢的部門編號

兩個輸出的參數，分別是查詢部門員工的最高與最低月薪

把查詢結果設定給輸出參數

使用輸入參數為查詢的條件

　　Stored procedure 可以根據它的需求，設定輸入與輸出的參數，輸入參數表示在呼叫 stored procedure 時，要傳送給它使用的資料，輸出參數為 stored procedure 執行以後回傳的資料。在呼叫 stored procedure 的時候，必須根據 stored procedure 的參數宣告提供資料。下面是呼叫 MySQL stored procedure 的範例：

```python
import mysql.connector
connection = None
try:
    connection = mysql.connector.connect(...)
    cursor = connection.cursor()

    deptno = 20
    result = cursor.callproc("empsalaryinfo", [deptno, 0, 0])



    print("No:{}, Max:{}, Min:{}".format(
        result[0], result[1], result[2]))
except mysql.connector.Error as error:
    print(error)
finally:
    if connection is not None and connection.is_connected():
        connection.close()
```

先準備好輸入參
數用的部門編號

執行後的回傳值是一個陣列，輸
入與輸出都儲存在裡面

使用cursor呼叫「callproc」，
第一個參數指定stored
procedure名稱

第二個參數設定
sotred procedure輸
入與輸出參數，輸
出參數設定為與型
態對應的任意值

使用陣列裡面的
輸入與輸出參數

Chapter 22

Java 與 MySQL

22.1 認識 JDBC Driver 與 JDBC API

JDBC API（Java Database Connectivity API）是 Java 提供的資料庫存取程式庫，程式設計師使用 JDBC API 在應用程式中執行下列與資料庫相關的工作：

- 建立應用程式與資料庫的連線

- 傳送 SQL 敘述到資料庫執行

- 處理執行 SQL 敘述後回應的結果

有許多不同的廠商提供關聯式資料庫產品，不同的資料庫都有各自的特性，例如與資料庫建立連線的作法。Java 在制定 JDBC API 的時候，只有提供資料庫存取的介面與少數的類別，讓資料庫廠商依照這些介面實作負責存取資料庫的類別，這些實作類別包裝為 JAR 檔案後提供給 Java 應用程式使用，稱為 JDBC Driver：

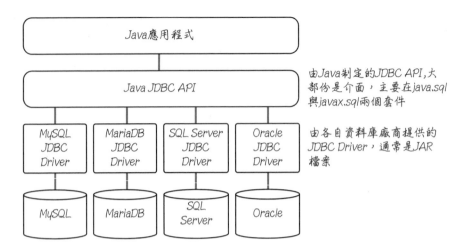

以 MySQL 或 MariaDB 來說，Java 應用程式必須根據使用的資料庫，加入廠商提供的 JDBC Driver，應用程式才可以正確的運作。依照下列的步驟，在官方網站下載 MySQL 資料庫提供的 JDBC Driver（MySQL 稱為 MySQL Connector/J）：

1. 開啟瀏覽器，在網址列輸入「https://dev.mysql.com/downloads/connector/j/」（實際下載的版本編號可能會不一樣）

2. 在「Login Now or Sign Up for a free account.」網頁，可以忽略註冊或登入的步驟，直接選擇「No thanks, just start my download.」連結，儲存下載的檔案

3. 解壓縮下載的檔案（建議解壓縮的位置不要放在桌面，資料夾名稱也不要包含中文或空格）

4. 找到解壓縮的資料夾「mysql-connector-java-8.0.27」，JDBC Driver 的檔案名稱是「mysql-connector-java-8.0.27.jar」（後面的版本編號可能不一樣），Java 應用程式必須在執行的時候使用這個檔案才可以正確的運作

　　根據你使用的 Java 應用程式開發工具（例如 Eclipse 或 IntelliJ IDEA），把 JDBC Driver 加入應用程式專案的作法會不一樣，這裡只會說明 Eclipse 的作法，其它開發工具可以參考 Eclipse 的作法或查詢開發工具的說明文件。依照下列的步驟為 Eclipse Java 應用程式專案加入 JDBC Driver：

1. 啟動 Eclipse 並建立 Java 應用程式專案（Java Project）

2. 在專案目錄上按滑鼠右件後，選擇功能表「Properties」

3. 選擇「Java Build Path」項目為專案加入外部程式庫：

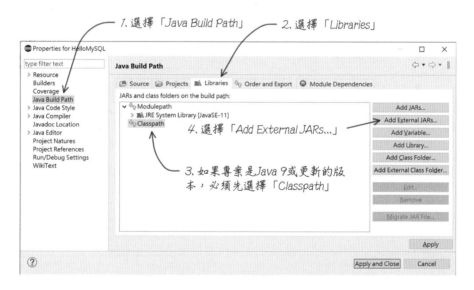

4. 在選擇檔案的對話框，選擇並開啟 JDBC Driver 檔案，最後選擇「Apply and Close」，這個專案就可以開發 MySQL 資料庫應用程式了：

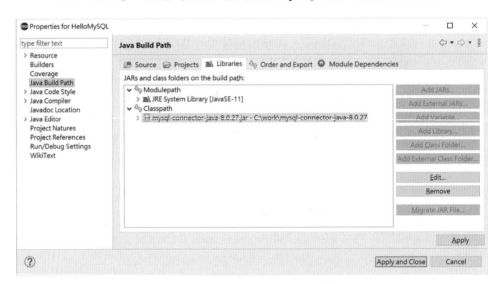

22.2 認識 JDBC API

JDBC API 在 java.sql 套件中提供下列的類別與介面：

- DriverManager：建立資料庫連線的類別

- Connection：應用程式與資料庫之間的連線

- Statement：把應用程式準備好的 SQL 敘述傳送給資料庫執行

- PreparedStatement：傳送給資料庫預先編譯並儲存的 SQL 敘述

- CallableStatemetn：執行資料庫的預儲程序(Stored procedure)

- ResultSet：包裝在執行 SQL 查詢敘述後傳回的資料

為 Java 應用程式加入 JDBC Driver 後，應用程式就可以使用 DriverManager 類別建立與 MySQL 資料庫的連線：

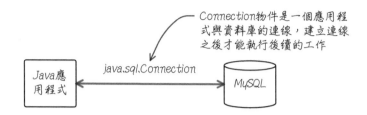

成功建立與 MySQL 資料庫的連線後，就可以執行資料庫的新增、修改、刪除與查詢。以查詢來說，經由連線物件（Connection）建立 Statement 物件，傳送查詢敘述給資料庫後，查詢的結果會包裝在 ResultSet 物件：

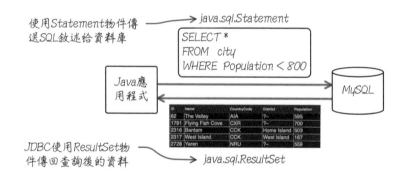

資料庫應用程式使用 Prepared Statement 可以增加資料存取的效率，也可以加強應用程式的安全性，例如可以防止 SQL Injection 這類攻擊。Prepared Statement 的應用可以使用 JDBC API 提供 PreparedStatement：

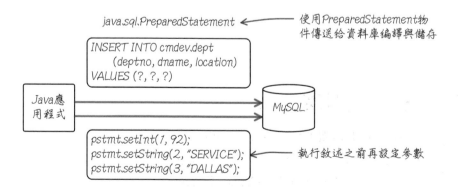

Statement 與 PreparedStatement 提供的方法適用下列的 SQL 敘述：

- executeQuery：執行 SQL SELECT 敘述，傳回包裝查詢結果的 ResultSet 物件

- executeUpdate：執行 INSERT、UPDATE、DELETE 與其它 DDL 敘述（例如 CREATE DATABASE 或 CREATE TABLE），傳回 int 整數表示作用的紀錄數量

- execute：執行所有 SQL 敘述，傳回 boolean 表示是否為執行 SELECT 敘述，傳回「true」的話，可以呼叫「getResultSet」方法取得 ResultSet 物件，傳回「false」的話，可以呼叫「getUpdateCount」方法傳回 int 整數表示作用的紀錄數量。一般應用程式依照 SQL 敘述呼叫 executeQuery 或 executeUpdate 方法會比較清楚一些

資料庫可以把一組資料庫的工作包裝為 Stored procedure，JDBC API 使用 CallableStatement 呼叫資料庫的 Stored procedure，通常可以有簡化應用程式設計的效果：

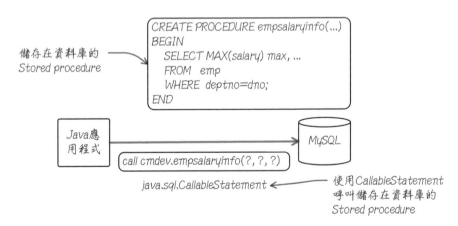

22.3 建立資料庫連線

如果你依照本書的內容建立「world」與「cmdev」資料庫，後續的範例會使用 cmdev 資料庫中的「dept」表格。如果你的資料庫中還沒有 cmdev 資料庫，可以使用下面的說明建立需要的資料庫與表格：

```
CREATE DATABASE cmdev;                  ← 建立「cmdev」資料庫
                                        ← 建立「dept」表格
CREATE TABLE dept (
  deptno INT NOT NULL,                  ← 有部門編號、名稱與地點三個欄位
  dname VARCHAR(16) NOT NULL,
  location VARCHAR(16),
  PRIMARY KEY (deptno)                  ← 「deptno」是主索引鍵
);
```

為了資料查詢與維護應用的範例，使用下面的敘述為表格新增一些範例資料：

```
INSERT INTO dept VALUES (10,'ACCOUNTING','NEW YORK');
INSERT INTO dept VALUES (20,'RESEARCH','DALLAS');
INSERT INTO dept VALUES (30,'SALES','CHICAGO');
INSERT INTO dept VALUES (40,'OPERATIONS','BOSTON');
INSERT INTO dept VALUES (50,'IT','NEW YORK');
```

JDBC Uniform Resource Location(JDBC URL)由實作 JDBC Driver 的資料庫廠商制定，它是 Java 應用程式在建立資料庫連線的時候要提供的資訊，例如資料庫的主機名稱或 IP、提供資料庫服務的埠號(port number)與資料庫名稱。JDBC URL 的格式通常會因為資料庫產品不同而不一樣，不過 JDBC URL 都會包含下列三個部份：

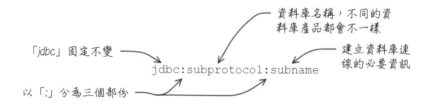

JDBC URL 的設定內容，可以查詢資料庫產品提供的 JDBC driver 文件，下列是一個基本的 MySQL JDBC URL：

除了連線到資料庫需要的基本資訊外,也可以在「?」後面加入其它需要的資訊,例如登入、編碼或時區的設定,每一個設定之間使用「&」隔開:

*可以在後面加入登入資料庫的使用
者名稱、密碼與其它需要的資訊*

```
jdbc:mysql://localhost:3306/cmdev?user=root&password=password
```

應用程式要執行任何資料庫的工作,首先要建立資料庫連線,Java JDBC API 的「DriverManager」提供下列方法建立資料庫連線,呼叫方法後取得「Connection」物件:

- getConnection(String url) throws SQLException

- getConnection(String url, Properties info) throws SQLException

- getConnection(String url, String user, String password) throws SQLException

使用上面說明的第三個方法,提供 JDBC URL、帳號與密碼三個參數,這樣的作法會比較靈活一些:

```java
package net.masoloa.jdbc;

import java.sql.Connection;          // 使用「import」匯入JDBC API
import java.sql.DriverManager;
import java.sql.SQLException;

public class JdbcDemo11 {            // 宣告連線到資料
  public static void main(String[] args) {   // 庫需要的URL、
    final String URL = "jdbc:mysql://localhost:3306/cmdev";  // 帳號與密碼
    final String USER_NAME = "root";
    final String PASSWORD = "password";   // 使用「DriverManager」
                                          // 類別建立資料庫連線
    try (Connection conn = DriverManager.getConnection(
        URL, USER_NAME, PASSWORD)) {
      System.out.println("Connection succeeded!");
    }                              // 如果發生任何錯誤,在「catch」
    catch (SQLException e) {       // 區塊顯示錯誤訊息與代碼
      System.out.println("SQLException: " + e);
      System.out.println("SQLState: " + e.getSQLState());
      System.out.println("ErrorCode: " + e.getErrorCode());
    }
  }
}
```

JDBC API 的方法都會加上「throws SQLException」的宣告，Java 技術把 SQLException 歸類為 Checked Exceptoin，所以使用 JDBC API 的時候都要執行例外的處理。如果執行資料庫連線、或是後續所有資料庫操作的時候發生錯誤，可以經由 SQLException 包裝的錯誤訊息與代碼除錯。

22.4　執行查詢敘述與讀取資料

完成資料庫連線取得 Connection 物件之後，一般的資料查詢應用經由 Connection 建立 Statement 物件，使用 Statement 物件送出查詢敘述後，可以得到一個包裝查詢結果的 ResultSet 物件。ResultSet 使用「游標、cursor」的設計，讓應用程式可以依序處理每一筆資料：

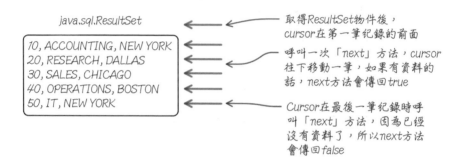

資料庫與 Java 程式設計語言的資料型態並不一樣，下列是 MySQL 與 Java 資料型態的對照：

- TINYINT、SMALLINT：byte

- SMALLINT：short

- MEDIUMINT、INT：int

- BIGINT：long

- DECIMAL：java.math.BigDecimal

- FLOAT：float

- DOUBLE：double

- BIT：boolean

- CHAR、VARCHAR、TINYTEXT、TEXT、MEDIUMTEXT、LONGTEXT：String

- BINARY、VARBINARY、TINYBLOB、BLOB、MEDIUMBLOB、LONGBLOB：byte[]

- DATE：java.sql.Date

- TIME：java.sql.Time

- DATETIME、TIMESTAMP：java.sql.Timestamp

- ENUM、SET：String

應用程式在游標指到一筆紀錄的時候，可以根據資料的型態，依照下列的說明，呼叫 ResultSet 提供的方法讀取資料：

- 把 Java 資料型態第一個字母改為大寫後前面加上「get」，例如 byte 為「getByte」、double 為「getDouble」、String 為「getString」

- 比較特別的 byte[]，對應的方法名稱為「getBytes」

ResultSet 提供的方法有兩種用法，可以使用欄位編號或名稱讀取資料：

```java
int deptno = result.getInt(1);
String dname = result.getString(2);        ← 使用欄位編號讀取資料
String location = result.getString(3);        （第一個欄位編號為1）

int deptno = result.getInt("deptno");        ← 也可以使用欄位名稱
String dname = result.getString("dname");
String location =
result.getString("location");
```

結合前面說明的內容，就可以完成這個完整的資料庫查詢程式：

```java
final String URL = "jdbc:mysql://localhost:3306/cmdev";
final String USER_NAME = "root";
final String PASSWORD = "password";
                                        ← 先準備好一個SELECT查詢敘述
final String SQL = "SELECT * FROM cmdev.dept";

try (Connection conn = DriverManager.getConnection(
    URL, USER_NAME, PASSWORD);
                                        ← 使用Connection物件建
                                          立「Statement」物件
        Statement stmt = conn.createStatement();
```

```
          ResultSet result = stmt.executeQuery(SQL)) {
```

使用*Statement*物件呼叫「*executeQuery*」方法執行查詢敘述，傳回查詢結果「*ResultSet*」物件

```
     while (result.next()) {
          int deptno = result.getInt(1);
          String dname = result.getString(2);
          String location = result.getString(3);

          System.out.printf("%d,%s,%s%n",deptno,dname,location);
     }
}
catch (SQLException e) {
     System.out.println("SQLException: " + e);
     System.out.println("SQLState: " + e.getSQLState());
     System.out.println("ErrorCode: " + e.getErrorCode());
}
```

根據資料型態呼叫對應的方法讀取紀錄指定的欄位資料

22.5　執行資料維護敘述

　　資料庫在資料維護的部份有新增、修改與刪除，執行這些工作時，建立 Statement 物件的部份與查詢一樣，不過執行敘述必須呼叫「executeUpdate」方法（查詢是呼叫 executeQuery 方法），得到的回傳結果是一個 int 整數，表示異動的紀錄數量。例如執行修改敘述後傳回「3」，表示修改了三筆紀錄。下面的程式片段示範執行 INSERT 新增敘述的作法：

```
final String URL = "jdbc:mysql://localhost:3306/cmdev";
final String USER_NAME = "root";
final String PASSWORD = "password";

final String SQL =
     "INSERT INTO cmdev.dept (deptno, dname, location) " +
     "VALUES (90, 'MARKETING', 'BOSTON')";

try (Connection conn = DriverManager.getConnection(
     URL, USER_NAME, PASSWORD);
          Statement stmt = conn.createStatement()) {
     int result = stmt.executeUpdate(SQL);

     if (result > 0) {
          System.out.println("Insert sucessful!");
     }
}
```

先準備好一個*INSERT*新增資料的敘述

呼叫「*executeUpdate*」方法執行敘述並取得新增紀錄的數量

如果新增紀錄成功會傳回「*1*」

```
catch (SQLException e) {
     System.out.println("SQLException: " + e);
     System.out.println("SQLState: " + e.getSQLState());
     System.out.println("ErrorCode: " + e.getErrorCode());
}
```

下面的程式片段示範執行 UPDATE 修改敘述的作法：

```
final String URL = "jdbc:mysql://localhost:3306/cmdev";
final String USER_NAME = "root";
final String PASSWORD = "password";          ── 先準備好一個UPDATE
                                                修改資料的敘述
final String SQL =
     "UPDATE cmdev.dept SET location='NEW YORK' WHERE deptno=90";

try (Connection conn = DriverManager.getConnection(
     URL, USER_NAME, PASSWORD);
          Statement stmt = conn.createStatement()) {
     int result = stmt.executeUpdate(SQL); ◄── 呼叫「executeUpdate」
                                                方法執行敘述並取得修
     if (result > 0) { ◄──                     改紀錄的數量
          System.out.println("Update sucessful!");
     }
}                       ── 判斷修改紀錄的數量
catch (SQLException e) {
     System.out.println("SQLException: " + e);
     System.out.println("SQLState: " + e.getSQLState());
     System.out.println("ErrorCode: " + e.getErrorCode());
}
```

下面的程式片段示範執行 DELETE 刪除敘述的作法：

```
final String URL = "jdbc:mysql://localhost:3306/cmdev";
final String USER_NAME = "root";
final String PASSWORD = "password";          ── 先準備好一個DELETE
                                                刪除資料的敘述
final String SQL = "DELETE FROM cmdev.dept WHERE deptno=90";

try (Connection conn = DriverManager.getConnection(
     URL, USER_NAME, PASSWORD);
          Statement stmt = conn.createStatement()) {
     int result = stmt.executeUpdate(SQL); ◄── 呼叫「executeUpdate」
                                                方法執行敘述並取得刪
     if (result > 0) { ◄──                     除紀錄的數量
          System.out.println("Delete sucessful!");
     }
}                       ── 判斷刪除紀錄的數量
```

```
catch (SQLException e) {
     System.out.println("SQLException: " + e);
     System.out.println("SQLState: " + e.getSQLState());
     System.out.println("ErrorCode: " + e.getErrorCode());
}
```

22.6　執行 Prepared Statement

使用 Statement 物件執行 SQL 敘述的作法，資料庫在每次接收到 SQL 敘述後，都要執行編譯 SQL 敘述的工作，就算接收到的 SQL 敘述只有一點差異也是一樣的。PreparedStatement 可以在建立的時候先把一個 SQL 敘述傳送給資料庫，資料庫接收到以後會編譯 SQL 敘述並儲存在資料庫。資料庫的新增、修改、刪除或查詢都可以使用 PreparedStatement，通常會在 SQL 敘述中包含「？」，例如下面這個新增的敘述，把新增紀錄的資料使用「？」代替：

「?」由左往右從「1」開始編號

```
String SQL = "INSERT INTO cmdev.dept VALUES (?, ?, ?)";
```

最後一個是3號

使用 Connection 呼叫「prepareStatement」方法建立 PreparedStatement 物件，參數指定一個包含？的 SQL 敘述，這個敘述只是先儲存在資料庫，並不會執行。在執行敘述之前必須依照 SQL 中「？」的位置與資料型態，呼叫對應的方法設定：

- 把 Java 資料型態第一個字母改為大寫後前面加上「set」，例如 byte 為「setByte」、double 為「setDouble」、String 為「setString」

- byte[]對應的方法名稱為「setBytes」

如果應用程式經常需要查詢不同編號的部門資料，可以採用 PreparedStatement 的作法，把查詢敘述的部門編號條件設定為「？」：

```
final String URL = "jdbc:mysql://localhost:3306/cmdev";
final String USER_NAME = "root";
final String PASSWORD = "password";
                                        部門編號的條
                                        件改為「?」
final String SQL = "SELECT * FROM cmdev.dept WHERE deptno=?";
```

```
try (Connection conn = DriverManager.getConnection(
    URL, USER_NAME, PASSWORD);
    PreparedStatement pstmt = conn.prepareStatement(SQL)) {

    pstmt.setInt(1, 50);          設定第一個「?」     呼叫「prepareStatement」
                                   的部門編號為50      方法傳送敘述並取的
    ResultSet result = pstmt.executeQuery();          PreparedStatement物件

    ...            讀取查詢部門                使用PreparedStatement
                   編號50的資料                物件執行查詢
    pstmt.setInt(1, 20);
    result = pstmt.executeQuery();                重新設定第一個「?」的
                                                   部門編號為20並執行查詢
    ...            讀取查詢部門
                   編號20的資料
}
catch (SQLException e) {
    System.out.println("SQLException: " + e);
    System.out.println("SQLState: " + e.getSQLState());
    System.out.println("ErrorCode: " + e.getErrorCode());
}
```

資料維護也可以使用 PreparedStatement 的作法，例如下面新增部門資料的範例：

```
final String URL = "jdbc:mysql://localhost:3306/cmdev";
final String USER_NAME = "root";
final String PASSWORD = "password";

final String SQL =
        "INSERT INTO cmdev.dept (deptno, dname, location) " +
        "VALUES (?, ?, ?)";          新增紀錄的資料改用「?」

try (Connection conn = DriverManager.getConnection(
    URL, USER_NAME, PASSWORD);
    PreparedStatement pstmt = conn.prepareStatement(SQL)) {
    pstmt.setInt(1, 92);
    pstmt.setString(2, "SERVICE");          依照「?」的編號
    pstmt.setString(3, "DALLAS");            設定新增的資料

    int result = pstmt.executeUpdate();          使用PreparedStatement物
                                                  件呼叫executeUpdate方法
    if (result > 0) {                            執行新增
            System.out.println("Insert sucessful!");
    }
}
```

```
catch (SQLException e) {
    System.out.println("SQLException: " + e);
    System.out.println("SQLState: " + e.getSQLState());
    System.out.println("ErrorCode: " + e.getErrorCode());
}
```

22.7　呼叫 Stored Procedure

　　MySQL 資料庫系統可以把一組資料庫的工作包裝為 Stored procedure，JDBC API 使用 CallableStatement 支援 MySQL 的 stored procedure。例如在員工資料中查詢指定部門編號最高與最低月薪的應用，可以設計一個保存在資料庫中的 stored procedure：

```
CREATE PROCEDURE empsalaryinfo(
    IN dno INT, OUT max DECIMAL, OUT min DECIMAL)
```

一個輸入的參數，指定
要查詢的部門編號

兩個輸出的參數，分別是查詢
部門員工的最高與最低月薪

```
BEGIN
    SELECT MAX(salary) max, MIN(salary) min INTO max, min
    FROM   emp
    WHERE  deptno=dno;
END
```

把查詢結果設
定給輸出參數

使用輸入參數為查詢的條件

　　Stored procedure 可以根據它的需求，設定輸入與輸出的參數，輸入參數表示呼叫 stored procedure 時，要傳送給它使用的資料，輸出參數為 stored procedure 執行以後回傳的資料。JDBC API 使用 Connection 呼叫「prepareCall」方法取得 CallableStatement 物件，在呼叫 stored procedure 之前，必須先設定輸入參數與註冊輸出參數。下面是使用 JDBC API 呼叫 MySQL stored procedure 的範例：

```
final String URL = "jdbc:mysql://localhost:3306/cmdev";
final String USER_NAME = "root";
final String PASSWORD = "password";

final String SQL = "call cmdev.empsalaryinfo(?, ?, ?)";
final int deptno = 20;
```

使用「call」敘述指定 stored procedure
名稱，參數的部份都設定為「?」

```
try (Connection conn = DriverManager.getConnection(
        URL, USER_NAME, PASSWORD);
```
呼叫「prepareCall」方法取得
「CallableStatement」物件
```
        CallableStatement cstmt = conn.prepareCall(SQL)) {

        cstmt.setInt(1, deptno);
```
設定部門編號參數

呼叫「registerOutParameter」方
法註冊輸出參數並指定資料型態
```
        cstmt.registerOutParameter(2, Types.DECIMAL);
        cstmt.registerOutParameter(3, Types.DECIMAL);

        cstmt.execute();
```
執行stored procedure敘述
```
        double max = cstmt.getDouble(2);
        double min = cstmt.getDouble(3);
```
讀取stored procedure執
行後的輸出參數資料
```
        System.out.printf("DeptNo: %d, Max: %.0f, Min: %.0f\n",
            deptno, max, min);
}
catch (SQLException e) {
        System.out.println("SQLException: " + e);
        System.out.println("SQLState: " + e.getSQLState());
        System.out.println("ErrorCode: " + e.getErrorCode());
}
```

MariaDB

A.1 MariaDB 介紹

MariaDB 是 MySQL 的一個分支，由 MySQL 創始人 Michael Widenius 成立的 MariaDB 基金會主導開發，採用 GPL 授權許可，強調免費與開源。在 MariaDB 官方網站的介紹中，第一句話就是「MariaDB is a drop-in replacement for MySQL.」，也就是說「MariaDB 可以用來取代 MySQL」。在安裝好 MariaDB 資料庫以後，原來 MySQL 使用的資料庫檔案，還有使用 MySQL 資料庫的工具程式與應用程式，都可以正常的繼續使用，不用執行任何轉換的工作。MariaDB 從 5.1 到 5.5 版，都跟 MySQL 有同樣的版本編號，從 2012 年 11 月發表的 MariaDB 10 Alpha 開始，就不再使用 MySQL 的版本編號。

雖然目前 MariaDB 的版本編號與 MySQL 有很大的差異，不過它們有下列共同的特性：

- 相容的資料與表格定義檔案（.frm）。

- 相同的用戶端 APIs 與通訊協定，所以原來可以使用在 MySQL 的用戶端應用程式，例如 MySQL Workbench，都可以使用在 MariaDB。

- 相同的檔案名稱、路徑與埠號。

- 所有 MySQL connectors 都沒有改變，例如 Java、PHP、Perl、Python、.NET 與 C。

MariaDB 持續由 MariaDB 基金會主導開發，與 MySQL 有下列主要的差異：

- 支援更多的儲存引擎。例如 Aria、XtraDB（取代原來的 InnoDB）、FederatedX（取代原來的 Federated）、TokuDB、Cassandra、CONNECT、SEQUENCE、Spider。

- 效率的提昇。例如結合查詢、子查詢與字元集轉換，在使用 Aria 儲存引擎的時候，增加複雜查詢敘述的效率。

- 擴充的功能與特性。例如支援 Microsecnods（微秒）、SHOW EXPLAIN、使用者群組（Roles）與 DELETE RETURNING。

- 完全開放的原始碼。所有 MariaDB 原始碼採用 GPL、LGPL 或 BSD 授權許可。

更多關於 MariaDB 的資訊可以參考 https://mariadb.org/。

A.2　下載與安裝 MariaDB

MariaDB 提供 Winodws 與 Linux 兩種安裝套件，目前還沒有支援 Mac OS，所以這裡只會說明 MariaDB 在 Windows 作業系統的安裝與設定。依照下列的步驟執行下載與安裝 MariaDB 的工作：

1. 在瀏覽器開啟這個網址「https://downloads.mariadb.org/」。

2. 選擇「MariaDB ... Series」正式版本（Stable）的下載連結（版本編號可能會不一樣）：

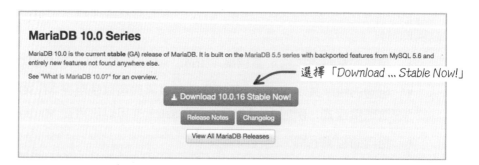

3. 依照你的作業系統，選擇 Windows x86_64（64 位元）或 Windows x86（32 位元）的「MSI Package」下載連結（版本編號可能會不一樣）：

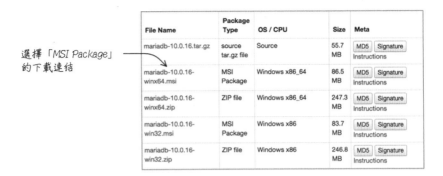

選擇「MSI Package」
的下載連結

File Name	Package Type	OS / CPU	Size	Meta
mariadb-10.0.16.tar.gz	source tar.gz file	Source	55.7 MB	MD5 Signature Instructions
mariadb-10.0.16-winx64.msi	MSI Package	Windows x86_64	86.5 MB	MD5 Signature Instructions
mariadb-10.0.16-winx64.zip	ZIP file	Windows x86_64	247.3 MB	MD5 Signature Instructions
mariadb-10.0.16-win32.msi	MSI Package	Windows x86	83.7 MB	MD5 Signature Instructions
mariadb-10.0.16-win32.zip	ZIP file	Windows x86	246.8 MB	MD5 Signature Instructions

4. 跳過註冊的步驟，選擇「No thanks, just take me to the download」，儲存下載的檔案：

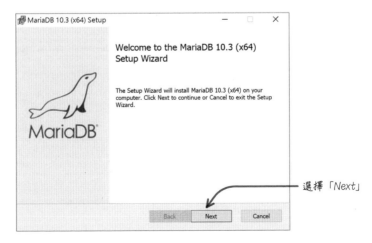

選擇「No thanks, just take me to the download」

5. 執行上一個步驟下載的檔案啟動安裝程式，在歡迎畫面選擇「Next」：

選擇「Next」

6. 勾選「I Accept the terms in the License Agreement」以後選擇「Next」：

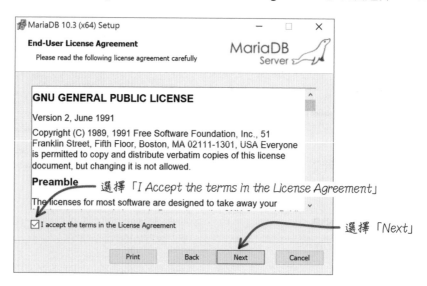

7. 使用預設的安裝設定，選擇「Next」：

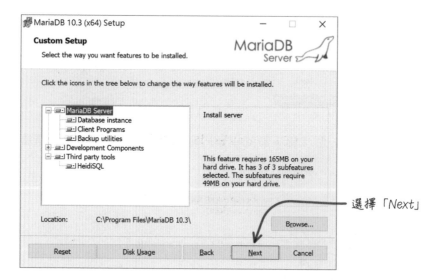

8. 勾選「Modify password for database user 'root'」，為 root 帳號設定新的密碼。勾選「Enable access from remote machines for 'root' user」，可以在其它電腦使用 root 帳號使用 MariaDB。勾選「Use UTF8 as default server's character set」。最後選擇「Next」：

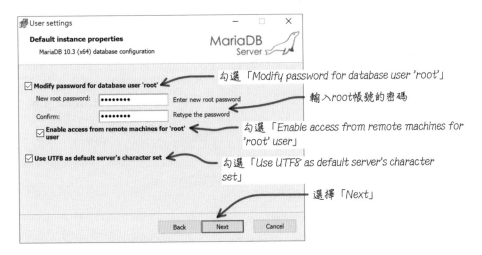

9. 勾選「Install as service」，把「Service Name」改為「MariaDB」，避免跟 MySQL 使用同樣的服務名稱。勾選「Enable networking」，把「TCP port」改為「3307」，避免跟 MySQL 使用同樣的埠號。勾選「Optimize for transactions」，在「Buffer pool size」輸入「255」。最後選擇「Next」：

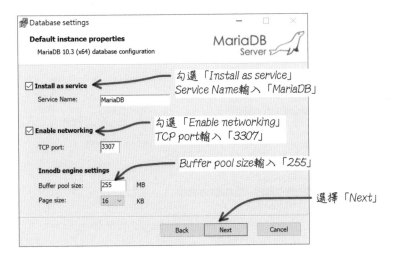

10. 選擇「Next」:

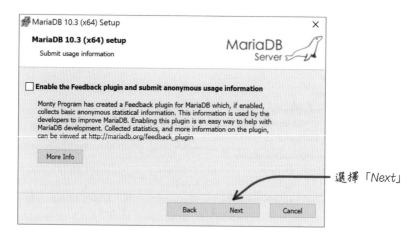

選擇「Next」

11. 選擇「Install」開始執行安裝的工作:

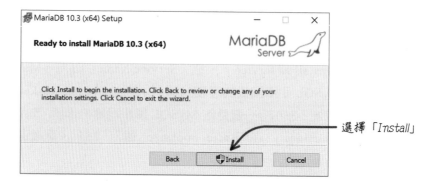

選擇「Install」

12. 安裝程式正在安裝與設定 MariaDB 資料庫伺服器:

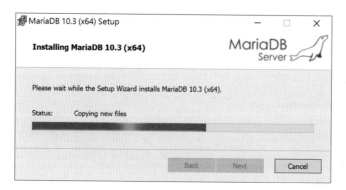

13. 選擇「Finish」完成安裝的工作：

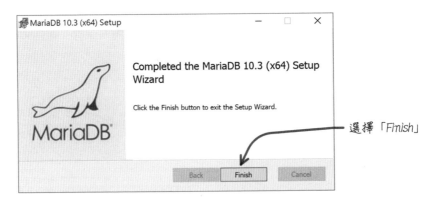

選擇「Finish」

A.3　使用 HeidiSQL 安裝範例資料庫

　　安裝好 MariaDB 資料庫伺服器以後，它也安裝一個用戶端應用程式「HeidiSQL」，它可以在連線到 MariaDB 以後，輸入與執行 SQL 敘述。依照下列的步驟，使用 HeidiSQL 安裝範例資料庫：

1. 選擇「開始 -> 所有程式 -> MariaDB 10.0(x64) -> HeidiSQL」，啟動 HeidiSQL 用戶端應用程式。

2. 啟動 HeidiSQL 以後出現「會話管理器」視窗，選擇「新建」準備建立 MariaDB 的連線設定：

選擇「新建」

3. 在「會話名稱」輸入「MariaDB」，網路類型選擇「MySQL(TCP/IP)」，主機名/IP 輸入「127.0.0.1」，用戶輸入「root」，密碼輸入安裝時設定的密碼，連接埠設定為「3307」。最後選擇「保存」儲存這個連線設定：

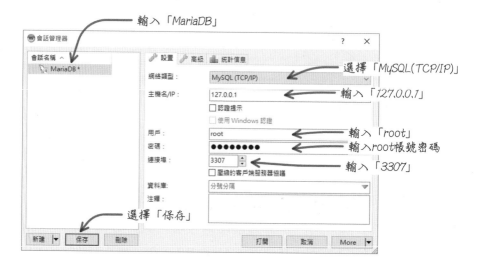

4. 以後每一次啟動 HeidiSQL，選擇設定的會話名稱，再選擇「打開」就可以連線到 MariaDB：

5.　正確連線到 MariaDB 的視窗畫面：

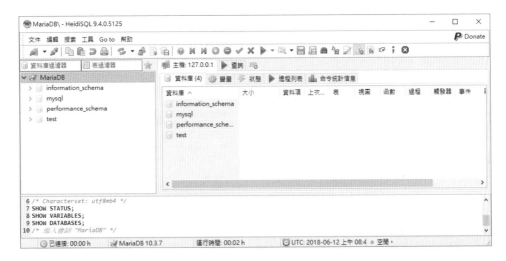

6.　選擇 HeidiSQL 功能表「文件 -> 加載 SQL 文件」，選擇「解壓縮資料夾\Masoloa\resources\cmdev.sql」後選擇「開啟舊檔」：

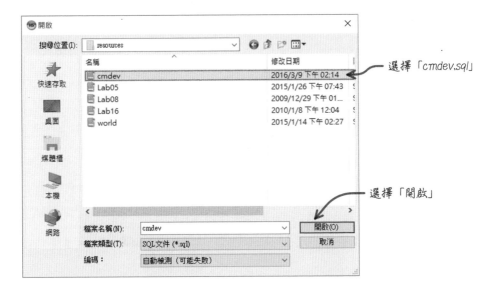

7. HeidiSQL 載入 cmdev.sql 的檔案內容後,選擇執行按鈕建立 cmdev 範例資料庫:

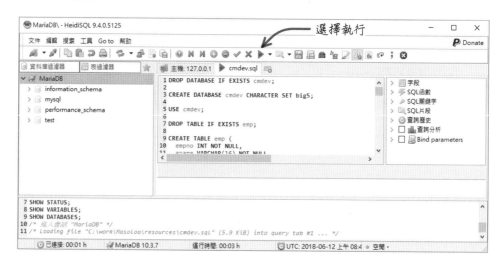

8. 執行完成後,HeidiSQL 顯示警告的對話框,選擇「確定」:

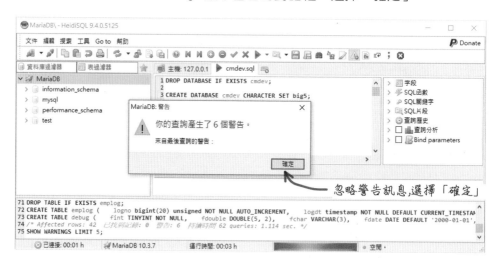

9. 在資料庫目錄空白的地方按滑鼠右鍵然後選擇「刷新」：

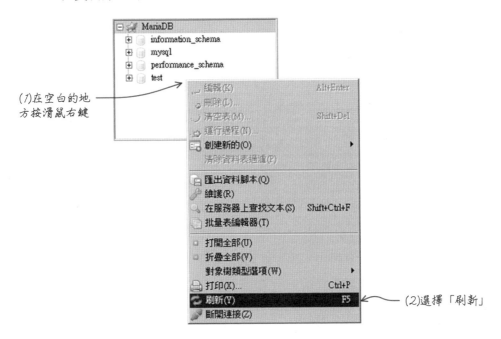

(1)在空白的地方按滑鼠右鍵

(2)選擇「刷新」

10. 資料庫目錄就會出現已經建立好的 cmdev 資料庫：

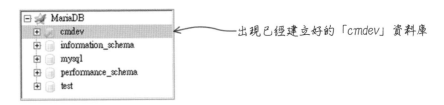

出現已經建立好的「cmdev」資料庫

11. 選擇 cmdev 資料庫目錄，名稱前面出現綠色打勾符號，表示目前 HeidiSQL 目前使用中的資料庫為 cmdev。在查詢區塊輸入「SELECT * FROM emp」，選擇執行以後畫面顯示所有員工資料：

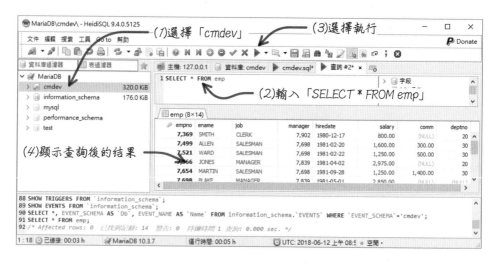

12. 重複上列第六到第八說明的步驟，開啟與執行「解壓縮資料夾 /Masoloa/resources/world.sql」，建立另外一個範例資料庫。

13. 重複上列第九到第十說明的步驟，確認是否已經建立「world」資料庫，並且切換 world 為目前使用中的資料庫。

14. 在查詢區塊輸入「SELECT * FROM country」，選擇執行以後畫面顯示所有的國家資料：

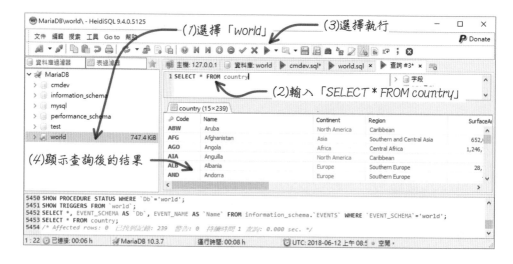

後記

　　我要說的是 — 前言 — 人生難得的大獎 — 昇陽 — 女兒是不能賣的 — 好婆家 — 出版。

　　對我來說，這是一本有一些「歷史」的書。

　　2002 年，我在台灣昇陽南區教育訓練中心，開始從事被別人叫作老師的工作。那時候教的課程以 Java 程式設計為主，不過也會教一些 Oracle 與 MySQL 資料庫的課程。第二年（2003）我試著想要寫第一本書，是那種放在天瓏和其它書店裡面賣的那種書。我選擇了 MySQL，而且還馬上寫了一篇前言（就是這本書的前言）。經過一年，這本「書」還是只有前言。

　　就在「反正 MySQL 也不會消失」的想法之下，準備開始慢慢寫這本書的時候，在 2004 年中了人生難得的大獎，一種長在鼻子裡面的癌症。所以接下來想得是生與死的問題，MySQL 當然就完全拋在腦後了。幸運的是發現的很早，在半年後回到講台開始教課，從這個時候開始過著流浪講師的日子，在電腦補習班教 Java 程式設計的課程。

　　當一個自由工作者要做的事情其實很多，從寫教材、設計專題練習與教課，除了不用每天到公司打卡上班，還是有忙不完的工作。2007 年補習班（一家昇陽授權教育訓練中心）跟我討論 MySQL 課程的時候，我才想起了那一篇前言。接下來我花了大約半年的時間，寫了一本多達 500 頁的 MySQL 教材。就在準備開課的時候，2008 年 1 月 MySQL 賣給了昇陽，MySQL 也成為昇陽官方的教育訓練課程。因為這家補習班是昇陽授權教育訓練中心，必須使用昇陽官方的 MySQL 課程，所以這本 MySQL 教材就只能靜靜的躺在電腦裡面了。

　　2013 年 3 月，我開始在 http://www.codedata.com.tw 撰寫 JavaFX 專欄，這是我第一次撰寫公開的技術專欄文章。2013 年的冬天，我在搭捷運準備去教課的路上，想著後面還要寫什麼專欄文章的時候，突然想到多年前寫的 MySQL 教材。我一直有一種很奇怪的想法，這本 MySQL 教材就像是我的女兒，不能一直把她留在家裡，總得幫她找個好人家嫁了。所以在跟 Caterpillar（CodeData

的推手之一）討論以後，把這本 MySQL 教材整理為二十篇專欄捐給 CodeData（女兒是不能賣的）。Caterpillar 幫這個系列專欄想了一個非常棒的名字「MySQL 超新手入門」，從 2013 年 12 月 5 日開始，每週四上一篇，一直到 2014 年 5 月 16 日。在 2014 年 12 月，MySQL 超新手入門系列專欄總共有超過 28 萬的閱讀次數（2015 年 2 月已經超過 35 萬）。我那時候很有感慨的想著，總算是幫這個女兒找到一個好婆家了。

　　2014 年 12 月 3 日，Caterpillar 在 Facebook 發了這樣的訊息給我：碁峰編輯說看到你的 MySQL 文章，想請問你有沒有興趣出版成書？接下來在 2014 年的聖誕節前，跟碁峰確定了這本書的出版。就在我興奮的跟老婆說這件事以後，她說：你不是說女兒不能賣嗎？結果你還是把她賣了嘛！

張益裕 於雲夢齋

2015/05/20

MySQL 新手入門超級手冊--第三版
(適用 MySQL 8.x 與 MariaDB 10.x)

作　　者：張益裕
企劃編輯：江佳慧
文字編輯：王雅雯
設計裝幀：張寶莉
發 行 人：廖文良

發 行 所：碁峰資訊股份有限公司
地　　址：台北市南港區三重路 66 號 7 樓之 6
電　　話：(02)2788-2408
傳　　真：(02)8192-4433
網　　站：www.gotop.com.tw
書　　號：AED004300
版　　次：2022 年 05 月三版
　　　　　2023 年 09 月三版四刷
建議售價：NT$540

國家圖書館出版品預行編目資料

MySQL 新手入門超級手冊 / 張益裕著. -- 三版. -- 臺北市：碁峰資訊, 2022.05
　　面；　公分
　　ISBN 978-626-324-178-7(平裝)
　　1.CST：資料庫管理系統　2.CST：關聯式資料庫
312.74　　　　　　　　　　　　　　　111006253

讀者服務

● 感謝您購買碁峰圖書，如果您對本書的內容或表達上有不清楚的地方或其他建議，請至碁峰網站：「聯絡我們」\「圖書問題」留下您所購買之書籍及問題。(請註明購買書籍之書號及書名，以及問題頁數，以便能儘快為您處理)
http://www.gotop.com.tw

● 售後服務僅限書籍本身內容，若是軟、硬體問題，請您直接與軟體廠商聯絡。

● 若於購買書籍後發現有破損、缺頁、裝訂錯誤之問題，請直接將書寄回更換，並註明您的姓名、連絡電話及地址，將有專人與您連絡補寄商品。